普通高校应用型本科机械类专业系列教材

U0159009

控制工程基础

安虎平 ◎ 编著

盛冬发 ◎ 主审

西南交通大学出版社

·成 都·

图书在版编目（ＣＩＰ）数据

控制工程基础 / 安虎平编著. —成都：西南交通
大学出版社，2023.6
ISBN 978-7-5643-9331-1

Ⅰ . ①控… Ⅱ . ①安… Ⅲ . ①自动控制理论 – 高等学
校 – 教材 Ⅳ . ①TP13

中国国家版本馆 CIP 数据核字（2023）第 101208 号

Kongzhi Gongcheng Jichu

控制工程基础

安虎平 / **编著**

责任编辑 / 何明飞
封面设计 / 何东琳设计工作室

西南交通大学出版社出版发行

（四川省成都市金牛区二环路北一段 111 号西南交通大学创新大厦 21 楼 　610031）
发行部电话：028-87600564 　　028-87600533
网址：http://www.xnjdcbs.com
印刷：四川森林印务有限责任公司

成品尺寸 　185 mm×260 mm
印张 　17 　字数 　414 千
版次 　2023 年 6 月第 1 版 　　印次 　2023 年 6 月第 1 次

书号 　ISBN 978-7-5643-9331-1
定价 　49.00 元

课件咨询电话：028-81435775
图书如有印装质量问题 　本社负责退换
版权所有 　盗版必究 　举报电话：028-87600562

前　言　Preface

　　基于目前新工科教学发展的实践，并考虑到线上与线下教学结合的需要，编写了本书。本书以经典控制理论为主要内容，系统而有重点地论述控制系统的分析和研究方法。同时，考虑数值分析和计算机技术应用和发展及求解问题方法手段的进步，简要介绍计算机离散控制系统的基本概念和分析问题的基本方法，以适应新技术发展并与机械工程测试技术等相关课程内容相衔接。

　　本书在叙述过程注重经典控制理论的知识性、系统性和连贯性，在讲清概念的基础上，配备了较多例题讲解、分析和习题练习；在内容论述中与现代计算机仿真技术和实验技术紧密结合，对例题进行求解及分析，有些例题运用 MATLAB 编程方法进行求解，以利于新工科下学生对控制理论的深刻理解和掌握。书中关于控制工程的概念和技术术语大部分给出英文名称，以增强学生对控制领域科技英语知识的学习，为阅读高水平英文资料奠定基础。同时，本书将功能强大的 MATLAB 软件的仿真技术应用到控制工程课程教学中，加强本课程内容与现代数值分析技术的结合，能提高学生学习兴趣和自主学习的能力，更有利于提高教学效果。

　　全书共 8 章，包括控制工程的基本概念、拉普拉斯变换、系统的数学模型、系统的时域响应分析、系统的频率特性分析、系统的稳定性分析、系统校正及其实现方法和离散系统的基本知识等内容。

　　第 1 章介绍控制工程的基本概念和控制系统的基础知识。第 2 章为常用时间函数的拉普拉斯变换和基本定理。第 3 章为动态系统（主要为机械、电气等系统）的数学模型及其传递函数的建立。第 4 章研究典型信号输入的动态系统瞬态响应分析方法，并介绍了系统稳定性的概念和劳斯稳定判据。第 5 章为系统频率特性分析，主要研究频率特性及其极坐标图和对数坐标图特性，及其与传递函数的联系，并讨论闭环系统的频率特性。第 6 章为系统稳定性分析，主要阐述了系统稳定的基本概念、稳定的条件、稳定性判据、相对稳定性和系统稳态误差的计算方法。第 7 章为系统校正及其实现方法，主要阐述系统校正的方式、常用校正装置和 PID 校正器的设计。第 8 章为离散控制系统，主要阐明线性离散系统的基本结构、信号采样与采样定理，离散控制系统的数学模型，脉冲传递函数以及离散系统性能的分析。

　　本书基本概念明确，系统数学模型从微分方程、传递函数到频率响应环环紧扣；以时域和频域分析为主线，阐明传递函数的桥梁作用，强调典型信号在系统性能分析中的应用；在讲清概念的基础上，论述系统性能分析的各种方法，实时插入例题和习题，重视知识体系的连贯性，易学易懂；把经典理论与现代计算机技术有机结合，通过 MATLAB 软件实现解题方法程序化，强化理论知识的验证，对培养学生理解能力、获取知识的能力、分析和解决问题的能力以及自学能力都很有帮助。

本书体系结构和实例取材重视基础知识和实用性，内容编排符合理工科大学生认知能力和水平，适合于机械设计制造及其自动化、电子信息工程、测控技术与仪器工业工程、材料成型与控制以及热能与动力工程等专业的本/专科学生，以及高职学生的使用，也可供系统与控制工程领域的工程技术人员参考。本书配套《控制工程基础习题集》以及电子课件。

本书由安虎平编著，经博士生导师盛冬发教授审阅，李忠学参与编写第 3 章、第 7 章，白金花参与编写第 4 章、第 5 章，安德麟参与编写第 2 章、第 8 章。在本书编写过程中得到了兰州城市学院、兰州交通大学、兰州博文科技学院、西南林业大学等相关领导和老师的大力支持。另外，在此特别感谢郭光辉教授对本书编写提出的许多建设性指导意见。此外，在本书编写过程中参考了一些相关的优秀教材，特向其作者表示感谢。

由于编者水平有限，书中难免有不妥或疏漏之处，恳请读者提出宝贵意见，将不胜感激！有关意见和建议可发送至邮箱：ahp2004@126.com。

编 者

2022 年 10 月

目 录 Contents

第1章
绪　论

控制理论和技术在现代科学研究和工程作业中具有极其重要的地位和作用。自动控制技术在工农业生产、交通运输、国防、科学研究及日常生活等各个领域有着广泛应用。在现代工业中，从温度、压力、流量、湿度和黏度的控制到机械零件的加工制造、处理与装配，自动控制系统是其重要的组成部分。太空航行、人造卫星运行等高新技术领域更是先进控制技术应用的重要场合。

控制理论与技术的不断发展，为人们提供了设计最佳系统和提高生产率的方法。目前，控制论已成为许多专业的重要技术基础课程，工程技术人员和科研工作者也非常重视自动控制理论的学习。

1.1　控制论的基本含义

1.1.1　控制的基本概念

在当今社会中，"控制"一词使用频率很高。所谓控制（control）是指由人或控制装置使受控对象按照一定的目的去动作所进行的操作。举例来说，用微机控制电加热炉的温度，使之保持某恒定值或按一定规律变化；钢厂中使用微机对轧辊的控制，使连轧机各轧辊的既定转速保持不变；机床数控系统对工作台和刀架位置的控制，使刀具准确跟踪进给指令而按要求进行切削加工等。其中电炉、轧辊、刀架和工作台就是控制对象（controlled object），而温度、转速、刀架位置分别为表征这些机器设备工作状态的物理量，称为被控量（controlled variable），微机、数控系统就是控制装置（control device）。要求这些被控制量所应保持的数值或变化规律，称为这些被控制量的期望值（desired value）。而操作或控制工程的任务就是使受控对象的被控量等于或按一定精度符合期望值。

当控制的任务由人来完成时，就称为人工控制。如果人不经常直接参与，而是用控制装置来完成控制任务，则称为自动控制。把控制装置与受控对象有机组合，称为自动控制系统。

任何实际运行的物理系统都是因果系统，输出（output variable）（也称为响应）是由输入（input variable）（也称为激励）引起的结果。自动控制系统的输入称为给定量（reference variable），或称为参考输入量，输出就是被控量。把这种关系可用加上输入、输出箭头的方框图来描述，称为方框图（block diagram），如图1.1所示。输入量一般由人事

图 1.1　系统方框图

先设定或由另外的自动装置给定。各种自动控制系统的共同特点是：不需要人经常直接参与就能按照给定量自动地做出相应的响应，使被控量等于或按一定精度符合期望值。然而，由于周围环境各种因素的影响，以及系统本身的各种因素会经常产生干扰，给系统以附加输入或使系统特性发生变化，这样实际输出量会偏离期望值。因此，实现自动控制需要相应的科学技术基础。控制工程技术科学常称为自动控制技术科学，它研究的中心问题就是如何抵消或减少这些内、外因素的影响，改善控制精度，从而有效地自动完成控制任务。

1.1.2 控制论

控制论（cybernetics）的形成和发展源于实际控制的需要。为解决实际生产问题，首先建立工程控制论，即从工程技术中提炼工程问题的技术理论，它是控制工程系统技术的总结。其次，由于它对生产力发展、尖端技术的研究与尖端武器的研制以及非工程系统（包括社会管理方面），都产生了重大影响，控制论建立后不久便渗透到许多科学技术领域中，并以其相关的分析观点派生出许多新型边缘科学，如生物控制论、经济控制论、社会控制论等。20世纪上半叶的三大科学伟绩——相对论、量子论和控制论，被称为三项"科学革命"，是人类认识客观世界的三大飞跃。

可见，控制论是一门多学科的技术科学，其主要任务是对各类系统中的信息传递与转换关系进行定量分析，根据这些定量关系来预见整个系统的行为。可以说没有定量分析，就没有控制论。因此，在对它的理论研究中广泛利用了各种数学工具，如微积分、微分方程、概率论、高等数学、复变函数、泛函分析、变分法、拓扑学等。

这里要讨论的自动控制理论，仅为工程控制论的一个部分，它只研究控制系统分析和设计的一般理论。按自动化技术发展的不同阶段，自动控制理论分为经典控制理论和现代控制理论两大部分。目前，控制理论不仅是数学研究人员关心的课题，由于它对工程实践的指导作用，已经成为许多工程技术人员的必修课。控制工程师将控制理论与控制技术相结合，已在各专业领域将梦想变成现实。在智能化飞速发展的今天，自动控制已成为最有前途的领域之一，其发展是无可限量的。

1. 控制理论的基础观念

控制理论是建立在有可能发展成为用一般方法研究各种系统的控制过程的基础上的理论，它为人们提供了一个有力的工具，可用来定量地描述解决复杂问题的过程。也就是说，其目的是综合自动控制方面技术成果，提炼出一般性的理论，并指出进一步发展的方向，从而对自动控制技术的发展起指导作用。

2. 控制理论的研究对象

控制理论研究是面向系统的。从广义角度看，控制论是研究信息的产生、转换、传递、控制和预报的科学。简言之，它是研究有信息输入与输出的系统。从工程控制角度来说，控制理论研究的对象可狭义地定义为这样一种信息系统，即根据期望的输出来改变输入，使系统的输出能达到预期的效果。

3. 控制理论的工程应用

控制理论作为应用数学的一个分支，其某些理论的研究要借助于抽象数学，而其研究成果要应用于工程实际，就必须在其理论概念与用来解决这些问题的实用方法之间架起桥梁。理论本身不能直接解决工程技术中的实际问题，要靠工程领域中相应的自动化技术来实现。钱学森在《工程控制论》中指出"无论学习工程控制论的读者或者研究工作者，都至少应该熟悉一个具体领域中的工程实际问题，这样才能对这一学科中的基本命题、方法和结论有深刻的理解"。举例来说，在工业生产、交通运输等领域中，利用机械系统进行生产的过程控制问题是广泛存在的，所以就有必要建立以机械工程的技术问题为主要研究对象的"机械工程控制论"，简称"机械控制工程"的技术学科。

1.1.3 工程控制论

工程控制论是研究以工程技术为对象的控制理论问题。具体来说，是研究在一工程领域中广义系统的动力学问题，也就是研究系统及其输入、输出三者之间的动态关系。例如，在机床数控技术中，调整到一定状态的数控机床就是一个系统，数控指令就是输入，数控机床的有关部件运动就是输出。

一般来说，就系统及其输入、输出三者之间的动态关系，控制工程主要研究和解决下面几个问题：

（1）当系统一定，并且输入已知时，求系统的输出（即响应），并且通过输出来研究系统本身的有关问题，即系统分析。

（2）当系统一定，且系统的输出也已给定，要求确定系统的输入并且应使输出尽可能符合给定的最佳要求，即系统的最优控制（optimal control）。

（3）当输入已知，且输出也给定时，要求确定系统并使得输出尽可能符合给定的最佳要求，此即为最优化设计的问题。

（4）当输入与输出均已知时，求出系统的结构与参数，即建立系统的数学模型，此即为系统的识别或辨识的问题。

（5）当系统已定，输出已知时，以识别输入或输入中的有关信息，此即信号滤波和预测的问题。

概括地说，以上五种情况可归纳为三类问题：问题（1）是已知系统与输入，求输出；问题（2）与（5）是已知系统与输出，求输入；问题（3）与（4）是已知输入与输出，求系统。本书主要以经典控制理论来研究问题（1），并适当讨论其他问题。

1.2 系统控制的基本方式

控制论中一个极其重要的观点就是关于信息的传递、反馈以及利用反馈进行控制的。因为，无论是机械系统、生物系统或是社会系统都存在信息的传递与反馈，并且利用反馈进行控制以使系统按一定要求进行运动，以实现一定的目的。

反馈控制是自动控制系统最基本的控制方式，也是应用最广泛的一种控制。除此之外，还有开环控制和闭环控制，这些方式各有其特点和适用场合。最近几十年来，以现代数学为基础并且引入电子计算机的新控制方式有了很大发展，如最优控制、自适应控制、模糊控制等方式。本节着重介绍经典控制理论中的反馈原理和开环、闭环两种控制方式。

1.2.1 反　馈

所谓反馈（feedback），就是把一个系统的输出信号不断直接地或经过中间环节变换后间接地全部或部分地返回，再输入系统中去。如果反馈回去的信号与原系统的输入信号的作用性质相反（或相位差为 180°），则称为负反馈（negative feedback）；如果作用性质相同（或相位差为 0°），则称为正反馈（positive feedback）。

1. 负反馈

在负反馈控制中，反馈信号与输入信号相减，使得产生的偏差越来越小，以实现控制目的。这是在人为的外加反馈中采用较多的控制方式。

人的许多简单活动都是利用负反馈原理以保持正常动作的准确完成。例如，人用手去拿桌子上的笔，笔的位置就是手运动的指令信息（即为输入信号）。取笔时，眼睛连续目测手当前的位置（即为输出信号），并将这个信息送入自己大脑（即为反馈信号），大脑判断手与笔的距离，产生偏差信号，并根据该偏差大小通过神经系统发出控制手臂继续移动的命令，逐渐使偏差减小。显然，只要这个偏差信号不为零，上述过程就要反复进行，直到偏差减小到零，大脑指挥手指便抓取到了笔。可见，人用手去拿桌子上笔，就是一个反馈系统的控制。这个反馈系统的基本组成及其工作原理可以用一个闭环的方框图来表示，如图 1.2 所示。

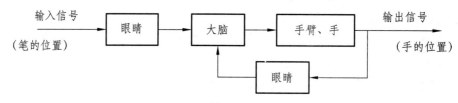

图 1.2　人取笔的反馈控制方框图

由此可见，负反馈控制就是采用负反馈并利用偏差进行闭环控制的过程，当该控制过程使得偏差信号逐渐减小为零时，系统便逐渐达到平衡状态，这时就可完成控制任务，实现控制的目的。

2. 正反馈

正反馈往往起到一种信号叠加放大的效果，通常在系统内部出现。在许多系统中，往往因信息耦合作用构成的非人为的内在反馈，从而形成一个闭环系统。例如，在机械系统中因作用力与反作用力的相互耦合而形成内在反馈。又如机床切削系统中自激振动产生的颤振，也是因为存在反馈使能量出现内部循环，使得振动持续进行而影响加工过程。

为说明内在反馈的情形，我们来观察图 1.3 所示的二自由度机械系统。当质量 m_2 有一个小位移 x_2，使质量 m_1 产生相应的位移 x_1，在不考虑重力的情况下，质块 m_1 运动方程为

$$m_1\ddot{x}_1 = k_2(x_2 - x_1) - k_1 x_1$$

即

$$m_1\ddot{x}_1 + (k_1 + k_2)x_1 = k_2 x_2 \tag{1.1}$$

而 x_1 又反过来影响影响质量 m_2 的运动，其运动方程为

$$m_2\ddot{x}_2 = -k_2(x_2 - x_1)$$

即

$$m_2\ddot{x}_2 + k_2 x_2 = k_2 x_1 \tag{1.2}$$

则位移信息 x_1 与 x_2 的传递关系式（1.1）和（1.2）可以表示为如图 1.4 所示的闭环系统。

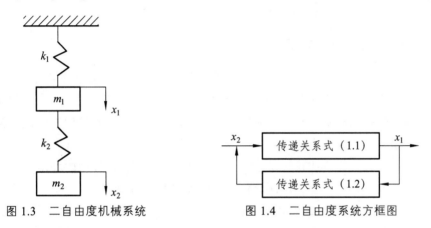

图 1.3 二自由度机械系统　　　　图 1.4 二自由度系统方框图

小结：在工程系统中广泛存在着内在的或外加的反馈。根据系统是否存在反馈，可将系统分为开环系统和闭环系统。

1.2.2 控制的基本方式

1. 开环控制

如果系统的输出量对系统无控制作用，或者说系统中无反馈回路，则称为开环控制系统（open loop control system）。例如，洗衣机工作是按照洗衣、漂洗、脱水和干衣的顺序进行工作，无须对输出信号（即衣服的清洁程度）进行测量。经济型数控机床的进给系统，其方框图如图 1.5 所示。此系统由输入装置、控制装置、伺服驱动装置和工作台这四个环节组成，输入的变化自然会影响工作台位置即系统的输出，但是，系统的输出并不影响任一环节的输入，因为这里没有任何反馈回路，故它们都属于开环系统。

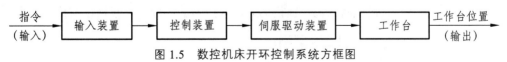

图 1.5 数控机床开环控制系统方框图

2. 闭环控制

如果系统的输出量对系统有控制作用，或者说系统中存在反馈回路，则称为闭环控制系统（closed loop control system）。在闭环系统的方框图中，任何一个环节的输入都可以受到系

统输出的反馈作用。若控制装置的输入受到输出的反馈作用时，则该系统就是全闭环系统，简称为闭环系统。例如，图 1.6 所示为数控机床进给系统方框图，系统的输出通过由检测装置构成的反馈回路进入控制装置，控制装置比较输入信号与反馈信号，并将比较后的偏差信号送入驱动装置，驱动工作台运动，直到偏差信号为零时，驱动装置不再提供进给信号，此时工作台的位置与期望值相等，运动结束。

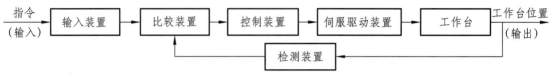

图 1.6　数控机床闭环控制系统方框图

1.2.3　开环与闭环控制系统的比较

闭环系统的优点是采用了反馈，使系统中真正起调节作用的信号已不再是输入量，而是偏差信号，这与开环系统明显不同。故闭环系统的响应对外部干扰和内部系统的参数变化不敏感。这样，对于给定的对象，有可能采用不太精密且成本较低的元件构成精密的控制系统，有利于降低系统成本。而这一点在开环情况下就不可能做到。

从稳定性考虑，开环系统比较容易建立。在闭环系统中的稳定性则始终是一个重要问题，因为闭环系统可能出现超调误差，从而导致系统做等幅或变幅振荡。

由此可见，当系统的输入量能预先知道，并且不存在其他任何扰动时，采用开环控制是合适的；只有当存在无法预计的扰动或系统中元件的参数存在无法预计的变化时，闭环控制系统显示出优越性。另外，在闭环系统中采用的元件数量要比相应的开环系统多，因此闭环系统的成本和功率通常比较高。为了减小系统所需要的功率，在情况许可的条件下，应采用开环控制。通常将开环控制与闭环控制适当地结合在一起形成复合控制方式，较为经济，并且能够获得满意的系统性能。

复合控制实质上是在闭环控制回路的基础上，附加一个输入信号（给定信号或扰动信号）的顺馈通路，对该输入信号进行加强或补偿，以达到精确的控制效果。常见的复合控制方式有以下两种。

1. 附加给定输入补偿的复合控制

图 1.7 所示为给出了附加给定输入补偿的复合控制方框图。通常，附加的补偿装置可提供一个顺馈控制信号，该信号与原输入信号一起对被控对象进行控制，以提高系统的跟踪能力。这对系统的控制能力有加强作用，往往提供的是输入信号的微分，可起到超前控制作用。

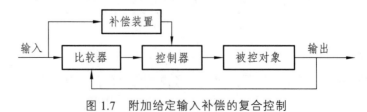

图 1.7　附加给定输入补偿的复合控制

2. 附加扰动输入补偿的复合控制

图 1.8 所示为附加扰动输入补偿的复合控制方框图。附加的补偿装置所提供的控制作用，主要对扰动的影响起到"防患未然"的效果。故应该按照不变性原理来设计，即保证系统输出与作用在系统上的扰动完全无关，这一点与前一种补偿作用截然不同。

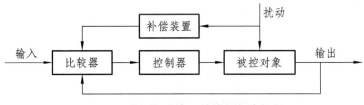

图 1.8　附加扰动输入补偿的复合控制

由于附加的顺馈通路相当于开环控制，因此，该控制方法对其补偿装置的参数稳定性要求较高。否则，会由于其参数本身的漂移而减弱补偿效果。此外，顺馈通路对闭环回路性能的影响不大，特别是对其稳定性无影响，并且能大大提高系统控制精度。

1.3　反馈控制系统的基本组成

反馈控制系统由各种结构不同的元件组成。一个控制系统必然包含被控对象和控制装置两大部分，而控制装置由具有一定功能的各种基本元件组成。在不同系统中，结构完全不同的元件却可以具有相同的职能。典型反馈控制系统的基本组成如图 1.9 所示。因此，将组成该系统的元件按职能来分类主要有以下几种。

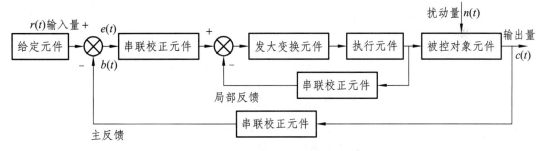

图 1.9　反馈控制系统的基本组成

给定元件（reference element）：用于给出输入信号的环节，以确定被控对象的目标值（或称给定值）。给定环节可以用各种形式（如电量、非电量、数字量、模拟量）发出信号，如数控机床进给系统的输入装置就是给定环节。

测量元件（measurement element）：用于检测被控量，通常出现在反馈回路中。如果测出的物理量属于非电量，大多数情况下要把它转换成电量，以便利用电的控制手段进行处理。例如，数控机床上的检测装置就是将位移量转化成电压量后送入下一环节。

比较元件（comparison element）：用于把测量元件检测到的实际输出值经过变换后与给定元件给出的输入值做比较，求出它们之间的偏差。常用的比较元件有差动放大器、机械差动装置、电桥电路等。比较元件在方框图中用符号"⊗"表示，"－"号表示负反馈，"+"号表示正反馈。

放大元件（amplification element）：用于将比较元件给出的偏差信号进行放大，以达到足够的功率来推动执行元件去控制被控对象。通常用晶体管、晶闸管、集成电路等组成的电压放大器和功率放大器来放大电压偏差信号。

执行元件（actuator element）：用于直接驱动被控对象，使被控量发生变化。用作执行元件的有各种伺服阀、伺服电机、液压伺服油缸和液压伺服马达等。

校正元件（correction element）：也称补偿元件，它是在系统基本结构的基础上附加的元部件，其参数可灵活调整，以改善系统的性能。校正元件在工程上又称为调节器，常用串联或反馈的方式连接在系统中。简单的校正元件可以是一个 RC 网络，复杂的校正元件可以含有电子计算机。

在工程实践中，比较元件、放大元件及校正元件常常合并在一起形成一个装置，这样的装置称为控制元件或控制器。

在图 1.9 所示的典型反馈控制框图中，用方框表示各个元件，用单向箭头表示各种不同的信号及其流向。为便于叙述，本书将自动控制系统的基本变量及表示符号统一规定如下：

输入信号 $r(t)$：由人为给定，又称为给定量。它使系统具有预定性能或预定输出的激发信号，它代表输出的期望值。

输出信号 $c(t)$：为被控制量。它表征对象或过程的状态和性能。系统的输出也称为对输入的响应。

反馈信号 $b(t)$：从输出端或中间某环节引出来，并直接或经过变换以后传输到输入端比较元件中去的信号；或者是从输出端引来并直接或经过变换以后传输到中间环节比较元件中去的信号。反馈信号有正负之分，正反馈使输入信号与反馈信号叠加，结果使得控制作用加强；负反馈使输入信号与反馈信号相减，结果使控制作用减小。

偏差信号 $e(t)$：比较元件的输出，等于输入信号与主反馈信号之差，即 $e(t) = r(t) - b(t)$。偏差信号只存在于闭环系统中，它是闭环控制系统中真正起到调节和控制作用的信号。

误差信号 $\varepsilon(t)$：是输出信号的期望值与实际值之差。由于输出信号的期望值只是一个理想值，在实际系统中是无法测量的，故误差是一个理论值。

扰动信号 $n(t)$：来自系统内部或外部的、干扰和破坏系统具有预定性能和预定输出的信号。尽管扰动信号对系统工作往往会产生不良影响，但它是客观存在的，对系统来说也是一种输入的外作用。通常将有用的输入称为输入信号或给定输入，将有害的输入称为干扰（disturbance）或扰动信号。实际中，如电源电压波动，环境温度、压力以及负载的变化，飞机飞行中气流的冲击等，均为扰动。

在图 1.9 所示的信号单向传递中，从输入端沿箭头方向到达输出端的传输通道称为前向通道（forward path）。前向通道可以有多个，其中有一个是主通道（main path）。与前向通道信号传递方向相反的通道称为反馈通道（feedback path）。反馈通道有主反馈和局部反馈之分。从输出端到输入端的反馈称为主反馈（main feedback），从中间环节到输入端或从输出端到中间环节的反馈称为局部反馈（local feedback）。前向通道与主反馈通道共同构成主回路，而局部反馈通路可构成内回路。只包含一个主反馈通道的系统称为单回路系统；有两个或两个以上反馈通道的系统称为多回路系统。如果系统的主反馈信号直接取自系统的输出端而不经过任何变换，即 $b(t) = c(t)$，则这样的系统称为单位反馈（unit feedback）系统；反之，如果系统的主反馈信号是由输出信号经反馈元件变换而得到的，那么这样的系统就是非单位反馈系统。

1.4　自动控制系统的分类

可以从不同的角度对自动控制系统分类，每一种分类方法都有其各自的特点。我们可以通过学习各种分类方法来理解各种系统的特性和用途。

1.4.1　按给定信号的特征分类

按输入信号的特征分，自动控制系统可分为恒值控制系统、随动控制系统和程序控制系统。

1. 恒值控制系统

恒值控制系统是指给定量为常值或随时间缓慢地变化的控制系统。这种系统的基本任务是保证在任何扰动作用下，被控量能保持恒定的期望值，其基本控制过程是抗干扰过程，也称为自动调节过程（只有在需要重新调定给定值时才出现随动控制的过程）。这种系统也常称为自动调节系统。工业中的恒温、恒速、恒压、恒定液位、恒定电流、恒定电压、恒定湿度等自动控制系统都属于这一类。

2. 随动控制系统

随动控制系统是指给定量是随时间而变化的未知函数，给定量的变化规律是事先未知或不需要知道的。这种系统的基本任务是保证被控量跟随给定量的变化而变化，也称作自动跟踪系统。被控量是机械量的随动系统又称为伺服系统。其他如运动目标的自动跟踪、瞄准系统、各种电信号记录仪等都是随动控制系统。

3. 程序控制系统

程序控制系统是指给定输入量是时间的已知函数的控制系统，其控制过程是按预定的程序来进行，要求被控量能迅速准确地复现给定量。这类系统适用于特定的生产工艺或工业过程，系统按照所需要的控制规律来给定输入，并要求输出按预定的规律变化。这类系统的设计目的比随动系统的针对性更强。由于其变化规律已知，可根据要求事先选择设计方案，以保证其控制性能和精度。在工业生产中广泛应用的程序控制系统有仿形控制系统、机床数控加工控制系统、加热炉温度自动变化控制系统等。

1.4.2　按描述系统的数学模型分类

按描述系统的数学模型，自动控制系统可分为线性系统和非线性系统。

1. 线性系统

当系统中各元件的输入、输出特性是线性特性，系统的状态和性能可以用线性微分（差分）描述时，这种系统称为线性系统（linear system）。

在线性系统中，若描述系统的微分（或差分）方程的系数是不随时间而变化的常数，则称系统为线性定常系统（linear time-invariant system，LTI）。定常系统的特点是：其性质不随时间而变化，即在相同初始状态下，系统响应曲线的形状是不随输入信号施加时间的不同而改变的。

如果线性系统中微分方程的系数是时间的函数，则称之为线性时变系统（linear time-variant system，LTV）。在这类系统的组成元件中，至少有一个元件的静态特性是斜率随时间变化的曲线。由于时变系统不具有定常特性，故这类系统的研究较为复杂。而线性系统的研究比较简单，在理论上较为成熟，尤其是线性定常系统。需要说明的是，在实际中，为了使系统分析和设计方便，若系统参数随时间变化不大，方程的系数可用常值来表示，这类系统也视为定常系统。

2. 非线性系统

若系统中至少有一个元件存在非线性特性，则该系统就由非线性方程来描述，这种系统就称为非线性系统（nonlinear system）。严格地说，在工程实际中任何物理系统的特性都是非线性的。为了研究的方便，在一定条件下和一定范围内，许多系统可以近似地看成线性系统来加以分析研究，其误差往往可控制在工业生产的许可范围之内。

1.4.3 按系统传递信号的性质分类

按传递信号的性质可将系统分连续系统和离散系统。

1. 连续系统

如果系统中各元件的输入和输出信号都是时间的连续函数，这类系统就称为连续系统（continuous system）。连续系统的运动状态是用微分方程来描述的。这类系统中各元件传输的信息在工程上常为模拟量，实际物理系统多数都是属于这一类。本书主要以连续线性定常控制系统为研究对象。

2. 离散系统

如果系统中至少有一个环节的信号是脉冲信号或数字信号，该系统就称为离散系统（discrete system）。这类系统的运动状态和性能用差分方程来描述。实际系统中信息表现为离散信号形式的并不多见，但由于控制上的需要，人为地将连续信号离散化，这个过程称为采样。这方面的内容将在"离散控制系统"一章和《机械工程测试技术》课程中分别叙述。用计算机作为控制装置的数字控制系统就是离散控制系统。

1.4.4 按系统输入和输出信号的数量分类

按系统输入和输出信号的数量可分为单输入单输出系统和多输入多输出系统。

1. 单输入单输出系统

当系统只有一个输入量和一个输出量，而不考虑其内部结构与通道，这样的系统称为单输入单输出系统（single input single output，SISO），又称为单变量控制系统。也就是说，系统内部结构回路可以是多回路，内部变量也可是多种形式。系统内部变量称为中间变量，输入量和输出量称为外部变量。对这种系统的性能分析，只研究输入输出变量之间的关系。单输入单输出系统是典型控制理论主要研究对象。它以传递函数作为数学工具来讨论线性定常系统的分析方法和设计问题，是本课程的主要内容。

2. 多输入多输出系统

多输入多输出系统（multiple input multiple output，MIMO）是指具有多个输入信号和多个输出信号的系统，又称为多变量系统。多变量系统的特点是变量和回路多，而且其相互之间常存在耦合效应，比单变量系统复杂得多。多变量系统是现代控制理论主要研究的对象。它在数学描述上是以状态空间法为基础，讨论多变量、变参数、非线性、高精度、高效能等控制系统的分析和设计。

1.4.5 按微分方程的性质分类

按微分方程的性质分有集中参数系统和分布参数系统。

1. 集中参数系统

能用常微分方程描述的系统称为集中参数系统（centralized parameter system）。这种系统的参量可以是定常的，也可以是时间的函数，系统的各状态（输入量、输出量及中间量）都只是时间的函数，因此可以用时间为变量的常微分方程来描述其运动规律。

2. 分布参数系统

不能用常微分方程，而需用偏微分方程描述的系统称为分布参数系统（distributed parameter system）。在这种系统中，可能是一部分环节能用常微分方程描述，但至少有一个环节需用偏微分方程描述其运动。这个环节的参量不只是时间的函数（也许与时间无关，对时间而言是定常的），而且系统明显地依赖这一环节的状态。因此该系统的输出将不仅是时间变量的函数，还是系统内部状态变量的函数，故需要用偏微分方程来描述系统。

1.4.6 其他分类方法

控制系统还有其他分类方法，如按控制系统的功能分，有温度控制系统、压力控制系统、流量控制系统、位置控制系统和速度控制系统等；按系统元件组成分，有机电系统、液压系统、气动系统、生物系统等；按不同控制理论分支设计来分，有最优控制系统、自适应控制系统、预测控制系统、模糊控制系统、神经网络控制系统等。需要指出，不论什么形式、或什么控制方式的系统，都希望控制过程能够做到可靠、迅速、准确。这将在后续章节中分析系统的准确性、动态响应特性和稳态性等，并给出相应的指标来衡量其性能优劣。

本书主要讨论单变量集中参数的线性定常连续系统，对于离散系统只做必要的阐述，以适应后续课程和技术发展的需要。

1.5　控制系统的性能要求

一般系统的控制过程是以被控量随时间的变化来表征的。被控量随时间变化的曲线称为控制过程曲线或响应曲线。通常，响应曲线有如下几种形式，如图 1.10 所示。在图 1.10（a）、（c）中，系统稳定，即当系统受到干扰或者人为改变参考输入量时被控量就会发生变化，通过系统的自动控制作用，经过一定的过渡过程，被控量又恢复到给定值或一个新的稳态值。不稳定系统如图 1.10（b）、（d）、（e）所示，其中被控量为发散或等幅振荡曲线。等幅振荡曲线表明系统处于稳定与不稳定的临界状态，一般来说，这种系统不容易稳定。对于稳定系统，当被控量处于变化状态的过程称为系统的动态过程，被控量处于平衡状态称为静态或稳态。

在实际系统中总是存在着不同性质的储能元件，如机械系统中的质量，电器元件中的电感、电容，电炉的热容量等。储能元件对信号的变化体现为存储能量的变化，而能量的存储与释放都不可能在瞬间完成，因此，当输入突然改变时，相应的输出需经过一个渐变的过渡过程，即具有"惯性"。当然，从系统控制任务需要来看，总希望响应曲线越迅速逼近期望值越好，即响应的动态过程越短越好，响应过程越平稳越好。在工程上，通常以系统响应曲线的情况来评价系统的性能，比较直观易懂。下面介绍最常用的三个指标。

1. 稳定性

稳定性（stability）是指系统重新恢复稳态的能力。若一个系统的响应随时间的推移而发散，则称这个系统是不稳定的。反之，对于线性系统，若其响应随时间的推移，能够或者以一定的精度收敛于期望值，则称该系统是稳定的。不稳定的系统受到扰动或给定量变化后是不能重新恢复稳态的，如图 1.10（b）、（e）所示，这样的系统是不可能完成控制任务的。稳定是控制系统正常工作的首要条件。闭环控制系统的稳定性是一个重要研究课题。

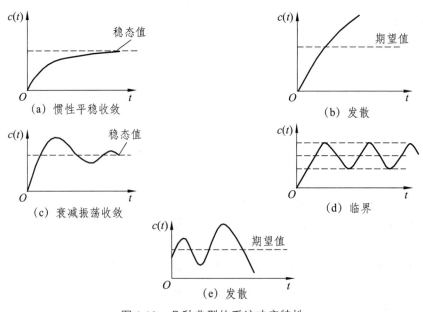

图 1.10　几种典型的系统响应特性

对于响应曲线为衰减振荡形式的稳定系统，如图 1.10（c）所示，响应曲线的振荡程度表征了该系统的稳定程度，称为相对稳定性（relative stability）。振荡的幅度过大可能会导致系统元件损坏，使系统无法正常工作。

2．快速性

快速性（agility）是指当稳定系统的输出量与输入量之间产生偏差时，消除这种偏差的快慢程度，或者说是稳定系统响应的动态过程的时间长短。它反映了系统快速复现输入信号的能力。动态过程时间越长，说明系统响应越迟缓；但动态过渡过程的时间越短，可能使动态误差（偏差）过大。因此，合理的系统设计应兼顾动态误差和快速性这两方面的要求。

3．准确性

准确性（accuracy）是指控制系统进入稳态后，跟踪给定信号或纠正扰动信号影响的准确度。通常用系统的被控量与期望值之间的误差随时间无限推移的极限值（称为稳态误差）来评价。

相对稳定性和快速性反映了系统的动态性能，稳态误差反映了系统的稳态性能。

对控制系统的基本要求是，系统必须是稳定的，动态性能与稳态性能应满足工作要求。由于受控对象的具体情况不同，各种系统对三大性能指标的要求各有侧重。例如，恒值系统对稳定性和准确性的要求严格，随动系统对快速性的要求较高。

需要特别注意：在实际设计时，一个控制系统的稳定性、快速性、准确性是相互矛盾又相互关联的。改善了系统的准确性，可能会使其稳定性变差；提高了快速性，可能会引起系统强烈的振荡，使相对稳定性不能满足要求；改善了相对稳定性，控制过程又可能响应迟缓，甚至使得准确性很差。因此要根据具体情况综合考虑，以满足使用要求为最佳。

自动控制系统是在变动中发挥控制作用的，只有研究响应的全过程，才能全面了解系统的性能。在控制工程中，既要关心控制系统的稳态性能，也应重视其动态性能。分析和改善控制系统的性能是本课程的主要内容和学习目的。

1.6　应用举例分析

在生产和生活实际中，大多数自动控制系统都采用反馈控制原理来控制某一个受控对象动作（如数控机床工作台运动、锅炉上水、机器人机械手装卸、火箭体飞行等）或者某一个生产过程（如切削过程、加热过程、位置检测过程等）。

【例 1.1】　分析机床车削过程信息的传递，画出其车削过程中信息传递的方框图。

解： 如图 1.11 所示为车削过程，在切削加工过程往往会产生自激振动，这种现象的产生与切削过程本身存在内部反馈作用有关。当刀具以名义进给量 x 切入工件时，由于切削过程中产生切削力 p_y，在 p_y 的作用下，又使机床-工件系统发生变形而产生退让位移 y，从而减少了刀具的实际进给量，刀具实际进给量变成 $a = x - y$。上述过程信息的传递可用图 1.12 所示的闭环系统方框图来表示。这样，对于切削过程的动态特性和切削自激振动的分析，完全可以应用控制理论中有关稳定性的理论进行分析，从而找到控制切削过程、抑制切削振动的有效途径。

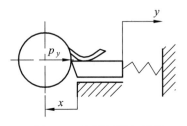

图 1.11　车削过程示意图

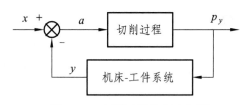

图 1.12　车削过程控制方框图

【例 1.2】　进行锅炉液位控制系统的分析，画出控制系统的方框图，说明其控制原理。

锅炉是供热设备，在电厂、化工厂和供热站是常见生产蒸汽的设备。为了保证锅炉正常生产运行，需要维持锅炉液位在正常值。如果液位过低，容易烧干锅而发生严重事故；液位过高，则蒸汽易带水并有溢出危险。因此，必须通过调节器实时调节来严格控制锅炉中液位的高低，以保证锅炉正常安全地运行。常见的锅炉液位控制系统如图 1.13 所示。

解： 当加热生成蒸汽的耗水量与锅炉的进水量相等时，液位保持正常的标准值。当锅炉的给水量不变，而蒸汽负荷突然增加或减少时，液位就会下降或上升；或者当蒸汽负荷不变，而给水管道水压发生变化时，锅炉液位同样发生变化。不论出现哪种情况，只要实际液位高度与正常给定液位高度之间出现了偏差，调节器应立即进行控制，开大或关小给水阀门，使液位恢复到给定值。

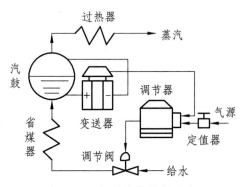

图 1.13　锅炉液位控制系统

锅炉水位控制的过程可用方框图表示，如图 1.14 所示。图中锅炉为被研究对象，其输出为被控液位，作用于锅炉上的扰动是给水压力变化或蒸汽负荷变化等产生的内、外扰动；测量变送器为差压变送器，用来测量锅炉液位，并转变为一定的信号输至调节器；调节器是锅炉液位控制系统中的控制器，有电动、气动等形式，在调节器内将测量液位与给定液位进行比较，得出偏差值，然后根据偏差情况按一定的控制规律发出相应的输出信号去推动调节阀动作（开大或关小）；调节阀在控制系统中起执行元件的作用，根据控制信号对锅炉的进水量进行调节。

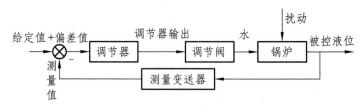

图 1.14　锅炉液位控制系统框图

【例 1.3】 分析函数记录仪的工作过程，画出其系统组成和信息传递的方框图。

解：问题分析 函数记录仪是一种通用的自动记录仪，它可以在直角坐标上自动地描绘出两个电量的函数关系曲线。同时，记录仪还带有走纸机构，用以描绘一个电量对时间的函数关系。

函数记录仪通常由测量元件、放大元件、伺服电机-测速机组、齿轮系及绳轮等组成，它采用负反馈控制原理工作，其原理如图 1.15 所示。系统的输入是待记录的电压，被控对象是记录笔，笔移动的位移即为被控量。该系统的任务是控制记录笔的位移，在记录纸上描绘出待记录的电压曲线。

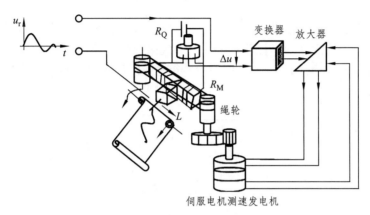

图 1.15 函数记录仪原理示意图

在图 1.15 中，测量元件是由电位器 R_Q 和 R_M 组成的桥式测量电路，记录笔就固定在电位器 R_M 的滑臂上，因此，测量电路的输出电压 u_p 与记录笔位移成正比。当有慢变的输入电压 u_r 时，在放大元件的输入口得到偏差电压 $\Delta u = u_r - u_p$，经放大后驱动伺服电机，并通过齿轮系及绳轮带动记录笔移动，同时使偏差电压减小。当偏差电压 $\Delta u = u_r - u_p = 0$ 时，电动机停止转动，记录笔也静止不动。此时 $u_p = u_r$，表明记录笔位移与输入电压相对应。如果输入电压随时间连续变化，记录笔便绘出电压随时间连续变化的曲线。根据以上分析，可画出函数记录仪控制方框图如图 1.16 所示，图中测速发电机反馈与电动机速度成正比的电压，用以增加阻尼，改善系统性能。

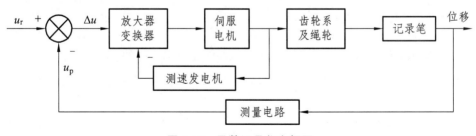

图 1.16 函数记录仪方框图

【例 1.4】 如图 1.17 所示为工业机器人的示意图，它要完成将工件放入指定孔中的任务。分析工业机器人的组成及其信息传递过程，要求画出其控制方框图。

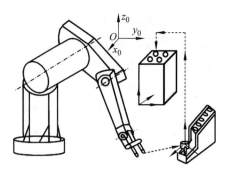

图 1.17　工业机器人完成装配工作

解：机器人控制器的任务是根据指令要求，以及传感器所测得手臂的实际位置和速度来反馈信号的，考虑手臂的动力学性能是按一定的规律产生控制作用，驱动手臂各关节做相应运动，以保证机器人的手臂完成指定的工作，并满足工作性能指标的要求。其基本的控制方框图如图 1.18 所示。

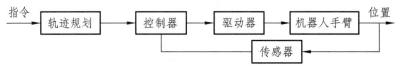

图 1.18　工业机器人控制方框图

1.7　MATLAB 在控制系统中的应用

作为一种语言，MATLAB 提供了一种编程环境。其中，MATLAB 的许多编程工具，可用于管理变量、输入、输出数据以及生成和管理 M 文件。其强大的功能可在控制工程的仿真中起到重要作用。本书后续各章节中也将使用 MATLAB 实现控制系统的计算和绘图等功能。

MATLAB 中控制系统工具箱，提供了若干控制工程的函数。这些函数大多数为 M 文件函数，可用于控制系统的建模、分析和设计等工作，其便利的图形用户界面（GUI）简化了典型的控制工程工作。

控制系统的模型可以是传递函数或者状态方程的形式，我们可以使用经典或现代的控制技术，操作连续系统或者离散系统。控制系统工具箱还提供了这些典型模型之间的相互转换手段。因此，在学习时，可以方便地计算时间响应、频率响应和根轨迹，并方便地绘制图形。其中，一些函数允许进行极点配置、最优控制和状态估计等，可为系统的设计提供重要依据。另外，控制系统工具箱是开放的、可扩展的，可以创建用户自己的 M 文件函数，以适应某些特定需要。

1.8　本课程特点与学习方法

本课程是一门技术基础课，较为抽象。因为它不仅研究专业技术中的技术问题，还必须紧密结合专业实际，要不断概括工程实践。同时，它应用数学、物理的基础理论来抽象与概括工程领域中有关的系统动力学问题，在数学基础课程与专业课程之间架起一道桥梁，对解决现代复杂工程问题有重要意义。本课程与理论力学、机械原理、电工学等技术基础课程不同，它更抽象、更概括，涉及范围更广泛。

学生在学习本课程前，应有足够的数学、力学、机械和电学等的基础知识，还要有一些其他学科领域的知识。应该注意，学习本课程不必过分追求数学论证上的严密性，但应充分注意数学结论的准确性与物理概念的清晰性。因此，在学习过程中适当复习所学过的数学与力学等知识是必要的。

因为控制工程是与实际密切结合的一门学科，所以在学习时，要重视习题，独立完成作业，重视实验，重视有关的实践活动，这些都有助于对基本概念的理解和对基本方法的掌握和运用。

学习本课程既要有抽象思维，又要注意联系专业知识，结合实践和实验。可以说如果缺乏良好的专业知识，是很难用控制理论解决好重要的工程问题。控制理论不仅是一门学科，而且是卓越的方法论。用它思考、分析和解决问题的思维方法是符合唯物辩证法的，它承认研究的对象是一个"系统"，承认系统在不断地"运动"，而产生运动的根据是"内因"，条件是"外因"。正因为如此，在学习本课程时，既要十分重视抽象思维，掌握一般规律，又要充分注意结合实际，联系专业知识，努力实践；既要善于从个性中概括出共性，又要善于从共性出发来深刻理解个性问题。还应努力学习用广义动力学的方法去抽象与解决实际问题，开拓提出、分析与解决问题的新思路。

练 习 题

1. 试比较开环控制系统和闭环控制系统的优缺点。

2. 请说明负反馈的工作原理及其在自动控制系统中的应用。

3. 控制系统有哪些基本组成元件？这些元件的功能是什么？

4. 对自动进给控制系统基本的性能要求是什么？最首要的要求是什么？

5. 在日常生活中，有许多闭环和开环控制系统。试举几个具体的例子，并说明它们的工作原理。

6. 试说明图 1.19（a）所示的液面自动控制系统的工作原理。若将系统结构改为图 1.19（b）所示的结构，将对系统的工作有何影响？

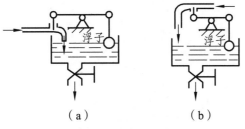

（a）　　　　　　　　（b）

图 1.19　液面制动控制系统

7. 某仓库大门自动控制系统的原理如图 1.20 所示，试说明自动控制大门开启和关闭的工作原理，并画出系统方框图。

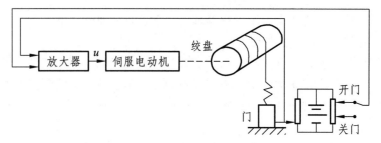

图 1.20　仓库大门自动开闭控制系统

8. 图 1.21 为角速度控制系统原理图。离心调速的轴由内燃发动机通过减速齿轮获得角速度为 ω 的转动，旋转的飞锤产生的离心力被弹簧力抵消，所要求的速度 ω 由弹簧预紧力调准。当 ω 突然变化时，试说明控制系统的作用情况。

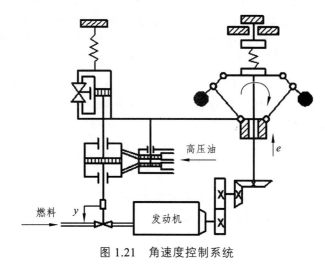

图 1.21　角速度控制系统

第2章
拉普拉斯变换

2.1 拉普拉斯变换简介

拉普拉斯变换（Laplace transform）（简称拉氏变换）是一种解线性微分方程的简便运算方法，也是分析研究线性动态系统有力的数学工具。由于拉普拉斯变换方法的运用，我们可将许多普通的时间函数，如正弦函数、阻尼正弦函数和指数函数等，转换成复变的代数函数。使微积分运算可由复平面内的代数运算来代替。这样，可将时域的线性微分方程转换成复数域的代数方程。这不仅使运算方便，也使系统分析大为简化。

在控制工程中，使用拉普拉斯变换的主要目的是用它来研究系统的动态特性，因为描述系统动态特性的传递函数和频率特性都是建立在拉氏变换的基础上的。拉普拉斯变换法的一个突出优点是可以用显示系统特性的图解方法来计算，而无须实际去解系统的微分方程。它的另一个优点是当解微分方程时，可同时获得解的瞬态分量和稳态分量。

2.1.1 拉普拉斯变换的定义

设时间函数 $f(t)$，$t \geq 0$，则 $f(t)$ 的拉普拉斯变换定义为

$$F(s) = \int_0^\infty f(t) e^{-st} dt \qquad (2.1)$$

简称拉氏变换。

一个函数可以进行拉氏变换的充要条件如下：

（1）在 $t<0$ 时，$f(t) = 0$；

（2）在 $t \geq 0$ 的任一有限区间内，$f(t)$ 是分段连续的；

（3）当 $t \to \infty$ 时，$f(t)$ 的增长速度不超过某一指数函数，即

$$|f(t)| \leqslant M e^{kt} \quad (M \text{ 和 } k \text{ 为实常数})$$

那么，对于一切复变量 $s = \sigma + j\omega$，只要其实部 $\mathrm{Re}[s] = \sigma > k$，积分 $\int_0^{+\infty} f(t) e^{-st} dt$ 就绝对收敛。

在工程实践中，上述条件通常是不难实现的。

显然，由定义式（2.1）确定拉氏变换后的函数是以复变量 s 为自变量的复变函数，又称为象函数（image function），用 f 的大写字母 F 冠名，记为

$$F(s) = L[f(t)] \qquad (2.2)$$

如果复变函数 $F(s)$ 是时间函数 $f(t)$ 的拉氏变换，则称 $f(t)$ 为 $F(s)$ 的拉氏逆变换，或拉氏反变换。称 $f(t)$ 为 $F(s)$ 的原函数（original function）。拉氏变换与拉氏反变换是一个可逆变换对，可将拉氏反变换记为

$$f(t) = L^{-1}\left[F(s)\right] \tag{2.3}$$

2.1.2 典型函数的拉氏变换

正如我们学习微积分时，必须要熟记典型函数的微积分运算公式一样，要掌握拉氏变换，必须熟练记住一些典型函数的拉氏变换，在以后用到时，就不需要每次都推导其拉氏变换。另外，还可以方便地运用拉氏变换表去找到给定函数的拉氏变换结果。

由于拉氏变换运算是被积变量区间为 $t \in [0, \infty]$ 的线性积分运算，所以下面实施拉氏变换的函数均取 $t \in [0, \infty]$ 的单边函数。

1. 单位脉冲函数

单位脉冲函数（unit-impulse function）也称为 δ 函数或称为狄拉克函数（Dirac function），其变化曲线如图 2.1 所示，数学表达式为

$$\delta(t) = \begin{cases} \infty, t = 0 \\ 0, t \neq 0 \end{cases} \tag{2.4}$$

δ 函数具有如下重要性质：

$$\int_{-\infty}^{+\infty} \delta(t)\mathrm{d}t = \int_{0^-}^{0^+} \delta(t)\mathrm{d}t = 1 \tag{2.5}$$

$$\int_{-\infty}^{+\infty} \delta(t)f(t)\mathrm{d}t = f(0) \tag{2.6}$$

式中，$f(t)$ 为任意连续函数。

应用式（2.6）求 $\delta(t)$ 的拉氏变换

$$L\left[\delta(t)\right] = \int_0^{+\infty} \delta(t)\mathrm{e}^{-st}\mathrm{d}t = \int_{-\infty}^{+\infty} \delta(t)\mathrm{e}^{-st}\mathrm{d}t = 1$$

2. 单位阶跃函数

单位阶跃函数（unit-step function）又称位置函数，通常用 $u(t)$ 或 $1(t)$ 来表示。其变化曲线如图 2.2 所示，数学表达式为

$$u(t) = \begin{cases} 0, t < 0 \\ 1, t \geq 0 \end{cases} \tag{2.7}$$

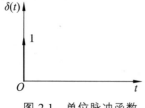

图 2.1　单位脉冲函数　　　　　　图 2.2　单位阶跃函数

实际上，在 $t = 0$ 处的阶跃函数相当于在时间 $t = 0$ 时，一个不变的信号突然加到系统上。$u(t)$ 的拉氏变换为

$$L[u(t)] = \int_0^{+\infty} u(t)e^{-st}dt = \int_0^{+\infty} e^{-st}dt = \frac{1}{s} \quad (2.8)$$

3. 单位斜波函数

单位斜波函数（unit-ramp function）又称速度函数，其变化曲线如图 2.3 所示，数学表达式为

$$r(t) = \begin{cases} 0, t < 0 \\ t, t \geqslant 0 \end{cases} \quad (2.9)$$

单位斜波函数的拉氏变换为

$$\begin{aligned} L[r(t)] &= \int_0^{+\infty} r(t)e^{-st}dt = \int_0^{+\infty} te^{-st}dt \\ &= -\frac{1}{s}(te^{-st})\Big|_0^{+\infty} + \frac{1}{s}\int_0^{+\infty} e^{-st}dt = \frac{1}{s^2} \end{aligned} \quad (2.10)$$

4. 单位加速度函数

单位加速度函数（unit-acceleration function）又称抛物线函数（parabolic function），其变化曲线如图 2.4 所示，数学表达式为

$$r(t) = \begin{cases} 0, t < 0 \\ \frac{1}{2}t^2, t \geqslant 0 \end{cases} \quad (2.11)$$

其拉氏变换为

$$L[r(t)] = \int_0^{+\infty} r(t)e^{-st}dt = \int_0^{+\infty} \frac{1}{2}t^2e^{-st}dt = \frac{1}{s^3} \quad (2.12)$$

图 2.3　单位斜波函数

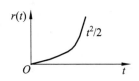

图 2.4　单位加速度函数

5. 指数函数

指数函数（exponential function）分为指数增长函数和指数衰减函数。变化曲线如图 2.5 所示，数学表达式为

$$r(t) = \begin{cases} e^{at}(指数增长函数) \\ e^{-at}(指数衰减函数) \end{cases} \quad (2.13)$$

式中，$a > 0$。

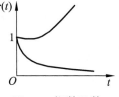

图 2.5　指数函数

指数增长函数和指数衰减函数的拉氏变换分别为

$$L\left[e^{at}\right] = \int_0^{+\infty} e^{at} e^{st} \mathrm{d}t = \frac{1}{s-a} \quad (2.14)$$

$$L\left[e^{-at}\right] = \int_0^{+\infty} e^{-at} e^{-st} \mathrm{d}t = \frac{1}{s+a} \quad (2.15)$$

6. 正弦函数

正弦函数（sinusoidal function）的数学表达式为

$$r(t) = \sin \omega t \ (t \geqslant 0) \quad (2.16)$$

式中，ω 为正弦函数的角频率。

对式（2.16）进行拉氏变换并应用欧拉公式，得

$$\begin{aligned} L[\sin \omega t] &= \int_0^{+\infty} \sin \omega t e^{-st} \mathrm{d}t \\ &= \frac{1}{2\mathrm{j}} \int_0^{+\infty} (e^{\mathrm{j}\omega t} - e^{-\mathrm{j}\omega t}) e^{-st} \mathrm{d}t = \frac{\omega}{s^2 + \omega^2} \end{aligned} \quad (2.17)$$

7. 余弦函数

余弦函数（cosine function）的数学表达式为

$$r(t) = \cos \omega t \ (t \geqslant 0) \quad (2.18)$$

对式（2.18）进行拉氏变换并应用欧拉公式，得

$$\begin{aligned} L[\cos \omega t] &= \int_0^{+\infty} \cos \omega t e^{-st} \mathrm{d}t \\ &= \frac{1}{2} \int_0^{+\infty} (e^{\mathrm{j}\omega t} + e^{-\mathrm{j}\omega t}) e^{-st} \mathrm{d}t \\ &= \frac{s}{s^2 + \omega^2} \end{aligned} \quad (2.19)$$

8. 幂函数

幂函数（power function）的数学表达式为

$$r(t) = t^n \ (t \geqslant 0, \ n > -1 \text{且为整数}) \quad (2.20)$$

幂函数的拉氏变换为

$$L[t^n] = \int_0^{+\infty} t^n e^{-st} \mathrm{d}t$$

令 $u = st$，则 $t = \dfrac{u}{s}$，$\mathrm{d}t = \dfrac{\mathrm{d}u}{s}$，代入上式得

$$L[t^n] = \int_0^{+\infty} t^n e^{-st} \mathrm{d}t = \frac{1}{s^{n+1}} \int_0^{\infty} u^n e^{-u} \mathrm{d}u$$

因为 $\int_0^{+\infty} u^n e^{-u} du = \Gamma(n+1)$，所以

$$L[t^n] = \frac{\Gamma(n+1)}{s^{n+1}}$$

当 n 是非负整数时，$\Gamma(n+1) = n!$，则

$$L[t^n] = \frac{\Gamma(n+1)}{s^{n+1}} = \frac{n!}{s^{n+1}} \qquad (2.21)$$

本节小结：单位阶跃函数、单位斜波函数和单位加速度函数分别是幂函数 $t^n (n > -1)$，当 $n = 0$、$n = 1$ 和 $n = 2$ 时的特例。

2.1.3　使用 MATLAB 符号运算工具箱进行拉氏变换

MATLAB 软件提供了 laplace( ) 函数来实现拉氏变换。

【例 2.1】　求解函数 $e^{-bt} \cos(at+c)$ 的拉氏变换。

解：打开 MATLAB 软件，在工作命令窗口输入以下命令

```
%L0201.m
Syms s t a b c
laplace(exp(-b*t)*cos(a*t+c)),回车
ans =
(cos(c)*(b+s))/((b+s)^2+a^2)-(a*sin(c))/((b+s)^2+a^2)
```

2.2　拉普拉斯变换的性质

本节主要介绍拉氏变换的几个重要性质，结合这些性质和典型函数的拉氏变换，就可以灵活地得到各种函数的拉氏变换，而不需要每次去逐一推导计算函数的拉氏变换。

2.2.1　线性性质（linearity theorem）

线性性质是指同时满足叠加性和齐次性。叠加性（additivity property）是指当几个信号同时作用于系统时，总的输出响应等于每个激励单独作用时所产生的响应之和。假如有 $r_1 \to c_1$，$r_2 \to c_2$，则 $r_3 = r_1 + r_2 \to c_3 = c_1 + c_2$。齐次性（homogeneity property）是指当输入信号乘以某常数时，其响应乘以相同的常数。假如 $r \to c$，则 $kr \to kc$。

若有 $L[f_1(t)] = F_1(s)$，$L[f_2(t)] = F_2(s)$，a、b 为常数。则

$$L[af_1(t) + bf_2(t)] = aF_1(s) + bF_2(s) \qquad (2.22)$$

该性质表明，各个函数线性组合的拉氏变换等于其拉氏变换的线性组合。可以利用拉氏变换的定义来直接证明。

【例 2.2】　求时域函数 $1 + e^{2t} - \cos 3t + t^3 + \delta(t)$ 的拉氏变换。

解：拉氏变换为

$$L[1 + \mathrm{e}^{2t} - \cos 3t + t^3 + \delta(t)] = L[1] + L[\mathrm{e}^{2t}] - L[\cos 3t] + L[t^3] + L[\delta(t)]$$

$$= \frac{1}{s} + \frac{1}{s-2} - \frac{s}{s^2+9} + \frac{6}{s^4} + 1$$

2.2.2 延时定理（time-shift theorem）

若有 $L[f(t)] = F(s)$，对于任意实数 a，则

$$L[f(t-a)] = \mathrm{e}^{-as} F(s) \tag{2.23}$$

式中，$f(t-a)$ 为延时时间 a 的函数 $f(t)$，当 $t<a$，即 $t-a<0$ 时，$f(t) = 0$。

证明：

$$L[f(t-a)] = \int_0^{+\infty} f(t-a)\mathrm{e}^{-st}\mathrm{d}t$$

$$= \int_0^{a} f(t-a)\mathrm{e}^{-st}\mathrm{d}t + \int_a^{+\infty} f(t-a)\mathrm{e}^{-st}\mathrm{d}t$$

对于 $t \in [0, \tau)$，$f(t-\tau) = 0$，故上式右边的第一项的积分值为 0；对于第二项积分，作变换 $t-a=\tau$，则

$$L[f(t-a)] = \int_a^{+\infty} f(t-a)\mathrm{e}^{-s[(t-a)+a]}\mathrm{d}(t-a)$$

$$= \int_0^{+\infty} f(\tau)\mathrm{e}^{-s(\tau+a)}\mathrm{d}\tau$$

$$= \mathrm{e}^{-as} \int_0^{+\infty} f(\tau)\mathrm{e}^{-s\tau}\mathrm{d}\tau$$

$$= \mathrm{e}^{-as} F(s)$$

延时性质表明：在时域中，把时间函数 $f(t)$ 延迟一个时间 τ，那么，在复域中，其像函数须乘以延迟因子 e^{-as}。

【例 2.3】 求如图 2.6 所示三角波的拉氏变换。

解：三角波的表达式为

$$f(t) = \frac{A}{T}(t-A) - \frac{A}{T}(t-2T) - Au(t-2T)$$

拉氏变换为

$$L[f(t)] = \frac{A}{T}\frac{1}{s^2}\mathrm{e}^{-Ts} - \frac{A}{T}\frac{1}{s^2}\mathrm{e}^{-2Ts} - A\frac{1}{s}\mathrm{e}^{-2Ts}$$

$$= \frac{A}{s^2}\mathrm{e}^{-Ts}\left(\frac{1}{T} - \frac{1}{T}\mathrm{e}^{-Ts} - s\mathrm{e}^{-Ts}\right)$$

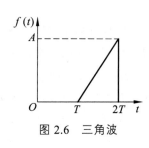

图 2.6　三角波

2.2.3 周期函数的拉氏变换（laplace transform of periodic function）

若函数 $f(t)$ 是以 T 为周期的函数，即 $f(t+T) = f(t)$，则有

$$L[f(t)] = \int_0^{+\infty} f(t)\mathrm{e}^{-st}\mathrm{d}t$$

$$= \int_0^T f(t)\mathrm{e}^{-st}\mathrm{d}t + \int_T^{2T} f(t)\mathrm{e}^{-st}\mathrm{d}t + \cdots + \int_{nT}^{(n+1)T} f(t)\mathrm{e}^{-st}\mathrm{d}t$$

$$= \sum_{n=0}^{\infty} \int_{nT}^{(n+1)T} f(t)\mathrm{e}^{-st}\mathrm{d}t$$

令 $t = t_1 + nT$，即 $\mathrm{d}t = \mathrm{d}t_1$，$t_1 = 0$ 时，$t = nT$，则

$$L[f(t)] = \sum_{n=0}^{\infty} \int_0^T f(t_1 + nT)\mathrm{e}^{-s(t_1+nT)}\mathrm{d}t_1$$

$$= \sum_{n=0}^{\infty} \mathrm{e}^{-snT} \int_0^T f[t_1]\mathrm{e}^{-st_1}\mathrm{d}t_1 \qquad (2.24)$$

$$= \frac{1}{1-\mathrm{e}^{-sT}} \int_0^T f(t)\mathrm{e}^{-st}\mathrm{d}t$$

【**例 2.4**】　求如图 2.7 所示的连续方波的拉氏变换。

解：由图可知，在一个周期 $t \in [0, 2]$ 内，$f(t)$ 的数学表达式为

$$f(t) = u(t) - 2u(t-1)$$

由式（2.24）得

$$L[f(t)]$$

$$= \frac{1}{1-\mathrm{e}^{-2s}} \int_0^2 [u(t) - 2u(t-1)]\mathrm{e}^{-st}\mathrm{d}t$$

$$= \frac{1}{1-\mathrm{e}^{-2s}} \cdot \frac{1}{s}(\mathrm{e}^{-2s} - 2\mathrm{e}^{-s} + 1)$$

$$= \frac{1-\mathrm{e}^{-s}}{s(1+\mathrm{e}^{-s})}$$

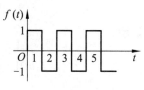

图 2.7　连续方波

2.2.4　复数域位移定理（complex-shift theorem）

若 $L[f(t)] = F(s)$，对任意常数 a（实数或复数），则有

$$L[\mathrm{e}^{-at} f(t)] = F(s+a) \qquad (2.25)$$

证明：

$$L[\mathrm{e}^{-at} f(t)] = \int_0^{+\infty} \mathrm{e}^{-at} f(t)\mathrm{e}^{-st}\mathrm{d}t$$

$$= \int_0^{+\infty} f(t)\mathrm{e}^{-(a+s)t}\mathrm{d}t$$

$$= F(s+a)$$

该性质表明：$f(t)$ 与指数衰减函数 e^{-at} 相乘的象函数，可由 $f(t)$ 的象函数 $F(s)$ 向左移位 a 而得到。

同理，把 $f(t)$ 的象函数 $F(s)$ 向右移位 a，即得 $f(t)$ 与指数增长函数 e^{at} 相乘的象函数，即

$$L[e^{at}f(t)] = F(s-a) \qquad (2.26)$$

【例 2.5】 求 $L[e^{-at}\sin\omega t]$ 和 $L[e^{-at}\cos\omega t]$。

解：由式（2.25）得

$$L[e^{-at}\sin\omega t] = \frac{\omega}{(s+a)^2 + \omega^2}$$

同理可得

$$L[e^{-at}\cos\omega t] = \frac{s+a}{(s+a)^2 + \omega^2}$$

2.2.5 时间尺度改变性质（change of time scale）

时间尺度改变性质又称相似定理，或称尺度变换特性（scaling property），或称压扩特性（companding property）。

若 $L[f(t)] = F(s)$ ，a 是任意常数，则有

$$L[f(at)] = \frac{1}{a}F\left(\frac{s}{a}\right) \qquad (2.27)$$

证明：

$$L[f(at)] = \int_0^{+\infty} f(at)e^{-st}dt$$

令 $\tau = at$ ，则

$$L[f(at)] = \int_0^{+\infty} f(\tau)e^{-s\frac{\tau}{a}}\frac{1}{a}d\tau$$

$$= \frac{1}{a}\int_0^{+\infty} f(\tau)e^{-\frac{s}{a}\tau}d\tau$$

$$= \frac{1}{a}F\left(\frac{s}{a}\right)$$

【例 2.6】 求 $f(t) = e^{-t}$ 和 $f\left(\dfrac{t}{5}\right) = e^{-0.2t}$ 的拉氏变换。

解：拉氏变换为

$$L[f(t)] = L[e^{-t}] = F(s) = \frac{1}{s+1}$$

因此

$$L\left[f\left(\frac{t}{5}\right)\right] = L[e^{-0.2t}] = 5F(5s) = \frac{5}{5s+1}$$

该结果也可直接用 $e^{-0.2t}$ 的拉氏变换得到证明，即

$$L[\mathrm{e}^{-0.2t}] = \frac{1}{s+0.2} = \frac{5}{5s+1}$$

2.2.6 微分性质（real-differentiation theorem）

若 $L[f(t)] = F(s)$ ，则

$$L\left[\frac{\mathrm{d}}{\mathrm{d}t}f(t)\right] = sF(s) - f(0) \tag{2.28}$$

$f(0)$ 为时间函数 $f(t)$ 在 $t = 0$ 处的初值。注意：这里假设 $f(0^-) = f(0^+) = f(0)$ 。

证明： 根据拉氏变换的定义，并应用分部积分法，有

$$L\left[\frac{\mathrm{d}}{\mathrm{d}t}f(t)\right] = \int_0^{+\infty}\left[\frac{\mathrm{d}}{\mathrm{d}t}f(t)\right]\mathrm{e}^{-st}\mathrm{d}t = \int_0^{+\infty}\mathrm{e}^{-st}\mathrm{d}f(t)$$

$$= \mathrm{e}^{-st}f(t)\Big|_0^{+\infty} + s\int_0^{+\infty}f(t)\mathrm{e}^{-st}\mathrm{d}t = sF(s) - f(0)$$

该性质表明：函数 $f(t)$ 求导后的拉氏变换等于 $f(t)$ 的象函数 $F(s)$ 乘以复参量 s ，再减去这个函数的初值。

推论 若 $L[f(t)] = F(s)$ ，则

$$\left[\frac{\mathrm{d}^n f(t)}{\mathrm{d}t^n}\right] = s^n F(s) - s^{n-1}f(0) - s^{n-2}f'(0) - \cdots - f^{(n-1)}(0) \tag{2.29}$$

特别地，当 $f(0) = f'(0) = f''(0) = \cdots = f^{(n-1)}(0) = 0$ 时，有

$$L[f^{(n)}(t)] = s^n F(s) \tag{2.30}$$

可见，应用微分性质可以将 $f(t)$ 的微分运算转化为代数运算，因此可以将 $f(t)$ 的微分方程求解转化为代数方程的求解，从而极大地简化求解过程。

2.2.7 积分性质（real-integration theorem）

若 $L[f(t)] = F(s)$ ，则

$$L\left[\int_0^t f(t)\mathrm{d}t\right] = \frac{F(s)}{s} + \frac{f^{(-1)}(0)}{s} \tag{2.31}$$

其中 $f^{(-1)}(0) = \int_0^t f(t)\mathrm{d}t\Big|_{t=0}$ 。

证明：

$$L\left[\int_0^t f(t)\mathrm{d}t\right] = \int_0^{+\infty}\left[\int_0^t f(t)\mathrm{d}t\right]\mathrm{e}^{-st}\mathrm{d}t$$

$$= \frac{1}{s}\int_0^t f(t)\mathrm{d}t\Big|_{t=0} + \frac{1}{s}\int_0^{+\infty}f(t)\mathrm{e}^{-st}\mathrm{d}t$$

$$= \frac{F(s)}{s} + \frac{f^{(-1)}(0)}{s}$$

推论 若 $L[f(t)] = F(s)$，则

$$L\left[\int_0^t \int_0^t \cdots \int_0^t f(t)(\mathrm{d}t)^n\right]$$

$$= \frac{1}{s^n} F(s) + \frac{1}{s^n} f^{(-1)}(0) + \frac{1}{s^{n-1}} f^{(-2)}(0) + \cdots + \frac{1}{s} f^{(-n)}(0) \qquad (2.32)$$

式中，$f^{(-1)}(0)$、$f^{(-2)}(0)$、$\cdots$、$f^{(-n)}(0)$ 分别为 $f(t)$ 的各重积分在 t 从正向趋近于零时的值。

当 $f(t)$ 在 $t = 0$ 处连续时，有

$$f^{(-1)}(0) = f^{(-2)}(0) = \cdots = f^{(-n)}(0) = 0$$

即初始条件为零时，有

$$L\left[\int_0^t f(t)\mathrm{d}t\right] = \frac{1}{s} F(s) \qquad (2.33)$$

$$L\left[\int_0^t \int_0^t \cdots \int_0^t f(t)(\mathrm{d}t)^n\right] = \frac{1}{s^n} F(s) \qquad (2.34)$$

也就是说，对原函数每进行一次积分，就相当于它的象函数用 s 除一次。

【例 2.7】 已知 $f(t) = \int_0^t \sin kt \mathrm{d}t$，$k$ 为实数，求 $L[f(t)]$。

解： 依据式（2.33）可得

$$L[f(t)] = L\left[\int_0^t \sin kt \mathrm{d}t\right] = \frac{1}{s} L[\sin kt] = \frac{k}{s(s^2 + k^2)}$$

2.2.8 初值定理（initial-value theorem）

若 $L[f(t)] = F(s)$，且 $\lim\limits_{s\to\infty} sF(s)$ 存在，则

$$f(0) = \lim_{t\to 0} f(t) = \lim_{s\to\infty} sF(s) \qquad (2.35)$$

证明： 若函数 $f(t)$ 及其一阶导数均可进行拉氏变换，由微分性质可知

$$L[f'(t)] = \int_0^{+\infty} f'(t)\mathrm{e}^{-st}\mathrm{d}t = sF(s) - f(0)$$

令 $s \to +\infty$，对上式取极限

$$\lim_{s\to+\infty} \int_0^{+\infty} f'(t)\mathrm{e}^{-st}\mathrm{d}t = \lim_{s\to+\infty}[sF(s) - f(0)]$$

交换积分与极限的位置，得

$$\int_0^{+\infty} f'(t) \lim_{s\to+\infty} \mathrm{e}^{-st}\mathrm{d}t = \lim_{s\to+\infty} sF(s) - f(0)$$

当 $s \to +\infty$ 时，$\mathrm{e}^{-st} \to 0$，故

$$\lim_{s \to +\infty} sF(s) - f(0) = 0$$

$$\lim_{s \to +\infty} sF(s) = f(0) = \lim_{t \to 0} f(t)$$

说明：利用初值定理能直接从 $f(t)$ 的拉氏变换求出 $f(t)$ 在 $t \to 0$ 处的值，它建立了时域函数 $f(t)$ 的初值与复域函数 $sF(s)$ 在无限远点的值之间的关系。

与初值定理对应的就是终值定理，它与初值定理是对偶关系。

2.2.9　终值定理（final-value theorem）

若 $L[f(t)] = F(s)$，且 $\lim\limits_{t \to +\infty} f(t)$ 存在，则

$$f(\infty) = \lim_{t \to +\infty} f(t) = \lim_{s \to 0} sF(s) \tag{2.36}$$

证明：若函数 $f(t)$ 及其一阶导数均可进行拉氏变换，由微分性质可知

$$L[f'(t)] = \int_0^{+\infty} f'(t)\mathrm{e}^{-st}\mathrm{d}t = sF(s) - f(0)$$

令 $s \to 0$，对上式取极限

$$\lim_{s \to 0} \int_0^{+\infty} f'(t)\mathrm{e}^{-st}\mathrm{d}t = \lim_{s \to 0}\left[sF(s) - f(0) \right] = \lim_{s \to 0} sF(s) - f(0)$$

因为

$$\lim_{s \to 0} \int_0^{+\infty} f'(t)\mathrm{e}^{-st}\mathrm{d}t = \int_0^{+\infty} f'(t)\lim_{s \to 0}\mathrm{e}^{-st}\mathrm{d}t = \lim_{t \to +\infty} \int_0^t f'(t)\mathrm{d}t$$
$$= \lim_{t \to +\infty}\left[f(t) - f(0) \right] = \lim_{t \to +\infty} f(t) - f(0)$$

所以

$$\lim_{t \to +\infty} f(t) - f(0) = \lim_{s \to 0} sF(s) - f(0)$$

即

$$f(\infty) = \lim_{t \to +\infty} f(t) = \lim_{s \to 0} sF(s)$$

这表明，$f(t)$ 的稳定状态性质与 $sF(s)$ 在 $s = 0$ 的邻域内的性质一样，因此求 $f(t)$ 在 $t \to \infty$ 处的值，可以直接根据 $sF(s)$ 去求得。终值定理建立了时间函数 $f(t)$ 在无限远点的值与复域函数 $sF(s)$ 在原点值之间的关系。

特别指出，当 $f(t)$ 为周期函数时，由于它没有终值，$\lim\limits_{t \to \infty} f(t)$ 不存在，故终值定理不适用。

初值定理与终值定理对方程的解答提供了一个方便的核对方法，在不需要变复域函数为时间函数的情况下，就能方便地预测时域中系统的性质。

【例 2.8】　已知 $F(s) = \dfrac{1}{s + a}$（$a > 0$），求 $f(0)$ 和 $f(\infty)$。

解：本题可由初值定理和终值定理直接求得

$$f(0) = \lim_{s \to +\infty} sF(s) = \lim_{s \to +\infty} s\frac{1}{s+a} = 1$$

$$f(\infty) = \lim_{s \to 0} sF(s) = \lim_{s \to 0} s\frac{1}{s+a} = 0$$

其实，由式（2.15）可知，$f(t) = L^{-1}\left[\dfrac{1}{s+a}\right] = e^{-at}$，显然，上面的结果与直接由 $f(t)$ 计算的结果一致。

2.2.10　复微分定理（complex-differentiation theorem）

若 $L[f(t)] = F(s)$，则

$$L[tf(t)] = -\frac{\mathrm{d}}{\mathrm{d}s}F(s) \tag{2.37}$$

证明： 由定义

$$F(s) = \int_0^{+\infty} f(t)e^{-st}\mathrm{d}t$$

两边对 s 微分，得

$$\begin{aligned}
\frac{\mathrm{d}}{\mathrm{d}s}F(s) &= \int_0^{+\infty} f(t)(-t)e^{-st}\mathrm{d}t \\
&= \int_0^{+\infty} -tf(t)e^{-st}\mathrm{d}t \\
&= -L[tf(t)]
\end{aligned}$$

即有

$$L[tf(t)] = -\frac{\mathrm{d}}{\mathrm{d}s}F(s)$$

2.2.11　复积分定理（complex-integration theorem）

若 $L[f(t)] = F(s)$，则

$$L\left[\frac{f(t)}{t}\right] = \int_s^{+\infty} F(s)\mathrm{d}s \tag{2.38}$$

证明：

$$\int_s^{+\infty} F(s)\mathrm{d}s = \int_s^{+\infty} \int_0^{+\infty} f(t)e^{-st}\mathrm{d}t\mathrm{d}s$$

交换积分次序，得

$$\int_s^{+\infty} F(s)\mathrm{d}s = \int_0^{+\infty} f(t)\mathrm{d}t\int_s^{+\infty} e^{-st}\mathrm{d}s = \int_0^{+\infty} f(t)\mathrm{d}t\left(-\frac{1}{t}e^{-st}\right)\Bigg|_s^{+\infty}$$

$$= \int_0^{+\infty} \frac{f(t)}{t}e^{-st}\mathrm{d}t = L\left[\frac{f(t)}{t}\right]$$

2.2.12　卷积定理（convolution theorem）

两函数 $f_1(t)$ 和 $f_2(t)$ 的卷积定义为

$$f_1(t) * f_2(t) = \int_{-\infty}^{+\infty} f_1(\tau) f_2(t-\tau) \mathrm{d}\tau \qquad (2.39)$$

根据拉氏变换的定义，当 $t < 0$ 时，$f_1(t) = f_2(t) = 0$，故当 $t < \tau$ 时，$f_2(t-\tau) = 0$，式（2.39）可以写成

$$
\begin{aligned}
f_1(t) * f_2(t) &= \int_{-\infty}^{+\infty} f_1(\tau) f_2(t-\tau) \mathrm{d}\tau \\
&= \int_{-\infty}^{0} f_1(\tau) f_2(t-\tau) \mathrm{d}\tau + \int_{0}^{t} f_1(\tau) f_2(t-\tau) \mathrm{d}\tau + \int_{t}^{+\infty} f_1(\tau) f_2(t-\tau) \mathrm{d}\tau \quad (2.40) \\
&= \int_{0}^{t} f_1(\tau) f_2(t-\tau) \mathrm{d}\tau
\end{aligned}
$$

可见，在拉氏变换中的卷积定义与一般卷积定义是一致的，只不过是由于拉氏变换中函数 $f(t)$ 在 $t < \tau$ 时，$f(t) = 0$，从而引起卷积积分限发生变化。

可以证明，式（2.39）的卷积满足以下性质：

（1）交换律：$f_1(t) * f_2(t) = f_2(t) * f_1(t)$ 　　　　　　　　　　　　　　　　（2.41）

（2）结合律：$f_1(t) * [f_2(t) * f_3(t)] = [f_1(t) * f_2(t)] * f_3(t)$ 　　　　　　　　（2.42）

（3）分配律：$f_1(t) * [f_2(t) + f_3(t)] = f_1(t) * f_2(t) + f_1(t) * f_3(t)$ 　　　　（2.43）

拉氏变换的卷积定理：

若 $L[f_1(t)] = F_1(s)$，$L[f_2(t)] = F_2(s)$，且当 $t < 0$ 时，$f_1(t) = f_2(t) = 0$，则

$$L[f_1(t) * f_2(t)] = L[f_1(t)] \cdot L[f_2(t)] = F_1(s) F_2(s) \qquad (2.44)$$

这个定理表明，两个函数卷积的拉氏变换等于这两个函数的拉氏变换的乘积。

证明：

$$L[f_1(t) * f_2(t)] = \int_{0}^{+\infty} \left[\int_{0}^{t} f_1(\tau) f_2(t-\tau) \mathrm{d}\tau \right] \mathrm{e}^{-st} \mathrm{d}t$$

考虑当 $\tau > t$ 时，$f_2(t-\tau) = 0$，则

$$L[f_1(t) * f_2(t)] = \int_{0}^{+\infty} \left[\int_{0}^{+\infty} f_1(\tau) f_2(t-\tau) \mathrm{d}\tau \right] \mathrm{e}^{-st} \mathrm{d}t$$

交换积分次序

$$L[f_1(t) * f_2(t)] = \int_{0}^{+\infty} f_1(\tau) \left[\int_{0}^{+\infty} f_2(t-\tau) \mathrm{e}^{-st} \mathrm{d}t \right] \mathrm{d}\tau$$

由延时定理得

$$L[f_1(t) * f_2(t)] = \int_{0}^{+\infty} f_1(\tau) \mathrm{e}^{-s\tau} \mathrm{d}\tau F_2(s) = F_1(s) F_2(s)$$

【例 2.9】 已知 $f_1(t)=t$ ， $f_2(t)=\sin t$ ， $t\geqslant 0$ ，求 $f_1(t)*f_2(t)$ 。

解：解法一 由卷积的定义求得

$$
\begin{aligned}
f_1(t)*f_2(t)=t*\sin t&=\int_0^t \tau\sin(t-\tau)\mathrm{d}\tau\\
&=\int_0^t \tau\mathrm{d}\cos(t-\tau)\\
&=\tau\cos(t-\tau)\Big|_0^t-\int_0^t\cos(t-\tau)\mathrm{d}\tau\\
&=t-\sin t
\end{aligned}
$$

由拉氏变换的卷积定理也可求得相同的结果。

解法二 先求 $f_1(t)*f_2(t)$ 的拉氏变换

$$
L[f_1(t)*f_2(t)]=F_1(s)F_2(s)=L[t]L[\sin t]=\frac{1}{s^2}\cdot\frac{1}{s^2+1}
$$

再用拉氏逆变换可求得两个原函数的卷积

$$
\begin{aligned}
f_1(t)*f_2(t)&=L^{-1}[F_1(s)F_2(s)]\\
&=L^{-1}\left[\frac{1}{s^2}\cdot\frac{1}{s^2+1}\right]=L^{-1}\left[\frac{1}{s^2}-\frac{1}{s^2+1}\right]\\
&=L^{-1}\left[\frac{1}{s^2}\right]-L^{-1}\left[\frac{1}{s^2+1}\right]=t-\sin t
\end{aligned}
$$

对于复杂函数，也可运用 MATLAB 符号运算工具箱求解拉氏变换。

小结：常见时间函数的拉氏变换对照列于表 2.1。应用该对照表，可以方便地查找到常见时间函数的拉氏变换。反之，也可由已知的拉氏变换查得相应的时间函数。

表 2.1　常用函数的拉氏变换表

序号	时间函数 $f(t)$	象函数 $F(s)$
1	单位脉冲 $\delta(t)$	1
2	单位阶跃 $1(t)$	$1/s$
3	t	$1/s^2$
4	e^{-at}	$1/(s+a)$
5	$t\mathrm{e}^{-at}$	$1/(s+a)^2$
6	$\sin\omega t$	$\omega/(s^2+\omega^2)$
7	$\cos\omega t$	$s/(s^2+\omega^2)$
8	$t^n(n=1,2,3,\cdots)$	$n!/s^{(n+1)}$
9	$t^n\mathrm{e}^{-at}(n=1,2,3,\cdots)$	$n!/(s+a)^{(n+1)}$
10	$(\mathrm{e}^{-at}-\mathrm{e}^{-bt})/(b-a)$	$1/[(s+a)(s+b)]$

序号	时间函数 $f(t)$	象函数 $F(s)$
11	$(be^{-bt} - ae^{-at})/(b - a)$	$s/[(s+a)(s+b)]$
12	$[1+(be^{-at} - ae^{-bt})/(a - b)]/(ab)$	$1/[s(s+a)(s+b)]$
13	$e^{-at}\sin\omega t$	$\omega/[(s+a)^2+\omega^2]$
14	$e^{-at}\cos\omega t$	$(s+a)/[(s+a)^2+\omega^2]$
15	$(at - 1+e^{-at})/a^2$	$1/[s^2(s+a)]$
16	$\dfrac{\omega_n}{\sqrt{1-\xi^2}}e^{-\xi\omega_n t}\sin\omega_n\sqrt{1-\xi^2}t$	$\dfrac{\omega_n}{s^2 + 2\xi\omega_n s + \omega_n^2}$, $0<\xi<1$
17	$\dfrac{-1}{\sqrt{1-\xi^2}}e^{-\xi\omega_n t}\sin(\omega_n\sqrt{1-\xi^2}t-\varphi)$, $\varphi = \tan^{-1}\dfrac{\sqrt{1-\xi^2}}{\xi}$	$\dfrac{s}{s^2 + 2\xi\omega_n s + \omega_n^2}$, $0<\xi<1$
18	$1-\dfrac{1}{\sqrt{1-\xi^2}}e^{-\xi\omega_n t}\sin(\omega_n\sqrt{1-\xi^2}t+\varphi)$, $\varphi = \tan^{-1}\dfrac{\sqrt{1-\xi^2}}{\xi}$	$\dfrac{\omega_n^2}{s(s^2 + 2\xi\omega_n s + \omega_n^2)}$, $0<\xi<1$

2.3 拉普拉斯逆变换

已知象函数 $F(s)$，求其原函数 $f(t)$ 的变换称作拉氏逆变换（inverse laplace transform），记作 $L^{-1}[F(s)]$，并定义为

$$f(t) = L^{-1}[F(s)] = \frac{1}{2\pi}\int_{\sigma-j\omega}^{\sigma+j\omega} F(s)e^{st}ds \qquad (2.45)$$

式（2.45）定义的积分是复变函数积分，计算此积分需要借助于复变函数中的留数定理来求解，过程相当复杂。因此，在控制工程中，不推荐采用这种用定义的方法来直接求常用函数的拉氏逆变换。通常求拉氏逆变换的方法有如下几种：

（1）查表法。直接利用表 2.1，根据象函数反查出相应的原函数，该方法适用于比较简单的象函数。

（2）有理函数法。根据式（2.45）求解。由于该方法要用到复变函数中的留数定理，本书不做进一步介绍。

（3）部分分式法。该方法是通过代数运算，先将一个复杂的象函数化为几个简单的部分分式之和，再分别求出各个分式的原函数，这样即可求得总的原函数。部分分式法适用于 $F(s)$ 是有理分式的函数。控制工程中遇到的象函数一般都是有理分式，故这里只讨论应用部分分式展开式计算拉氏逆变换的方法。

应用部分分式展开法（partial-fraction expansion method）计算拉氏逆变换的一般步骤如下：

（1）计算有理分式函数 $F(s)$ 的极点。

（2）根据极点把 $F(s)$ 的分母多项式进行因式分解，并进一步把 $F(s)$ 展开成部分分式之和。

（3）对 $F(s)$ 的部分分式展开式进行拉氏逆变换。

一般象函数 $F(s)$ 可以表示成如下的有理分式：

$$F(s) = \frac{B(s)}{A(s)} = \frac{b_0 s^m + b_1 s^{m-1} + \cdots + b_{m-1}s + b_m}{a_0 s^n + a_1 s^{n-1} + \cdots + a_{n-1}s + a_n}$$

$$= \frac{K(s-z_1)(s-z_2)\cdots(s-z_m)}{(s-p_1)(s-p_2)\cdots(s-p_n)}$$

（2.46）

式中，$p_1, p_2, \cdots, p_n$ 和 $z_1, z_2, \cdots, z_m$ 分别为 $F(s)$ 的极点和零点，它们是实数或共轭复数，且 $n>m$。如果 $n = m$，则分子 $B(s)$ 必须用分母 $A(s)$ 去除，以得到一个 s 的多项式和一个余式之和，在余式中分母的阶次高于分子阶次。按极点种类的不同，将式（2.46）化为部分分式之和，可分别依据下面两种情况求拉氏逆变换。

2.3.1　$F(s)$ 无重极点的情况

当 $F(s)$ 无重极点时，即只有各不相同的单极点（distinct poles）时，$F(s)$ 总能展开为下面简单的部分分式之和。

$$F(s) = \frac{b_0 s^m + b_1 s^{m-1} + \cdots + b_{m-1}s + b_m}{(s-p_1)(s-p_2)\cdots(s-p_n)}$$

$$= \frac{c_1}{s-p_1} + \frac{c_2}{s-p_2} + \cdots + \frac{c_n}{s-p_n}$$

（2.47）

$$= \sum_{i=1}^{n} \frac{c_i}{s-p_i}$$

式中，c_i 为待定常数，称为 $F(s)$ 在极点 p_i 处的留数，可按下式计算

$$c_i = (s-p_i)F(s)\big|_{s=p_i}$$

（2.48）

因此

$$f(t) = L^{-1}[F(s)] = L^{-1}\left[\sum_{i=1}^{n} \frac{c_i}{s-p_i}\right]$$

$$= \sum_{i=1}^{n} c_i e^{p_i t}$$

（2.49）

【例 2.10】　已知 $F(s) = \dfrac{5s+3}{(s+1)(s+2)(s+3)}$，试求原函数 $f(t)$。

　解：将 $F(s)$ 写成部分分式的形式

$$F(s) = \frac{c_1}{s+1} + \frac{c_2}{s+2} + \frac{c_3}{s+3}$$

式中

$$c_1 = \left[(s+1)\frac{5s+3}{(s+1)(s+2)(s+3)}\right]\bigg|_{s=-1} = -1$$

$$c_2 = \left[(s+2) \frac{5s+3}{(s+1)(s+2)(s+3)} \right]\Bigg|_{s=-2} = 7$$

$$c_3 = \left[(s+1) \frac{5s+3}{(s+1)(s+2)(s+3)} \right]\Bigg|_{s=-3} = -6$$

于是，有

$$F(s) = \frac{-1}{s+1} + \frac{7}{s+2} + \frac{-6}{s+3}$$

对上式进行拉氏逆变换

$$f(t) = L^{-1}[F(s)] = L^{-1}\left[\frac{-1}{s+1}\right] + L^{-1}\left[\frac{7}{s+2}\right] + L^{-1}\left[\frac{-6}{s+3}\right]$$

$$= -\mathrm{e}^{-t} + 7\mathrm{e}^{-2t} - 6\mathrm{e}^{-3t}$$

2.3.2　$F(s)$ 有重极点的情况

假设象函数 $F(s)$ 有 r 个重极点（multiple poles）p_1，其余极点均不相同，则 $F(s)$ 可表示为

$$
\begin{aligned}
F(s) = \frac{B(s)}{A(s)} &= \frac{B(s)}{(s-p_1)^r(s-p_2)\cdots(s-p_n)} \\
&= \frac{c_{11}}{(s-p_1)^r} + \frac{c_{12}}{(s-p_1)^{r-1}} + \cdots + \frac{c_{1r}}{s-p_1} + \\
&\quad \frac{c_2}{s-p_2} + \frac{c_3}{s-p_3} + \cdots + \frac{c_n}{s-p_n}
\end{aligned}
\tag{2.50}
$$

式中，$c_{11}, c_{12}, \cdots, c_{1r}$ 为重极点对应的待定系数，其求法如下：

$$c_{11} = [(s-p_1)^r F(s)]\Big|_{s=p_1}$$

$$c_{12} = \left\{ \frac{d}{ds}[(s-p_1)^r F(s)] \right\}\Bigg|_{s=p_1}$$

$$c_{13} = \frac{1}{2!}\left\{ \frac{d^2}{ds^2}[(s-p_1)^r F(s)] \right\}\Bigg|_{s=p_1}$$

...

$$c_{1r} = \frac{1}{(r-1)!}\left\{ \frac{d^{(r-1)}}{ds^{r-1}}[(s-p_1)^r F(s)] \right\}\Bigg|_{s=p_1} \tag{2.51}$$

其余系数 $c_i(i=2,3,\cdots,n)$ 的求法与第一种无重极点所属情况的求法相同，即

$$c_i = [(s-p_i)F(s)]\Big|_{s=p_i}, \quad (i=2,3,\cdots,n)$$

求得所有的待定系数后，$F(s)$ 的拉氏逆变换为

$$f(t) = L^{-1}[F(s)]$$

$$= L^{-1}\left[\frac{c_{11}}{(s-p_1)^r} + \frac{c_{12}}{(s-p_1)^{r-1}} + \cdots + \frac{c_{1r}}{s-p_1} + \frac{c_2}{s-p_2} + \frac{c_3}{s-p_3} + \cdots + \frac{c_n}{s-p_n}\right] \qquad (2.52)$$

$$= \left[\frac{c_{11}}{(r-1)!}t^{r-1} + \frac{c_{12}}{(r-2)!}t^{r-2} + \frac{c_{13}}{(r-3)!}t^{r-3} + \cdots + c_{1r}\right]e^{p_1 t} + \sum_{i=2}^{n}c_i e^{p_i t}$$

【例 2.11】　已知 $F(s) = \dfrac{1}{s(s+2)^3(s+3)}$，试求原函数 $f(t)$。

解：将 $F(s)$ 写成部分分式的形式，有

$$F(s) = \frac{c_{11}}{(s+2)^3} + \frac{c_{12}}{(s+2)^2} + \frac{c_{13}}{s+2} + \frac{c_2}{s} + \frac{c_3}{s+3}$$

式中，c_{11}、c_{12}、c_{13} 为三重极点 $s = -2$ 所对应的系数，根据式（2.51）计算

$$c_{11} = \left[(s+2)^3 \frac{1}{s(s+2)^3(s+3)}\right]\Bigg|_{s=-2} = -\frac{1}{2}$$

$$c_{12} = \left\{\frac{\mathrm{d}}{\mathrm{d}s}\left[(s+2)^3 \frac{1}{s(s+2)^3(s+3)}\right]\right\}\Bigg|_{s=-2} = \frac{1}{4}$$

$$c_{13} = \frac{1}{2!}\left\{\frac{\mathrm{d}^2}{\mathrm{d}s^2}\left[(s+2)^3 \frac{1}{s(s+2)^3(s+3)}\right]\right\}\Bigg|_{s=-2} = -\frac{3}{8}$$

c_2、c_3 为单极点对应的系数，根据式（2.52）进行计算

$$c_2 = \left[s \frac{1}{s(s+2)^3(s+3)}\right]\Bigg|_{s=0} = \frac{1}{24}$$

$$c_3 = \left[(s+3) \frac{1}{s(s+2)^3(s+3)}\right]\Bigg|_{s=-3} = \frac{1}{3}$$

于是，其像函数可写为

$$F(s) = \frac{-1/2}{(s+2)^3} + \frac{1/4}{(s+2)^2} - \frac{3/8}{s+2} + \frac{1/24}{s} + \frac{1/3}{s+3}$$

查拉氏变换表 2.1，可求得原函数为

$$f(t) = L^{-1}[F(s)]$$

$$= -\frac{1}{4}t^2 e^{-2t} + \frac{1}{4}t e^{-2t} - \frac{3}{8}e^{-2t} + \frac{1}{24} + \frac{1}{3}e^{-3t}$$

【例 2.12】 用 MATLAB 求拉氏逆变换

$$F(s) = \frac{s+d}{(s+a)(s+b)(s+c)}$$

解：在 MATLAB 命令窗口输入如下命令

》syms s a b c d

》ilaplace((s+d)/((s+a)*(s+b)*(s+c)))

ans =

(exp(-b*t)*(b-d))/((a-b)*(b-c))-(exp(-a*t)*(a-d))/((a-b)*(a-c))-(exp(-c*t)*(c-d))/((a-c)*(b-c))

将上面结果转换成一般形式为

$$\frac{e^{-at}d}{(a-b)(a-c)} - \frac{e^{-at}a}{(a-b)(a-c)} - \frac{e^{-bt}d}{(b-c)(a-d)} +$$

$$\frac{e^{-bt}b}{(b-c)(a-b)} - \frac{e^{-ct}c}{(b-c)(a-c)} + \frac{e^{-ct}d}{(b-c)(a-c)}$$

采用 MATLAB 也可按部分分式法解拉氏反变换。在 MATLAB 中有一个命令可用于求 $\frac{M(s)}{N(s)} = \frac{b_0 s^m + b_1 s^{m-1} + \cdots + b_m}{a_0 s^n + a_1 s^{n-1} + \cdots + a_n}$ 的部分分式展开。直接可求出展开式中的留数、极点和余数。

命令：　　　　[r,p,k] = residue(num,den)

式中　num 和 den 分别表示有理多项式的分子 $M(s)$ 和分母 $N(s)$ 的系数组成的行向量，即

$$num = [b_0, b_1, \cdots, b_n]$$

$$den = [a_0, a_1, \cdots, a_n]$$

则 $\frac{M(s)}{N(s)}$ 的部分分式展开式由下式给出

$$\frac{M(s)}{N(s)} = \frac{r(1)}{s-p(1)} + \frac{r(2)}{s-p(2)} + \cdots + \frac{r(n)}{s-p(n)} + k(s)$$

【例 2.13】 用 MATLAB 求 $G(s) = \frac{2s^3 + 5s^2 + 3s + 6}{s^3 + 6s^2 + 11s + 6}$ 的部分分式展开式。

解：在 MATLAB 命令窗口输入以下命令

%10203.m

num = [1 5 3 6];

den = [1 6 11 6];

[r,p,k] = residue(num,den)

则输出结果

r =

−6.0000

−4.0000

 3.0000

P =

−3.0000

−2.0000

−1.0000

k = 2

由此可得出部分分式展开式

$$G(s) = \frac{-6}{s+3} + \frac{-4}{s+2} + \frac{3}{s+1} + 2$$

2.4 用拉普拉斯变换解线性微分方程

在前面几节中，介绍了一些拉氏变换的概念和方法，在此基础上，本节将介绍如何使用拉氏变换解线性定常微分方程（linear time-invariant differential equations）。基本思路：应用拉氏变换将微分方程转换为复变量 s 的代数方程；对该代数方程进行求解，得到复变量的代数解；然后，用拉氏逆变换求得时域解，即得微分方程的解。这样可避免对导数的复杂运算，采用代数方法求解，简化了求解过程。

应用拉氏变换法得到的解，是线性定常微分方程的全解（通解和特解之和）。求微分方程全解的古典方法需要根据初始条件计算积分常数。但是在应用拉氏变换时，由于初始条件已经自动包含在微分方程的拉氏变换中，故无须再根据初始条件求积分常数。

利用拉氏变换解微分方程，其步骤如下：

（1）对方程两边取拉氏变换，得到函数的代数方程。

（2）由代数方程解像函数。

（3）对像函数取拉氏逆变换，得微分方程的解。

【例 2.14】 求微分方程 $y''(t) + 5y'(t) + 6y(t) = 6$ 满足初始条件 $y(0) = 2$，$y'(0) = 2$ 的解。

解：解法一

首先对方程的两边取拉氏变换，得

$$s^2 Y(s) - sy(0) - y'(0) + 5sY(s) - 5y(0) + 6Y(s) = \frac{6}{s}$$

将初始条件代入上式，得

$$s(s^2 + 5s + 6)Y(s) = 2s^2 + 12s + 6$$

即有

$$Y(s) = \frac{2s^2 + 12s + 6}{s(s^2 + 5s + 6)} = \frac{2s^2 + 12s + 6}{s(s+2)(s+3)}$$

利用部分分式法可得

$$Y(s) = \frac{c_1}{s} + \frac{c_2}{s+2} + \frac{c_3}{s+3}$$

$$c_1 = \left[\frac{2s^2+12s+6}{s(s+2)(s+3)}s\right]\Bigg|_{s=0} = 1$$

$$c_2 = \left[\frac{2s^2+12s+6}{s(s+2)(s+3)}(s+2)\right]\Bigg|_{s=-2} = 5$$

$$c_3 = \left[\frac{2s^2+12s+6}{s(s+2)(s+3)}(s+3)\right]\Bigg|_{s=-3} = -4$$

$$Y(s) = \frac{1}{s} + \frac{5}{s+2} - \frac{4}{s+3}$$

所以

$$y(t) = L^{-1}[Y(s)] = 1 + 5e^{-2t} - 4e^{-3t}$$

解法二

同样，利用 MATLAB 求解，先对微分方程进行拉氏变换得到其像函数

$$Y(s) = \frac{2s^2+12s+6}{s(s^2+5s+6)}$$

而后用下面命令，可得到留数、极点和余数，再写出像函数的部分分式展开式。

```
%10204.m
syms s
num = [2 12 6];
den = sym2poly(s*(s^2+5*s+6));
[r,p,k] = residue(num,den)
```

输出为

```
r =
-4.0000
5.0000
1.0000
p =
-3.0000
-2.0000
0
k =
[   ]
```

根据上述结果，立即可写出

$$Y(s) = \frac{1}{s} + \frac{5}{s+2} + \frac{-4}{s+3}$$

对上式用拉氏逆变换，得到了与解法一同样的结果。

练 习 题

1. 试求下列函数的拉氏变换

（1）$f(t) = t^2 + 3t + 2$ 　　　　　（2）$f(t) = 5\sin 2t - 3\cos 2t$

（2）$f(t) = t^n e^{at}$ 　　　　　（3）$f(t) = e^{-2t}\sin 6t$

（5）$f(t) = t\cos at$ 　　　　　（6）$f(t) = \cos^2 t$

（7）$f(t) = e^{2t} + 5\delta(t)$ 　　　　　（8）$f(t) = \cos t \cdot \delta(t) - \sin t \cdot u(t)$

2. 已知 $F(s) = \dfrac{10}{s(s+1)}$ ，

（1）利用终值定理，求 $t \to \infty$ 时的 $f(t)$ 值；

（2）通过取 $F(s)$ 拉氏反变换，求 $t \to \infty$ 时的 $f(t)$ 值。

3. 已知 $F(s) = \dfrac{1}{(s+2)^2}$ ，

（1）利用终值定理求 $f(0)$ 及 $f'(0)$ 的值；

（2）通过 $F(s)$ 拉氏反变换求 $f(t)$ ，然后求 $f(0)$ 及 $f'(0)$ 的值。

4. 求图 2.8 中所示函数 $f(t)$ 的拉氏变换。

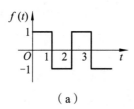 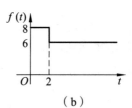

（a）　　　　　　　　　　　（b）

图 2.8　待求函数

5. 试求下列函数的拉氏反变换

（1）$F(s) = \dfrac{1}{s^2 + 4}$ 　　　　　（2）$F(s) = \dfrac{1}{(s+1)^4}$

（3）$F(s) = \dfrac{s}{s^2 - 2s + 5}$ 　　　　　（4）$F(s) = \dfrac{2s+3}{s^2 + 9}$

（5）$F(s) = \dfrac{s+3}{(s+1)(s-3)}$ 　　　　　（6）$F(s) = \dfrac{s+1}{s^2 + s - 6}$

（7）$F(s) = \dfrac{2s+5}{s^2 + 4s + 13}$ 　　　　　（8）$F(s) = \dfrac{s}{(s+2)(s+1)^2}$

6. 求下列卷积

（1）$1*1$

（2）$t*t$

（3）$t*e^t$

（4）$t*\sin t$

7. 用拉氏变换的方法解下列微分方程

（1）$x'' + 4x' + 3x = e^{-t}$，$x(0) = x'(0) = 1$

（2）$x'' + 2x' + 2x = 0$，$x(0) = 0$，$x'(0) = 1$

第 3 章
系统的数学模型

控制理论研究的是控制系统的分析与设计方法。要设计一个优良的控制系统，不仅要定性地了解系统的工作原理，而且要定量地描述系统的动态性能，才能揭示系统的结构、参数与动态性能之间的关系。为了能对控制系统进行理论的定性分析和定量计算，就必须用数学表达式把控制系统的运动规律描述出来。描述系统动态特性及输入、输出与系统内部各变量之间关系的数学表达式被称为系统的数学模型（mathematical model）。

在静态条件（即变量各阶导数为零时）下，描述变量之间关系的代数方程称为静态数学模型；而描述变量各阶导数之间关系的微分方程称为动态数学模型。实际存在的系统，不管是机械的、电气的，还是气动的、液压的、热力的，甚至是生物学的、经济学的，等等，其动态性能都可以通过相应的动态数学模型来描述。

在控制工程中，系统的数学模型有多种形式。在时域中常用的数学模型有微分方程、差分方程和状态方程；复数域中有传递函数、方框图；频域中有频率特性等。随着具体系统和条件不同，一种数学模型可能比另一种更合适。比如，在单输入-单输出系统的瞬态响应分析或频率响应分析中，常采用的是传递函数表达式的数学模型，而在现代控制理论中，数学模型则采用状态空间表达式。本章只研究微分方程、传递函数和方框图等数学模型的建立方法和应用，其余几种数学模型将在后续章节中进行讨论。

3.1　概　述

按系统的数学模型来分，系统可分成线性系统和非线性系统。

3.1.1　线性系统

当系统的数学模型能用线性微分方程描述时，这种系统称为线性系统（linear system）。线性系统微分方程的一般表达式为

$$a_0 c^{(n)}(t) + a_1 c^{(n-1)}(t) + \cdots + a_{n-1} c'(t) + a_n c(t)$$
$$= b_0 r^{(m)}(t) + b_1 r^{(m-1)}(t) + \cdots + b_{m-1} r'(t) + b_m r(t) \tag{3.1}$$

式中，$c(t)$ 为系统的输出量，$r(t)$ 为系统的输入量。若式（3.1）中的系数 $a_0, a_1, \cdots, a_n, b_0, b_1, \cdots, b_m$ 是不随时间 t 而变化的常量，则该系统称为线性定常系统。若这些系数是时间 t 的变量，则系统称为线性时变系统。

所谓线性特性是指元件的静态特性是一条过原点的直线。因此，由线性元件组成的系统则必然是线性系统。线性系统的突出特点是同时满足叠加性和齐次性，即满足叠加原理（superposition principle）。叠加性是指当有几个输入同时作用于系统时，系统的总输出等于每个输入单独作用所产生的输出之和。齐次性是指当输入乘以某个常数时，输出也倍乘相同的常数。可将叠加原理用公式表示为

当

$$r(t) = ar_1(t) + br_2(t) \qquad (3.2)$$

则有

$$c(t) = ac_1(t) + bc_2(t) \qquad (3.3)$$

式中，系数 a、b 可以是常数，也可以是时间的函数。

在动态系统的实验研究中，如果输出量与输入量成正比，就意味着满足叠加原理，因而系统可以看作线性系统。本课程的研究对象主要是线性定常系统。机械工程控制系统，在给予一定的限制条件时，如弹簧-质量-阻尼系统，弹簧限制在弹性范围内变化，系统给予充分润滑，阻尼看作黏性阻尼，即阻尼力与相对运动速度成正比，质量集中在质心等，这时系统可看作线性定常系统。

3.1.2 非线性系统

用非线性微分方程来描述其动态特性的系统，称为非线性系统（nonlinear system）。描述非线性系统的常微分方程中，输出量及其各阶导数不全都是一次的，或者有的输出量导数项的系数是输入量的函数，如

$$c(t) = r^2(t)$$

$$c''(t) + [c^2(t) - 1]c'(t) + c(t) = r^2(t)$$

在自动控制系统中，即使只含有一个非线性元件，该系统便属于非线性系统。对于大多数机械、电气和液压系统，变量之间不同程度地包含有非线性关系，如间隙特性、继电器特性、饱和特性、死区特性、干摩擦特性等。

特别注意：非线性系统最重要的特性是不能运用叠加原理。本质非线性控制系统的行为与线性控制系统的行为不同，会产生一些线性系统中没有的现象，如极限环、跳跃谐振等，这类系统不能应用线性理论来研究。但在一定范围内，经过线性化处理，可以用一个线性模型来研究它的特性。

需要明确的是，本课程着重于经典控制论范畴，主要研究对象是线性系统，在时域中，用线性定常微分方程描述系统的动态特性；在复数域或频域中，用传递函数或频率特性来描述系统的动态特性。

建立控制系统数学模型的方法有分析法和实验法两种。分析法是对系统各部分运动的机理进行分析，根据它们所遵循的物理规律或化学规律分别列写相应的运动方程。例如，电学中有欧姆定律、基尔霍夫定律，力学中有牛顿定律、胡克定律，热力学中有热力学定律等。实际上，只有在系统是由简单的环节组成时，方能根据对机理的分析和推导得到其数学模型。

而相当多的系统，特别是复杂系统，涉及的因素较多时，往往需要通过实验法去建立数学模型，即人为地给系统施加某种典型测试信号，记录其输出响应，根据对实验数据的整理，并拟合出比较接近实际系统的数学模型，这种方法称为系统辨识。近年来，系统辨识已发展成一门独立的学科分支，本章将重点研究用分析法建立系统数学模型的方法。

3.2 系统的微分方程

微分方程是在时域中描述系统（或者元件）动态特性的数学模型。利用它可以得到其他描述系统（或者元件）动态特性的数学模型，如传递函数、频率响应特性等。

控制系统是由各种功能不同的元件按一定方式连接而成。要正确建立控制系统的微分方程，就必须首先研究各种类型典型元件的微分方程，即确定系统的输出量与输入量（给定输入量或者扰动输入量）之间的函数关系。一般来说，可按以下步骤建立元件或系统的微分方程：

（1）确定系统或者元件的输入量、输出量。系统的输入量或者扰动输入量都是系统的输入量，而被控量则是输出量。对于一个环节或者元件而言，应该按照系统信号传递的情况来确定输入量、输出量。

（2）按照信号的传递顺序，从系统的输入端开始，依据各变量所遵循的运动规律（如电路中的基尔霍夫定律、力学中的牛顿定律、热力系统中的热力学定律以及能量守恒定律），列写出在运动过程中各个环节的动态微分方程。列写方程时，按工作条件可忽略一些次要因素，并考虑相邻元件之间是否存在负载效应。

（3）消去所列各微分方程组的中间变量，从而得到描述系统的输入量、输出量的微分方程。

（4）整理所得的微分方程。一般将与输出量有关的各项放在等号左侧，与输入量有关的各项放在等号的右侧，并按照降幂排列。

下面从机械、电气和热力等元件或系统来说明建立微分方程的具体步骤和方法。

3.2.1 简单系统的微分方程

1. 机械系统

1）机械平移系统

在实际机械平移的系统中，常按集中参数建立系统的物理模型，然后进行性能分析。在这种物理模型中，有三个基本的无源元件：质量 m、弹簧 k、阻尼器 c。质量体现系统的惯性力 $F_m = ma = my''$，是系统中的储能元件，存储平动动能；弹簧体现弹性力 $F_k = ky$，也属于储能元件，存储弹性势能；阻尼器产生黏性摩擦的阻力 $F_c = cy'$，其大小与阻尼器中活塞和缸体的相对运动速度成正比，是一种耗能元件，主要用来吸收系统的能量，并转换成热能耗散掉。由它们的组合，可以构成各种机械平移系统。

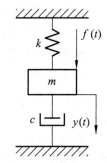

图 3.1 质量-弹簧-阻尼系统

【例 3.1】 设弹簧-质量-阻尼器系统如图 3.1 所示。图中，c 为阻尼系数，k 为弹簧的弹性系数。试求外力 $f(t)$ 与质量块位移 $y(t)$ 之间的微分方程。

解： 按照列写微分方程的一般步骤可得

（1）确定输入量为外力 $f(t)$，输出量为质块位移 $y(t)$。

（2）对于质量块 m 而言，根据牛顿第二定律，该系统在外力 $f(t)$ 的作用下，当抵消了弹簧拉力 $ky(t)$ 和阻尼器的阻力 $cy'(t)$ 后，使质量块 m 产生加速度，于是得

$$f(t) - ky(t) - cy'(t) = my''(t)$$

（3）整理，得微分方程的一般形式

$$my''(t) + cy'(t) + ky(t) = f(t) \tag{3.4}$$

【**例 3.2**】　列写图 3.2 所示机械网络之间的运动微分方程。其中，$f(t)$ 为输入力，$y(t)$ 为输出位移。

解： 按照列写微分方程的一般步骤：

（1）确定输入量为力 $f(t)$，输出量为位移 $y(t)$。

（2）设中间变量 x，且假设 $x > y$

（3）首先对于质量块 m_1，列写平衡方程

$$m_1 x'' + c_1(x' - y') + kx = f$$

对于质量块 m_2，列写平衡方程

$$m_2 y'' + c_2 y' = c_1(x' - y')$$

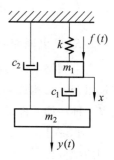

图 3.2　机械网络

（4）联立以上两个方程，消去中间变量 x，整理得

$$\frac{m_1 m_2}{c_1} y''' + \left(\frac{m_1 c_2}{c_1} + m_1 + m_2 \right) y'' + \left(c_2 + \frac{km_2}{c_1} \right) y' + \left(\frac{kc_2}{c_1} + k \right) y = f \tag{3.5}$$

2）机械转动系统

回转运动所包含的要素有惯量、扭转弹簧、回转黏性阻尼。图 3.3 为在扭矩 M 作用下的转动机械系统，其外加扭矩和扭转角间的微分方程为

$$J\theta'' + c_J \theta' + k_J \theta = M \tag{3.6}$$

式中，J 为转动惯量（$N \cdot m^2$），θ 为转角（rad），c_J 为回转黏性阻尼系数（$N \cdot m \cdot s \cdot rad^{-1}$），$k_J$ 为扭转弹簧常数（$N \cdot m \cdot rad^{-1}$），M 为扭矩（$N \cdot m$）。

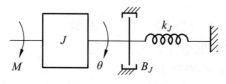

图 3.3　回转机械系统

【**例 3.3**】　设一个机械转动系统由惯性负载和黏性摩擦阻尼器组成。其原理如图 3.4 所示。列写以外力矩 M 为输入量，角速度 ω 为输出量的系统运动方程式。

解：按照列写微分方程的一般步骤：

（1）确定输入量为外力矩 M，输出量为角速度 ω。

（2）按牛顿定律列写方程式为

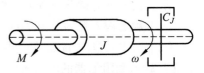

图 3.4　机械传动系统

$$J\omega'(t) = M(t) - c_J\omega(t)$$

（3）标准化后得系统的微分方程

$$J\omega'(t) + c_J\omega(t) = M(t) \qquad (3.7)$$

同样一个系统，输入量仍为外作用力矩 M，而输出量选为转角 θ，记 $\omega(t) = \theta'(t)$，方程（3.7）便成为

$$J\theta''(t) + c_J\theta'(t) = M(t) \qquad (3.8)$$

2. RLC 电网络系统

在电网络系统模型中，通常包含三种线性双向的无源元件：电阻 R、电感 L、电容 C。由它们组合，可构成各种网络电路。电感是一种储存磁能的元件，电容是储存电能的元件，电阻是一种耗能元件，将电能转换成热能耗散掉。

【**例 3.4**】　图 3.5 所示为 RLC 串联电路，其输入电压为 u_r，输出电压为 u_c。试写出 u_r 和 u_c 之间的微分方程。

解：按照列写微分方程的一般步骤：

（1）确定输入电压为 u_r，输出电压为 u_c。

（2）设中间变量电流 i。

（3）根据基尔霍夫定律，有

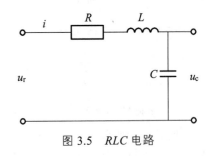

图 3.5　RLC 电路

$$iR + L\frac{\mathrm{d}i}{\mathrm{d}t} + u_c = u_r$$

$$u_c = \frac{1}{C}\int i\,\mathrm{d}t$$

（4）消去中间变量，整理得

$$LC\frac{\mathrm{d}^2u_c}{\mathrm{d}t^2} + RC\frac{\mathrm{d}u_c}{\mathrm{d}t} + u_c = u_r \qquad (3.9)$$

【**例 3.5**】　已知两级串联 RC 网络如图 3.6 所示，试写出该网络输入与输出之间的微分方程。

解：按照列写微分方程的一般步骤：

（1）确定输入电压为 u_r，输出电压为 u_c。

（2）设中间变量电流 i_1 和 i_2。

（3）对 l_1 回路，可列写方程

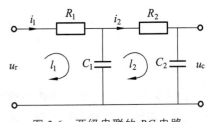

图 3.6　两级串联的 RC 电路

$$\frac{1}{C_1}\int (i_1 - i_2)\mathrm{d}t + i_1 R_1 = u_{\mathrm{r}} \tag{3.10}$$

对 l_2 回路，可列写方程

$$\frac{1}{C_2}\int i_2 \mathrm{d}t + i_2 R_2 = \frac{1}{C_1}\int (i_1 - i_2)\mathrm{d}t \tag{3.11}$$

$$\frac{1}{C_2}\int i_2 \mathrm{d}t = u_{\mathrm{c}} \tag{3.12}$$

（4）联立式（3.10）～式（3.12），消去中间变量 i_1 和 i_2，可求得 u_{r} 和 u_{c} 关系的微分方程

$$R_1 R_2 C_1 C_2 \frac{\mathrm{d}^2 u_{\mathrm{c}}}{\mathrm{d}t^2} + (R_1 C_1 + R_2 C_2 + R_1 C_2)\frac{\mathrm{d}u_{\mathrm{c}}}{\mathrm{d}t} + u_{\mathrm{c}} = u_{\mathrm{r}} \tag{3.13}$$

从式（3.13）可以看出，两个 RC 电路串联，存在着负载效应，回路 $R_2 C_2$ 中的电流对回路 $R_1 C_1$ 有影响，即存在着内部信息的反馈作用。特别注意：不能简单地将第一级 $R_1 C_1$ 回路的输出作为第二级 $R_2 C_2$ 回路的输入，否则，就会得出错误的结果。若孤立地分别写出 $R_1 C_1$ 和 $R_2 C_2$ 这两个环节的微分方程，则对前一环节，有

$$\begin{aligned} \frac{1}{C_1}\int i_1 \mathrm{d}t + i_1 R_1 &= u_i \\ u^* &= \frac{1}{C_1}\int i_1 \mathrm{d}t \end{aligned} \tag{3.14}$$

式中，u^* 为前一环节的输出与后一环节的输入。对后一环节，有

$$\begin{aligned} \frac{1}{C_2}\int i_2 \mathrm{d}t + i_2 R_2 &= u^* \\ u_c &= \frac{1}{C_2}\int i_2 \mathrm{d}t \end{aligned} \tag{3.15}$$

联立式（3.14）、式（3.15），消去中间变量可得

$$R_1 R_2 C_1 C_2 \frac{\mathrm{d}^2 u_{\mathrm{c}}}{\mathrm{d}t^2} + (R_1 C_1 + R_2 C_2)\frac{\mathrm{d}u_{\mathrm{c}}}{\mathrm{d}t} + u_{\mathrm{c}} = u_{\mathrm{r}} \tag{3.16}$$

比较式（3.13）和（3.16），可知两者结果不同，式（3.14）～（3.16）未考虑负载效应，所以是错误的。负载效应是物理环节之间的信息反馈作用，对于相邻环节的串联，应该考虑它们之间的负载效应问题。只有当后一环节的输入阻抗很大，对前面环节的输出的影响可以忽略时，方可单独地分别列写每个环节的微分方程。

3. 热力系统

【例 3.6】　用热电偶测量介质温度 T_0，如图 3.7 所示。写出介质温度 T_0 与热电偶瞬间温度 T 之间的微分方程。

图 3.7　热电偶测温

解： 按照列写微分方程的一般步骤：

（1）确定输入量为介质的温度 T_0，输出量为热电偶的瞬间温度 T。

（2）引入中间变量为介质传给热电偶的热量 Q。

（3）当热电偶放入温度为 T_0 的热水中，每一瞬间传给热电偶热接点的热量为 $\mathrm{d}Q$

$$\mathrm{d}Q = hA(T_0 - T)\mathrm{d}t \tag{3.17}$$

式中，T 为热电偶瞬间温度，h 为对流时的表面传热系数，A 为热电偶热接点的表面积，t 为时间。

在不考虑导热及热辐射损失的情况下，介质传给热电偶的热量即为热电偶的储热量。若热电偶吸收热量 $\mathrm{d}Q$ 后，温度上升 $\mathrm{d}T$，于是

$$\mathrm{d}Q = c_\mathrm{p}m\mathrm{d}T \tag{3.18}$$

式中，c_p 为热电偶热结点的比热容，m 为热电偶热接点的质量。

（4）根据热平衡条件，可消去中间变量 Q

$$hA(T_0 - T)\mathrm{d}t = c_\mathrm{p}m\mathrm{d}T$$

（5）经整理可得

$$\tau \frac{\mathrm{d}T}{\mathrm{d}t} + T = T_0 \tag{3.19}$$

式中，$\tau = \dfrac{c_\mathrm{p}}{h}\dfrac{m}{A}$。

4. 直流电动机

直流电动机是将电能转化成机械能的一种典型的机电转换装置，经常应用在输出功率较大的控制系统中，它有独立的激磁磁场，改变磁场或电枢电压均可进行控制。

【**例 3.7**】 电枢控制直流电动机原理如图 3.8 所示。励磁为恒定磁场（激励电流 I_f = 常数），用电枢电压来控制直流电动机。它的控制输入为电枢电压 u_a，负载转矩 M_L 为扰动输入，电动机角速度 ω 为输出量。求输入与输出关系的微分方程。

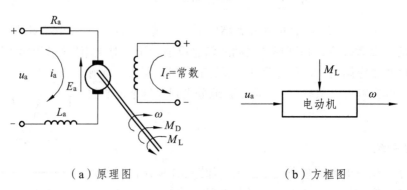

（a）原理图 　　　　　　　　（b）方框图

图 3.8 电枢电压控制的直流电动

解：在电枢控制的直流电动机中，由输入的电枢电压 u_a 在电枢回路中产生电枢电流 i_a，再由电枢电流 i_a 与激磁磁通相互作用产生电磁转矩 M_D，从而使电机旋转，拖动负载运动，这样就完成了由电能向机械能转换的过程。图 3.8（a）中 R_a 和 L_a 分别是电枢绕组总电阻和总电感。在完成能量转换的过程中，其绕组在磁场中切割磁力线会产生感应反电势 E_a，其大小与激磁磁通及转速成正比，方向与外加电枢电压 u_a 相反。在明确其工作原理后，下面推导其微分方程式。

（1）明确控制输入为电枢电压 u_a，扰动输入为负载转矩 M_L，输出量为电动机角速度 ω。

（2）忽略电枢反应、磁滞、涡流效应等影响，当激磁电流 I_f 不变时，激磁磁通视为不变，则将变量关系看作线性关系。

（3）引入中间变量：电枢电流 i_a，电枢电流产生的电磁转矩 M_D，折合到电动机轴上的总负载转矩 M_L。

（4）列写原始方程。

由基尔霍夫定律写出电枢回路方程

$$L_a\frac{di_a}{dt}+R_a i_a+E_a=u_a \tag{3.20}$$

依据刚体转动定律，写出电机轴上的机械运动方程

$$J\frac{d\omega}{dt}=M_D-M_L \tag{3.21}$$

（5）列写中间变量 i_a、M_D、M_L 的辅助方程

由于激磁磁通不变，电枢反电势 E_a 只与转速成正比，即

$$E_a=k_e\omega \tag{3.22}$$

式中，k_e 为电势系数，由电动机结构参数确定。

电磁转矩 M_D 只与电枢电流成正比，即

$$M_D=k_m i_a \tag{3.23}$$

式中，k_m 为转矩系数，由电动机结构参数确定。

（6）联立 4 个方程式（3.20）~式（3.23），消去 3 个中间变量，整理得

$$\frac{L_a J}{k_e k_m}\frac{d^2\omega}{dt^2}+\frac{R_a J}{k_e k_m}\frac{d\omega}{dt}+\omega=\frac{1}{k_e}u_a-\frac{R_a}{k_e k_m}M_L-\frac{L_a}{k_e k_m}\frac{dM_L}{dt} \tag{3.24}$$

或

$$T_a T_m\frac{d^2\omega}{dt^2}+T_m\frac{d\omega}{dt}+\omega=\frac{1}{k_e}u_a-\frac{T_m}{J}M_L-\frac{T_a T_m}{J}\frac{dM_L}{dt} \tag{3.25}$$

式中，$T_m=\dfrac{R_a J}{k_e k_m}$ 为机电时间常数（s），$T_a=\dfrac{L_a}{R_a}$ 为电磁时间常数（s）。

3.2.2 复杂系统的微分方程

前面介绍了简单系统和典型装置微分方程列写的方法，对于复杂的闭环控制系统，它是由多种装置组合而成的，要写出闭环系统的微分方程，一般遵照以下步骤：

（1）确定系统给定输入量和被控量。画出系统的方框图，标定方框图的输入量、输出量和中间变量。

（2）列写各方框内元件的微分方程，并按相互的连接关系补充其关系方程。最终使方程的个数比中间变量的个数多一个。

（3）将所有方程进行拉氏变换，并用 s 代替微分算子 $\mathrm{d}/\mathrm{d}t$，从而使微分方程在形式上成为代数方程组。按代数方程组的求解方法消去中间变量。

（4）将整理后的代数方程进行拉氏反变换，把 s 还原成 $\mathrm{d}/\mathrm{d}t$ 算子，就可得到只留有系统输入量和输出量的微分方程。

【例 3.8】 直流电动机转速闭环控制系统如图 3.9（a）所示。试建立系统的微分方程。

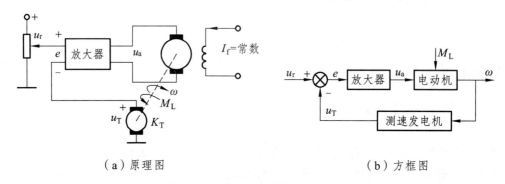

（a）原理图 　　　　　　　　　　　（b）方框图

图 3.9 直流电动机转速闭环控制

解： 依据复杂闭环系统微分方程的列写步骤：

（1）画系统方框图如图 3.9（b）所示。

（2）列写各方框内元件的微分方程和变量关系方程（列写顺序一般从输出端沿箭头反方向列写各部分的方程，直至转一周回到输出端）。

① 电动机：由式（3.25）可知

$$T_a T_m \frac{\mathrm{d}^2 \omega}{\mathrm{d}t^2} + T_m \frac{\mathrm{d}\omega}{\mathrm{d}t} + \omega = \frac{1}{k_e} u_a - \frac{T_m}{J} M_L - \frac{T_a T_m}{J} \frac{\mathrm{d}M_L}{\mathrm{d}t} \qquad (3.26)$$

② 放大器：设线性放大器放大倍数为 K_a，则有

$$u_a = K_a e \qquad (3.27)$$

③ 误差比较器：

$$e = u_r - u_T \qquad (3.28)$$

④ 测速发电机：式（3.25）描述的电动机关系依然适合发电机，用于检测的测速发电机通常为微型电机设计，转动惯量 J 很小，而且 R_a、L_a 都可忽略，则式（3.25）简化为代数方程

$$\omega = \frac{1}{k_e} u_a \qquad (3.29)$$

对于测速发电机而言,输入为转速 ω,输出为电枢电压 u_T 替换式(3.29)中的 u_a,设电势系数为 K_T,替换式(3.29)中的 k_e,则测速发电机的关系式为

$$u_T = K_T \omega \qquad (3.30)$$

(3)联立方程组(3.26)、(3.27)、(3.28)、(3.30),消去中间变量得

$$T_a T_m \frac{d^2 \omega}{dt^2} + T_m \frac{d\omega}{dt} + (1+K)\omega = \frac{K_a}{k_e} u_r - \frac{T_m}{J} M_L - \frac{T_a T_m}{J} \frac{dM_L}{dt} \qquad (3.31)$$

式中,$K = \frac{K_a K_T}{k_e}$ 表示各部分静态放大倍数的乘积。

*3.2.3 非线性微分方程的线性化

上述所列举的系统运动方程都是线性常系数微分方程,它们的一个重要性质是具有齐次性和叠加性。前面已经提到,严格地说,几乎所有的元件和系统在不同程度上都存在着非线性性质,它们的运动方程应该都是非线性的。非线性微分方程的求解一般较为困难,其分析方法远比线性系统要复杂。因此,在理论研究时,总是力图将非线性问题在合理与可能的条件下简化处理成线性问题,即所谓线性化。虽然这种处理方法是近似的,但在一定范围内能反映系统动态过程的本质,在工程设计中具有其实践意义。

对于非线性函数的线性化,一般有两种方法:一种方法是直接略去非线性因素,但这只有在非线性因素对系统的影响很小时,才可以这样做,如磁滞及某些干摩擦等。另一种方法称之为切线法,或微小偏差法,这种线性化方法是基于这样一种假设,即在控制系统整个调节过程中有一个平衡的工作状态和相应的工作点,所有的变量与其平衡点之间只产生足够微小的偏差或摄动。在摄动范围内,变量的偏差之间可以看作有线性关系。于是由摄动概念导引出来的运动方程式中各变量,就不再是它们的绝对数量,而是它们对平衡点的偏差,这种方程称之为线性化增量方程。

若非线性函数不仅连续,而且其各阶导数均存在,则由级数理论可知,可在给定工作点邻域将此非线性函数展开为泰勒级数,并略去二阶及二阶以上的各项,用所得的线性化方程代替原有的非线性方程。这种线性化的方法叫偏微法。必须指出的是,如果系统在原平衡工作点处的特性不是连续的,而是呈现折线或跳跃现象,如图 3.10 所示,那么就不能应用偏微法。

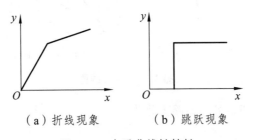

(a)折线现象　　　(b)跳跃现象

图 3.10　本质非线性特性

下面讨论这种线性化的具体方法。设一非线性元件的输入为 x，输出为 y，如图 3.11 所示，相应的数学表达式为

$$y = f(x)$$

在给定工作点 (x_0, y_0) 附近，将式（3.31）展开成泰勒级数

$$y = f(x) = f(x_0) + \frac{\mathrm{d}f(x)}{\mathrm{d}x}\Big|_{x=x_0}(x-x_0) + \frac{1}{2!}\frac{\mathrm{d}^2 f(x)}{\mathrm{d}x^2}\Big|_{x=x_0}(x-x_0)^2 + \cdots$$

$$= y_0 + \frac{\mathrm{d}f(x)}{\mathrm{d}x}\Big|_{x=x_0}\cdot \Delta x + \frac{1}{2!}\frac{\mathrm{d}^2 f(x)}{\mathrm{d}x^2}\Big|_{x=x_0}\cdot \Delta x^2 + \cdots \tag{3.32}$$

若在工作点 (x_0, y_0) 附近，增量 $x-x_0$ 的变化很小，则可略去式中 $(x-x_0)^2$ 项及其后面所有的高阶项，这样，上式近似为

$$y = y_0 + K(x - x_0) \tag{3.33}$$

或写为

$$\Delta y = K\Delta x \tag{3.34}$$

式中，$y_0 = f(x_0)$，$K = \dfrac{\mathrm{d}f(x)}{\mathrm{d}x}\Big|_{x=x_0}$，$\Delta y = y - y_0$，$\Delta x = x - x_0$。式（3.34）就是式（3.31）的线性化方程。

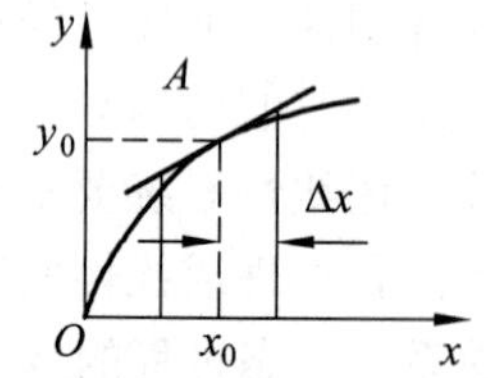

对于含有多个变量非线性方程的线性化方法，与上述含有单个变量的线性化方法是完全相同的。

严格地说，经过线性化后所得到的系统微分方程，只是近似地表征了系统的运动情况。实践证明，对于大多数的控制系统，经过线性化后所得到的系统数学模型，能以较高的精度反映系统的实际运动过程，所以线性化方法是具有现实意义的。

图 3.11　非本质非线性特性

【例 3.9】　设铁心线圈电路如图 3.12（a）所示，试列写以 u_r 为输入量，i 为输出量的电路微分方程并线性化。

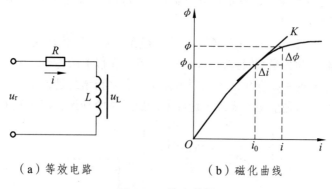

（a）等效电路　　　　（b）磁化曲线

图 3.12　铁心线圈

解：根据基尔霍夫定律，列写电路方程为

$$u_\mathrm{r} = u_\mathrm{L} + R\cdot i \tag{3.35}$$

式中，u_L 为线圈的感应电势，它等于线圈中磁通 ϕ 的变化率，设线圈匝数为 W，则有

$$u_\text{L} = W\frac{\mathrm{d}\phi}{\mathrm{d}t} \tag{3.36}$$

将式（3.36）代入式（3.35）有

$$u_\text{r} = W\frac{\mathrm{d}\phi}{\mathrm{d}t} + R \cdot i \tag{3.37}$$

由于铁心线圈的磁通 ϕ 是线圈中电流 i 的非线性函数，即 $\phi = \phi(i)$ 是非线性函数，它们之间的非线性关系如图 3.12（b）所示。于是式（3.37）可写成

$$u_\text{r} = W\frac{\mathrm{d}\phi}{\mathrm{d}i}\frac{\mathrm{d}i}{\mathrm{d}t} + R \cdot i \tag{3.38}$$

上式是一个非线性微分方程。现在试求出式（3.38）在平衡点邻域内的线性化增量方程。

设线圈原处在某平衡状态，端电压为 u_0，电流为 i_0，且满足静态方程 $u_0 = i_0 R$。已知工作过程中线圈的电压、电流只在平衡点 (u_0, i_0) 附近做微小变化，因而线圈中的磁通 ϕ 也只在 ϕ_0（由 i_0 产生）附近做微小的变化。如果 $\phi(i)$ 在 i_0 的附近连续可导，那么在平衡点 i_0 的邻域内磁通 ϕ 可展成泰勒级数

$$\phi = \phi_0 + \frac{\mathrm{d}\phi}{\mathrm{d}i}\bigg|_{i=i_0}\cdot\Delta i + \frac{1}{2!}\frac{\mathrm{d}^2\phi}{\mathrm{d}i^2}\bigg|_{i=i_0}\cdot\Delta i^2 + \cdots \tag{3.39}$$

略去二次以上的高阶项，便得

$$\phi = \phi_0 + \frac{\mathrm{d}\phi}{\mathrm{d}i}\bigg|_{i=i_0}\cdot\Delta i \tag{3.40}$$

令 $L = \dfrac{\mathrm{d}\phi}{\mathrm{d}i}\bigg|_{i=i_0}$，称其为动态电感，则式（3.40）可写成

$$\phi = \phi_0 + L\cdot\Delta i \tag{3.41}$$

或

$$\Delta\phi = \phi - \phi_0 = L\cdot\Delta i \tag{3.42}$$

略去增量符号 Δ，便得到磁通 ϕ 与电流 i 之间的线性化增量方程为

$$\phi = L\cdot i \tag{3.43}$$

上式表明，经线性化处理后，线圈中的电流增量与磁通增量之间已成为线性关系。

将式（3.43）求导后得 $\dfrac{\mathrm{d}\phi}{\mathrm{d}i} = L$，代入式（3.38），有

$$u_\text{r} = WL\frac{\mathrm{d}i}{\mathrm{d}t} + R\cdot i \tag{3.44}$$

这就是铁心线圈在平衡点邻域内的线性化增量方程，若平衡点变动，L 值相应改变。

通过以上分析，可以看出线性化处理具有如下特征：

（1）线性化是对某一平衡点进行的。平衡点不同，得到的线性化方程的系数也不相同。

（2）若要使线性化有足够的精度，调节过程中变量偏离平衡点的偏差必须足够小。

（3）线性化后的运动方程式是相对于平衡点来描述的。因此，可认为其初始条件为零。

（4）有一些非线性（如继电器特性）是不连续的，不能满足展开成泰勒级数的条件，这时就不能用小偏差法进行线性化。这类非线性称为本质非线性，对于这类问题要用非线性控制理论来解决。

应该指出，如果系统中非线性元件不止一个，则必须按实际系统中各元件相对应的平衡点来建立线性化增量方程，才能反映系统在同一平衡状态下的小偏差特性。

3.3 传递函数

微分方程式是描述线性系统运动的一种基本形式的数学模型。通过对微分方程求解，就可以得到系统在给定输入信号作用下的输出响应。这种方法比较直观，然而，若微分方程的阶次很高，求解就有难度，且计算的工作量大。另一方面，分析控制系统时，不仅要了解它在给定信号作用下的输出响应，而且更应重视系统的结构、参数与其性能间的关系。对于后者的要求，显然用微分方程式去描述是难以实现的。

在控制工程中，一般并不需要精确地求出系统微分方程的解，作出其输出响应的曲线，而重点是希望用简单的方法了解系统是否稳定及其在动态过程中的主要特征，判别某些参数的改变或校正装置的加入对系统性能的影响。传递函数不仅可以表征系统的动态特性，而且可以用于研究系统的结构或参数变化对系统性能的影响。它是一种对线性常微分方程进行拉氏变换后得到的系统在复数域中的数学模型。在经典控制理论中，广泛应用的根轨迹法和频率响应法就是在传递函数的基础上建立起来的。因此，传递函数是经典控制理论中最基本也是最重要的数学模型。

3.3.1 传递函数的基本概念

传递函数的定义：单输入、单输出线性定常系统在零初始条件下，输出量的拉氏变换与其输入量的拉氏变换之比，即为线性定常系统的传递函数（transfer function）。

设线性定常系统的微分方程式为

$$a_0 \frac{d^n c(t)}{dt^n} + a_1 \frac{d^{n-1} c(t)}{dt^{n-1}} + \cdots + a_{n-1} \frac{dc(t)}{dt} + a_n c(t)$$
$$= b_0 \frac{d^m r(t)}{dt^m} + b_1 \frac{d^{m-1} r(t)}{dt^{m-1}} + \cdots + b_{m-1} \frac{dr(t)}{dt} + b_m r(t) \quad (n \geqslant m) \tag{3.45}$$

式中，$r(t)$ 为系统的输入量，$c(t)$ 为系统的输出量。

在零初始条件下，对上式进行拉氏变换得

$$(a_0 s^n + a_1 s^{n-1} + \cdots + a_{n-1} s + a_n) C(s)$$
$$= (b_0 s^m + b_1 s^{m-1} + \cdots + b_{m-1} s + b_m) R(s) \tag{3.46}$$

令

$$G(s) = \frac{C(s)}{R(s)} = \frac{b_0 s^m + b_1 s^{m-1} + \cdots + b_{m-1} s + b_m}{a_0 s^n + a_1 s^{n-1} + \cdots + a_{n-1} s + a_n} \quad (n \geqslant m) \tag{3.47}$$

$G(s)$ 即为系统的传递函数。

传递函数表示了系统的输入与输出间的因果关系，即系统的输出 $C(s)$ 是其输入 $R(s)$ 经过 $G(s)$ 的传递而产生的，因而 $G(s)$ 被称为传递函数。可用图 3.13 所示的方框图来表示系统的这种传递关系。各量之间的关系可表示为

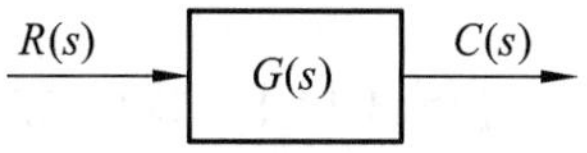

图 3.13　传递作用图示

$$C(s) = G(s)R(s) \tag{3.48}$$

从数学变换关系上看，传递函数是由系统的微分方程经拉氏变换后得到的，而拉氏变换是一种线性变换，只是将变量从时间域变换到复数域。因而它必然同微分方程式一样能表征系统的固有特性，即成为描述系统（或元件）运动的又一形式的数学模型。对比式（3.45）和式（3.47），不难看出传递函数包含了微分方程式的所有系数。如果不产生分子分母因子相消，则传递函数与微分方程所包含的信息量相同。事实上，传递函数的分母多项式就是微分方程左端的微分算子多项式，也就是它的特征多项式。方程解中的动态分量完全由特征方程决定。

这说明传递函数与微分方程两种数学模型是共通的。如果把微分方程式中的微分算子 $\mathrm{d}/\mathrm{d}t$ 用复变量 s 表示，把 $c(t)$ 和 $r(t)$ 换为相应的象函数 $C(s)$ 和 $R(s)$，则就把微分方程转换为相应的传递函数。反之亦然。

传递函数本质上是数学模型，与微分方程等价，但在形式上却是一个函数，而不是一个方程。这不但使运算大为简便，而且可以很方便地用图形表示。这正是工程上广泛采用传递函数分析系统的主要原因。

式（3.47）所示的传递函数分子/分母多项式模型可在 MATLAB 中直接用分子、分母的系数来表示，即

当传递函数为 $G(s) = \dfrac{b_0 s^m + b_1 s^{m-1} + \cdots + b_{m-1} s + b_m}{a_0 s^n + a_1 s^{n-1} + \cdots + a_{n-1} s + a_n}$ 时，在 MATLAB 中，可直接用分子、分母的系数表示，即

$$\mathrm{num} = \begin{bmatrix} b_0 & b_1 & \cdots & b_m \end{bmatrix}$$

$$\mathrm{den} = \begin{bmatrix} a_0 & a_1 & \cdots & a_n \end{bmatrix}$$

$$G(s) = \mathrm{tf(num,den)}$$

这种表示在后续控制工程的 MATLAB 使用中经常用到。

【例 3.10】　求图 3.5 所示系统的传递函数。

解：（1）系统的微分方程已由例 3.4 求出

$$LC \frac{\mathrm{d}^2 u_\mathrm{c}}{\mathrm{d}t^2} + RC \frac{\mathrm{d}u_\mathrm{c}}{\mathrm{d}t} + u_\mathrm{c} = u_\mathrm{r}$$

（2）在零初始条件下对微分方程进行拉氏变换

$$LCs^2 U_c(s) + RCsU_c(s) + U_c(s) = U_r(s)$$

（3）传递函数为

$$G(s) = \frac{1}{LCs^2 + RCs + 1}$$

【例 3.11】 求图 3.2 所示系统的传递函数。

解：（1）列出系统各元件的微分方程式，已由例 3.2 求出

$$m_1 x'' + c_1(x' - y') + kx = f$$
$$m_2 y'' + c_2 y' = c_1(x' - y')$$

（2）在零初始条件下对各式进行拉氏变换

$$m_1 s^2 X(s) + c_1 s[X(s) - Y(s)] + kX(s) = F(s)$$
$$m_2 s^2 Y(s) + c_2 s Y(s) = c_1 s[X(s) - Y(s)]$$

（3）消去中间变量 $X(s)$，得传递函数

$$G(s) = \frac{Y(s)}{F(s)} = \frac{1}{\dfrac{m_1 m_2}{c_1} s^3 + \left(\dfrac{m_1 c_2}{c_1} + m_1 + m_2\right)s^2 + \left(c_2 + \dfrac{km_2}{c_1}\right)s + \left(\dfrac{kc_2}{c_1} + k\right)} \qquad (3.49)$$

由上例看出，如果直接由元件的微分方程，消除中间变量，然后进行拉氏变换得到系统的传递函数，过程烦琐，对于复杂系统来说是不可取的。而本例中是先将各元件微分方程进行拉氏变换后，在 s 变量表达的代数方程组中消除中间变量，得到系统的传递函数，求取过程相当简单。

3.3.2 传递函数的性质

由传递函数的定义可知，传递函数有如下的性质：

（1）传递函数只取决于系统和元件的结构和参数，与外作用及初始条件无关。

（2）传递函数只适用于线性定常系统，因为它是由拉氏变换而来的，而拉氏变换是一种线性变换。

（3）一个传递函数只能表示一个输入对一个输出的函数关系，至于信号传递通道中的中间变量，传递函数无法全面反映。如果是多输入多输出系统，也不能用一个传递函数来表征该系统各变量间的关系，而要用传递函数组表示。

（4）由于传递函数是在零初始条件下定义的，因而它不能反映在非零初始条件下系统（或元件）的运动情况。

（5）传递函数是复变量 s 的有理真分式函数，它的分母多项式 s 的最高阶次 n 总是大于或等于其分子多项式 s 的最高阶次 m，即 $n \geqslant m$。这是因为实际系统（或元件）必然存在惯性，而且能源又是有限的。例如，对单自由度（二阶）的机械振动系统而言，输入力后先要克服

惯性，产生加速度，然后再产生速度。接着才可能有位移输出，因而与输入有关项的阶次是不可能高于二阶的。

（6）传递函数可以有量纲，也可以无量纲。如在机械系统中，若输出为位移（cm），输入为力（N），则传递函数 $G(s)$ 的量纲为（cm/N）；若输出为位移（cm），输入亦为位移（cm），则 $G(s)$ 为无量纲的比值。

（7）物理性质不同的系统、环节或元件，可以具有相同类型的传递函数。如 RLC 无源网络和弹簧-质量-阻尼器机械系统的数学模型均为二阶微分方程，传递函数也具有相同的形式。从动态性能角度来看，这两个系统是相同的，我们称这些物理系统为相似系统。这就有可能利用电气系统来模拟机械系统，进行试验研究。相似系统揭示了不同物理现象间的相似关系，从系统理论来说，就有可能撇开系统的具体物理属性，进行普遍性的研究。因此，我们使用一个简单系统去研究与其相似的复杂系统，也为控制系统的计算机数字仿真提供了基础。

（8）传递函数与单位脉冲响应函数一一对应，是拉氏变换与反变换的关系。所谓单位脉冲响应函数是指系统在单位脉冲输入量作用下的输出，又称权函数。当单位脉冲输入系统时，$R(s) = L[\delta(s)] = 1$，因此系统的输出为

$$C(s) = G(s)R(s) = G(s)$$

反变换得脉冲响应

$$c(t) = L^{-1}[G(s)] \tag{3.50}$$

脉冲响应函数 $c(t)$ 与传递函数 $G(s)$ 是时域 t 到复数域 s 的单值变换关系。两者包含了关于系统动态特性的相同信息。于是，通过用脉冲输入信号激励系统并测量系统的响应，能够获得有关系统动态特性的全部信息。

（9）一定的传递函数有一定的零、极点分布图与之对应，因此传递函数的零、极点分布图也表征了系统的动态性能。将式（3.47）中分子多项式及分母多项式因式分解后，写成如下形式

$$G(s) = \frac{C(s)}{R(s)} = K_g \frac{(s-z_1)(s-z_2)\cdots(s-z_m)}{(s-p_1)(s-p_2)\cdots(s-p_n)} \tag{3.51}$$

式（3.51）称为传递函数的零、极点表达形式。式中，$s = z_1, z_2, \cdots, z_m$ 为传递函数的零点；$s = p_1, p_2, \cdots, p_n$ 为传递函数的极点；K_g 称为传递系数或根轨迹增益。

可以看出，零极点的数值完全取决于诸系数 $b_0 \cdots b_m$ 及 $a_0 \cdots a_n$，即取决于系统的结构参数。反之，只要给定了系统所有的零极点和一个传递系数，它的传递函数也就被唯一地确定了。这样，传递函数 $G(s)$ 就可以采用零点、极点和传递系数来等价表示。

传递函数的零极点可以是实数，也可以是复数。把传递函数的零点和极点同时表示在复数平面上的图形，叫作传递函数的零极点分布图。例如

$$G_1(s) = \frac{s+3}{(s+4)(s^2+2s+2)}$$

的零极点分布如图 3.14 所示。图中零点用"○"表示，极点用"×"表示。

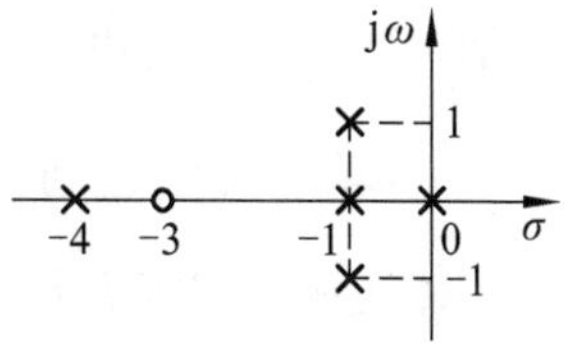

图 3.14 零极点分布图

当传递函数表示为式（3.51）的零极点增益模型时，在 MATLAB 中，可用 $[z \quad p \quad k]$ 矢量组表示，即

$$z = [z_0 \quad z_1 \quad \cdots \quad z_m]$$
$$p = [p_0 \quad p_1 \quad \cdots \quad p_n]$$
$$k = [K_g]$$
$$G(s) = zpk(z,p,k)$$

同一个系统可用 MATLAB 中的分子分母多项式系数表示法和零极点增益等不同的形式模型表示，为了分析的方便，有时还需要在各种模型之间进行转换。MATLAB 的控制系统工具箱提供了模型转换的函数：tf2zp，zp2tf。它们的用法为

$$传递函数模型 \xrightleftharpoons[\text{zp2tf}]{\text{tf2zp}} 零极点模型$$

3.3.3　传递函数的零极点和放大系数对系统性能的影响

传递函数分母的多项式就是相应微分方程的特征多项式；传递函数的极点就是相应微分方程的特征根。显然，传递函数的零、极点对系统的性能都有影响。零极点与传递系数，不仅唯一确定传递函数的形式，而且对系统的四大性能均有决定性作用。

1. 极点决定系统固有运动属性

一般来说，如果微分方程的特征根是 λ_1，λ_2，$\cdots$，λ_n，并且没有重根，则把函数

$$e^{\lambda_1 t}, e^{\lambda_2 t}, \cdots, e^{\lambda_n t}$$

定义为该微分方程所描述的运动的模态。而把 λ_1，λ_2，$\cdots$，λ_n 称为各相应模态的极点。如果诸 λ_i 中有共轭复数 $\sigma + j\omega$，则共轭复模态 $e^{(\sigma+j\omega)t}$ 与 $e^{(\sigma-j\omega)t}$ 可写成实函数 $e^{\sigma t}\sin\omega t$ 与 $e^{\sigma t}\cos\omega t$ 形式，它们是一对共轭复模态的线性组合。如果特征根中有多重根 λ，则模态会具有如 $t^n e^{\lambda t}$，$t^n e^{\sigma t}\sin\omega t$，$t^n e^{\sigma t}\cos\omega t$ 等形式。由于系统的特征根是唯一确定的，则系统的运动模态也是唯一确定的，这称为特征根与模态的不变性。

2. 极点的位置决定模态的敛散性，即决定稳定性、快速性

当极点具有负的实部或负实数时，所对应的运动模态一定是收敛的，随着 $t \to \infty$，模态函数会消失，这称为运动的暂态分量。当所有的极点都具有这一特点时，所有自由模态都会收敛，最终趋于零。反之，会具有发散特性。因此，模态的敛散性取决于相应的极点位置。在零极点分布图上，当全部极点均在左半平面，则系统是稳定的。

另外，当模态为收敛时，还有一个收敛速度问题，这体现为过渡过程的快慢。当极点距虚轴越远，相应的模态收敛越快。因为这时模态函数为负指数，且指数绝对值很大。

3. 零点决定运动模态的比重

传递函数的零点并不形成自由运动的模态，但它们却影响各模态在响应中所占的比重，因而也影响响应曲线的形状。设某对象的传递函数为

$$G_1(s) = \frac{3(2s+1)}{(s+1)(s+3)}$$

两个极点为 $p_1 = -1$, $p_2 = -3$; 一个零点为 $z_1 = -0.5$, 求得其单位阶跃响应为

$$c_1(t) = L^{-1}\left[\frac{3(2s+1)}{(s+1)(s+3)} \cdot \frac{1}{s}\right] = 1 + 1.5e^{-t} - 2.5e^{-3t}$$

若将零点调整为 $z_2 = -0.83$, 接近了极点 $p_1 = -1$, 如图 3.15 所示。此时传递函数为

$$G_2(s) = \frac{3(1.2s+1)}{(s+1)(s+3)}$$

其单位阶跃响应为

$$c_2(t) = L^{-1}\left[\frac{3(1.2s+1)}{(s+1)(s+3)} \cdot \frac{1}{s}\right] = 1 + 0.3e^{-t} - 1.3e^{-3t}$$

可见，由于极点不变，运动模态也不变，但零点的改变使两个模态 e^{-t} 和 e^{-3t} 在响应中所占的比重发生变化，如图 3.16 所示。

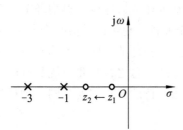

图 3.15　零极点分布图

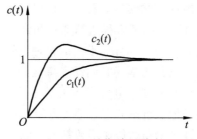

图 3.16　单位阶跃响应

当零点离极点较远时，模态所占比重较大；若零点靠极点较近，则模态的比重就减小，而且离零点很近的极点的比重就被大大削弱；当零点与极点重合，产生零、极点对消时，相应的模态也消失。例如

$$G_3(s) = \frac{3(s+1)}{(s+1)(s+3)}$$

单位阶跃响应为

$$c_3(t) = 1 + 0e^{-t} - e^{-3t}$$

可见，零、极点相消的结果，使对应的模态被掩藏起来，传递作用受到阻断，致使系统运动的表面成分发生变化。

4. 传递系数决定了系统稳态传递性能

式（3.51）表达的传递函数也可描述为时间常数表达式

$$G(s) = K\frac{(\tau_1 s+1)(\tau_2^2 s^2 + 2\xi\tau_2 s+1)\cdots(\tau_i s+1)}{(T_1 s+1)(T_2^2 s^2 + 2\xi T_2 s+1)\cdots(T_j s+1)} \tag{3.52}$$

式（3.51）中 $K_g = \dfrac{b_0}{a_0}$ 为分子与分母多项式中最高次项系数之比。式（3.52）中 $K = \dfrac{b_m}{a_n}$ 为分子与分母多项式中常数项之比，称为传递系数或静态增益。τ_i 和 T_i 称为时间常数。K_g 与 K 是两种不同形式的传递系数，两者之间通过已知的零点与极点，有确定的换算关系，即

$$K = K_g \frac{(-z_1)(-z_2)\cdots(-z_m)}{(-p_1)(-p_2)\cdots(-p_n)} = G(0)$$

设系统输入量为单位阶跃函数，当系统进入稳态后，由终值定理，可得稳态输出为

$$\lim_{t\to\infty} c(t) = \lim_{s\to0} sG(s)\cdot\frac{1}{s} = G(0) = K$$

稳态输出与输入成正比例关系，比例倍数为 K。

3.4 典型环节的传递函数

组成自动控制系统的元件有很多个，其物理性质或结构用途方面都有着很大的差异。但从动态性能或数学模型来看，却可以分成为数不多的基本环节，这就是典型环节。环节是指可以组成独立的运动方程式的那一部分。它可以是一个元件，也可以是由几个元件共同组成，还可以是元件的一部分。不同的物理系统，可以采用同一种环节，同一个物理系统可由不同环节组成，这是与描述它们动态特性的微分方程相对应的。总之，只要系统具有同样的数学模型，无论是机械、电气或液压系统，就具有相同的动态特性，它们就是同一种环节。这种划分为系统地分析研究带来很大方便。

一般任意复杂的传递函数都可写成分解因式的形式，即

$$G(s) = K \frac{\prod_{i=1}^{\mu}(\tau_i s+1)\prod_{j=1}^{\eta}(\tau_j^2 s^2+2\xi_j\tau_j s+1)}{s^{\nu}\prod_{m=1}^{\rho}(T_m s+1)\prod_{n=1}^{\sigma}(T_n^2 s^2+2\xi_n T_n s+1)} \quad (\nu+p+2\sigma\geqslant\mu+2\eta) \qquad （3.53）$$

可以将式（3.53）看成是一系列形如

$$K,(\tau_i s+1),(\tau_j^2 s^2+2\xi_j\tau_j s+1),\frac{1}{s},\frac{1}{(T_m s+1)},\frac{1}{(T_n^2 s^2+2\xi_n T_n s+1)}$$

基本因子的乘积，这些基本因子就叫作典型环节。所有系统的传递函数都是由这样的典型环节组合起来的。现将各典型环节分别叙述如下。

3.4.1 比例环节（proportional component）

凡是输出量与输入量成正比，并且输出不失真也不延迟地反映输入的环节称为比例环节，又称为无惯性环节或放大环节。其运动方程式为

$$c(t) = Kr(t)$$

式中，K 为放大系数或增益。其传递函数是

$$G(s) = \frac{C(s)}{R(s)} = K \qquad (3.54)$$

无弹性变形的杠杆、不计非线性和惯性的电子放大器、测速发电机（输出为电压、输入为转速时）、齿轮传动的传动比等均可认为是比例环节。

【例 3.12】 齿轮传动的原理如图 3.17 所示。以转速 n_r 为输入量，转速 n_c 为输出量，便是一个放大环节。

因为当忽略齿轮的啮合间隙时，主动轮与从动轮转速间有如下关系

$$n_r z_r = n_c z_c$$

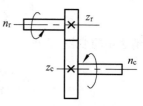

在零初始条件下，对上式进行拉氏变换，便得传递函数

$$G(s) = \frac{N_c(s)}{N_r(s)} = \frac{z_r}{z_c} = K$$

图 3.17 齿轮传动

式中，K 为齿轮传动比，也就是齿轮传动副的放大系数或增益。

【例 3.13】 图 3.18 所示为运算放大器，其输出电压 $u_c(t)$ 与输入电压 $u_r(t)$ 之间有如下关系

$$u_c(t) = -\frac{R_2}{R_1} u_r(t)$$

式中，R_1、R_2 为电阻。求其传递函数。

解： 对上式经拉氏变换后得传递函数

$$G(s) = \frac{U_c(s)}{U_r(s)} = -\frac{R_2}{R_1} = K$$

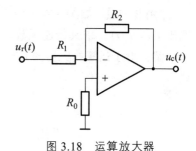

图 3.18 运算放大器

3.4.2 惯性环节（inertial component）

在这类环节中，因含有储能元件，突变形式的输入信号，不能被立即输送出去。惯性环节的特点是其输出量延缓地反映输入量的变化规律。它的微分方程为

$$T \frac{dc(t)}{dt} + c(t) = Kr(t)$$

对应的传递函数为

$$G(s) = \frac{C(s)}{R(s)} = \frac{K}{Ts+1} \qquad (3.55)$$

式中，K 为放大系数，T 是惯性环节时间常数。

一般惯性环节包含一个储能元件和一个耗能元件。输出量要经过一定的时间才能达到响

应的平衡状态。时间常数决定了响应曲线动态过程所需的时间，时间常数 T 越大，响应速度越慢。因此，时间常数 T 是惯性环节的重要参数。

电路中的 RC 滤波电路，当忽略掉电枢电感的直流电动机，就是常见的惯性环节。

【例 3.14】 图 3.19 所示的 RC 电路，u_r 为输入电压，u_c 为输出电压。求其传递函数。

解：根据基尔霍夫定律可列写微分方程

$$u_r = iR + \frac{1}{C}\int i \mathrm{d}t$$

$$u_c = \frac{1}{C}\int i \mathrm{d}t$$

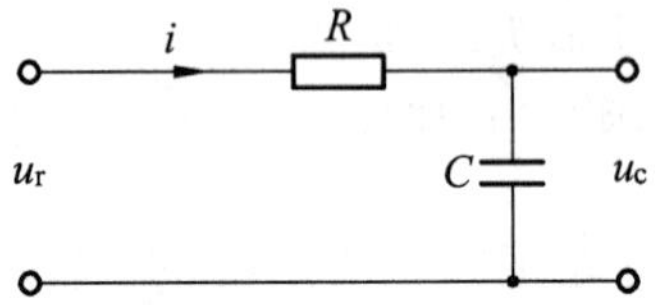

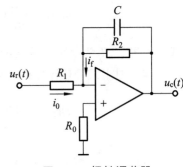

消去中间变量 i，得

$$RC\frac{\mathrm{d}u_c(t)}{\mathrm{d}t} + u_c(t) = u_r(t)$$

图 3.19 RC 电路

通过拉氏变换求得电路的传递函数为

$$G(s) = \frac{U_c(s)}{U_r(s)} = \frac{1}{RCs+1}$$

该电路的时间常数为 $T = RC$。本系统之所以成为惯性环节，是由于含有容性储能元件 C 和阻性耗能元件 R。

【例 3.15】 如图 3.20 所示的惯性调节器，输入电压 $u_r(t)$，输出电压 $u_c(t)$。求其传递函数。

解：由于运算放大器的开环增益很大、输入阻抗很高，所以有

$$i_0 = -i_f$$

$$i_0 = \frac{u_r(t)}{R_1}$$

$$i_f = \frac{u_c(t)}{R_2} + C\frac{\mathrm{d}u_c(t)}{\mathrm{d}t}$$

图 3.20 惯性调节器

于是有

$$\frac{u_r(t)}{R_1} = -\left[\frac{u_c(t)}{R_2} + C\frac{\mathrm{d}u_c(t)}{\mathrm{d}t}\right]$$

对上式进行拉氏变换，并整理后可得

$$G(s) = \frac{U_c(s)}{U_r(s)} = -\frac{R_2}{R_1}\frac{1}{CR_2s+1} = \frac{K}{Ts+1}$$

式中，$K = -\dfrac{R_2}{R_1}$ 为放大系数，$T = CR_2$ 为时间常数。

3.4.3　积分环节（integral component）

积分环节的输出量正比于输入量对时间的积分，即有

$$c(t) = \frac{1}{T} \int_0^t r(\tau) \mathrm{d}\tau$$

其传递函数为

$$G(s) = \frac{C(s)}{R(s)} = \frac{1}{Ts} \tag{3.56}$$

式中，T 是积分时间常数。

　　积分环节的特点是它的输出量为输入量对时间的积累。输出量随着时间的增长而直线增加，增长斜率为 $1/T$。积分作用的强弱由积分时间常数 T 决定。T 越小，积分作用越强。当输入突然去除时，积分停止，输出维持不变，故有记忆功能。在系统中凡有存储或积累作用的元件都有积分环节的特性。例如，水箱的水位与水流量，烘箱的温度与热流量（或功率），机械运动中的转速与转矩，位移与速度，速度与加速度，电容的电量与电流等。

　　【例 3.16】　图 3.21 所示的水箱以流量 $q(t)$ 为输入，液面高度变化量 $h(t)$ 为输出，求其传递函数。

　　解：根据质量守恒定律，有

$$\gamma \int q(t) \mathrm{d}t = Ah(t)\gamma$$

式中，γ 为水的密度，A 为水箱截面积。

　　经拉氏变换得

$$Q(s) = AsH(s)$$

传递函数为

$$G(s) = \frac{H(s)}{Q(s)} = \frac{1}{As} = \frac{1}{Ts}$$

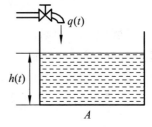

图 3.21　水箱的水位与水流量

其中，积分时间常数 $T = A$。

　　【例 3.17】　图 3.22 所示为积分调节器，输入电压 $u_r(t)$，输出电压 $u_c(t)$。求其传递函数。

　　解：输入量与输出量为积分关系

$$u_c(t) = -\frac{1}{RC} \int u_r(t) \mathrm{d}t$$

传递函数为

$$G(s) = \frac{U_c(s)}{U_r(s)} = -\frac{1}{RCs} = -\frac{1}{Ts}$$

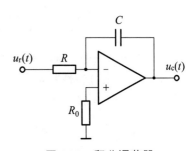

图 3.22　积分调节器

其中，积分时间常数 $T = RC$。

3.4.4 微分环节（differential component）

理想的微分环节的输出量正比于输入量对时间的微分，即有

$$c(t) = \tau \frac{\mathrm{d}r(t)}{\mathrm{d}t}$$

其传递函数为

$$G(s) = \frac{C(s)}{R(s)} = \tau s \qquad\qquad (3.57)$$

式中，τ 为微分环节的时间常数。

【例 3.18】 图 3.23 所示微分运算电路，输入电压 $u_r(t)$，
输出电压 $u_c(t)$。求其传递函数。

解：系统的微分方程

$$u_c(t) = -RC \frac{\mathrm{d}u_r(t)}{\mathrm{d}t}$$

其传递函数为

$$G(s) = \frac{U_c(s)}{U_r(s)} = -RCs = -\tau s$$

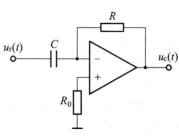

图 3.23 微分运算电路

式中，$\tau = RC$ 为时间常数。

理想的微分环节，其输出反映输入的微分。也就是说，输出量与输入量的变化率成正比。因此，它能预示输入信号的变化趋势，监测动态行为。如果当输入为单位阶跃函数时，阶跃信号只在 $t = 0$ 时刻有一个跃变，其他时刻均不变化，所以微分环节对阶跃信号的响应是脉冲函数。

【例 3.19】 如图 3.24 所示的 RC 电路，$u_r(t)$ 为输入量，$u_c(t)$ 为输出量。求其传递函数。

解：其运动方程为

$$\frac{1}{RC} \int u_c(t)\mathrm{d}t + u_c(t) = u_r(t)$$

其传递函数为

$$G(s) = \frac{U_c(s)}{U_r(s)} = \frac{RCs}{RCs+1} = \frac{Ts}{Ts+1}$$

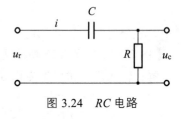

图 3.24 RC 电路

式中，T 为时间常数。该电路相当于一个微分环节与一个惯性环节串联组合，称为实用微分环节。实际上，微分特性总是含有惯性的，理想的微分环节只是数学上的假设。

显然，当 $T = RC \ll 1$ 时，才有

$$G(s) \approx Ts$$

称之为理想微分环节。

3.4.5　振荡环节（oscillation component）

振荡环节是二阶环节，它含有两个储能元件，在运动的过程中能量相互转换，使环节的输出带有振荡的特性。微分方程具有如下形式

$$T^2\frac{\mathrm{d}^2c(t)}{\mathrm{d}t^2}+2\xi T\frac{\mathrm{d}c(t)}{\mathrm{d}t}+c(t)=r(t)$$

其传递函数为

$$G(s)=\frac{1}{T^2s^2+2\xi Ts+1} \tag{3.58}$$

或

$$G(s)=\frac{\omega_n^2}{s^2+2\xi\omega_n s+\omega_n^2} \tag{3.59}$$

式中，T 为时间常数，$\omega_n=1/T$ 称为无阻尼固有频率，ξ 称为阻尼比。当 $0<\xi<1$ 时，对单位阶跃输入的响应为衰减振荡。

振荡环节的详细讨论将在"系统的时域响应分析"一章中进行。在实际的物理系统中，振荡环节经常遇到。

在例 3.1 中的弹簧-质量-阻尼器系统

$$G(s)=\frac{Y(s)}{F(s)}=\frac{1}{ms^2+cs+k}$$

【例 3.20】　中的 RLC 电路

$$G(s)=\frac{U_c(s)}{U_r(s)}=\frac{1}{LCs^2+RCs+1}$$

它们均为二阶系统。当化成式（3.58）的标准形式时，只要满足 $0\leqslant\xi<1$，则它们都是振荡环节。

3.4.6　延迟环节（delay component）

延迟环节虽不属于典型环节，但在实际系统中，有些部件具有延迟的特性，故在此一并加以讨论。

延迟环节的特点是输出量在时间上比输入量滞后时间 τ，但不失真地反映了输入量，如图 3.25 所示。其微分方程为

$$c(t)=r(t-\tau)$$

式中，τ 为延迟时间。

传递函数为

$$G(s)=\frac{C(s)}{R(s)}=\mathrm{e}^{-\tau s} \tag{3.60}$$

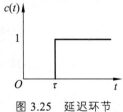

图 3.25　延迟环节

在控制系统中，单纯的延迟环节是很少的，延迟环节往往与其他环节一起出现。大多数过程控制系统中，都具有延迟环节。例如，工件经传送装置传输，从输入口至输出口有传输时间延迟；在切削加工中，从切削工况到测量结果之间会产生时间延迟；介质压力或热量在管道中传播因传输速率低会有传播延迟；晶闸管触发整流电路中，从控制电压改变到整流输出响应也会产生时间延迟等。

【例 3.21】 图 3.26 所示为一个把两种不同浓度的液体按一定比例进行混合的装置。为了能测得混合后溶液的均匀浓度，要求测量点离开混合点一定的距离，这样在混合点和测量点之间就存在传递的滞后。设混合溶液的流速为 v，混合点与测量点之间的距离为 d，则混合溶液浓度的变化要经过时间 $\tau = d/v$ 后，才能被检测元件所测量。分析并确定该系统的传递函数。

解： 设混合点处溶液的浓度为 $r(t)$，经过 τ 秒之后材料才在测量点复现出来，那么测量点溶液的浓度 $c(t)$ 为

$$c(t) = r(t - \tau)$$

对上式拉氏变换得

$$C(s) = \mathrm{e}^{-\tau s} R(s)$$

传递函数为

$$G(s) = \frac{C(s)}{R(s)} = \mathrm{e}^{-\tau s}$$

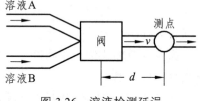

图 3.26　溶液检测延误

3.5　相似原理

从前面对系统传递函数的研究中可知，对不同的物理系统（环节）可用形式相同的微分方程与传递函数来描述，即可以用形式相同的数学模型来描述。如在 3.4 节中，各种典型环节都可以举出机械、电气等方面的例子。反之，当方程两端的阶次确定后，方程所描述的运动规律，适用于各类相同数学形式的物理系统。由此给出相似系统的定义：任何系统，只要它们的数学模型具有相同的形式，就是相似系统（similarity system）。而在微分方程或传递函数中占据相同位置的物理量，叫作相似量（similarity variable）。这里讲的相似，是就数学形式而不是就物理实质而言的。

【例 3.22】 讨论图 3.27 所示的机械系统和电网络系统的相似关系。

对图 3.27（a）所示的系统，以外力 f 为输入，位移 y 为输出，微分方程为

$$my'' + cy' + ky = f$$

传递函数为

$$G(s) = \frac{Y(s)}{F(s)} = \frac{1}{ms^2 + cs + k}$$

对图 3.27（b）所示的系统，以电压 u 为输入，电量 q 为输出，微分方程为

$$Lq'' + Rq' + \frac{1}{C}q = u$$

传递函数为

$$G(s) = \frac{Q(s)}{U(s)} = \frac{1}{Ls^2 + Rs + \dfrac{1}{C}}$$

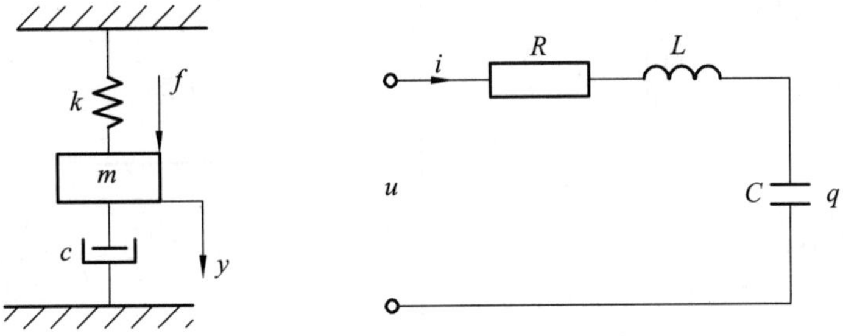

（a）　　　　　　　　　　　（b）

图 3.27　机械、电气相似系统

显然，这两个系统的数学模型具有相同的形式，它们是相似系统。其相似量列于表 3.1。

表 3.1　常见相似量

机械系统	电网络系统
力 f（力矩 M）	电压 u
质量 m（转动惯量 J）	电感 L
黏性阻尼系数 c	电阻 R
弹簧刚度 k	电容的倒数 $1/C$
位移 y（角位移 θ）	电量 q
速度 y'（角位移 θ'）	电流 i

这种相似称为力-电压相似性。同类的相似系统很多，表 3.2 中给出了几个例子。

表 3.2　常见相似系统

电系统	机械系统
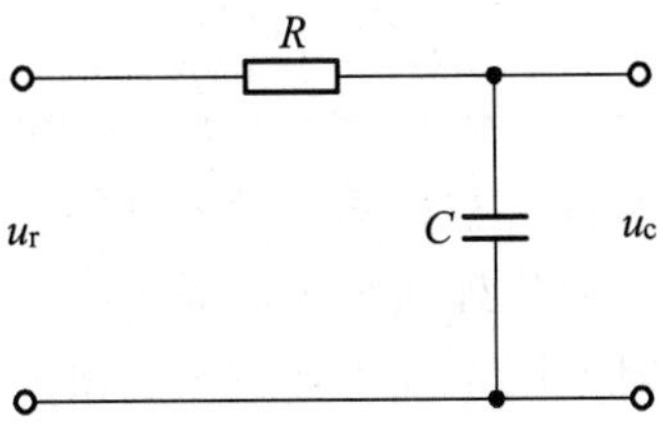 $\dfrac{U_c(s)}{U_r(s)} = \dfrac{1}{RCs+1}$	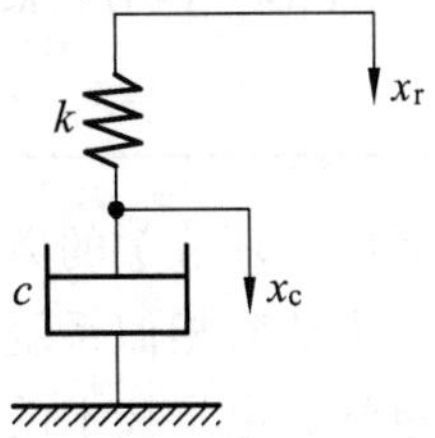 $\dfrac{X_c}{X_r} = \dfrac{1}{\left(\dfrac{c}{k}s+1\right)}$

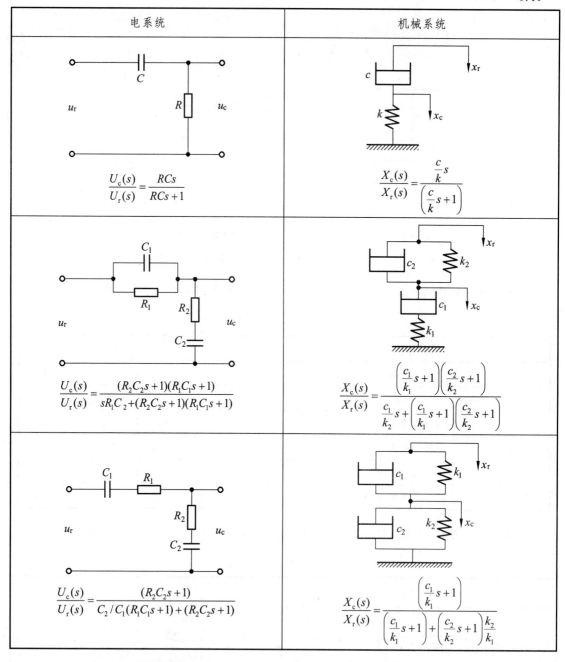

电系统	机械系统
$\dfrac{U_\mathrm{c}(s)}{U_\mathrm{r}(s)} = \dfrac{RCs}{RCs+1}$	$\dfrac{X_\mathrm{c}(s)}{X_\mathrm{r}(s)} = \dfrac{\frac{c}{k}s}{\left(\frac{c}{k}s+1\right)}$
$\dfrac{U_\mathrm{c}(s)}{U_\mathrm{r}(s)} = \dfrac{(R_2C_2s+1)(R_1C_1s+1)}{sR_1C_2+(R_2C_2s+1)(R_1C_1s+1)}$	$\dfrac{X_\mathrm{c}(s)}{X_\mathrm{r}(s)} = \dfrac{\left(\frac{c_1}{k_1}s+1\right)\left(\frac{c_2}{k_2}s+1\right)}{\frac{c_1}{k_2}s+\left(\frac{c_1}{k_1}s+1\right)\left(\frac{c_2}{k_2}s+1\right)}$
$\dfrac{U_\mathrm{c}(s)}{U_\mathrm{r}(s)} = \dfrac{(R_2C_2s+1)}{C_2/C_1(R_1C_1s+1)+(R_2C_2s+1)}$	$\dfrac{X_\mathrm{c}(s)}{X_\mathrm{r}(s)} = \dfrac{\left(\frac{c_1}{k_1}s+1\right)}{\left(\frac{c_1}{k_1}s+1\right)+\left(\frac{c_2}{k_2}s+1\right)\frac{k_2}{k_1}}$

　　由于相似系统（环节）的数学模型在形式上相同，并且具有相同的动态性能。因此，可以用相同的数学方法对相似系统加以研究，还可以通过一种物理系统去研究另一种相似的物理系统。现代电气、电子技术的发展，为采用相似原理对不同系统（环节）的研究提供了良好条件。这就有可能利用电气系统来模拟机械系统，进行试验研究，或在数字计算机上，采用数字仿真技术进行研究。而且从系统理论来说，就有可能撇开系统的具体物理属性，可进行普遍性的研究。

3.6 系统传递函数方框图及其简化

对于复杂系统，如果仍采用由微分方程经过拉氏变换，消除中间变量，进而求得其传递函数，这不仅在计算上烦琐，而且在消除中间变量之后，总的表达式中只剩下输入、输出变量，信号在通道中的传递过程得不到反映。如果用方框图，既便于求取复杂系统的传递函数，同时又能直观地看到输入信号及中间变量在通道中传递的全过程。因此，方框图作为一种数学模型，在控制理论中有着广泛的应用。

3.6.1 传递函数的方框图

1. 方框图的概念

方框图（block diagram）是将各环节的传递函数 $G(s)$ 写在其方框内，并以箭头标明各环节间信号的流向，以此描述系统动态结构的图形。方框图又称动态结构图，简称结构图。它是一个图形化的分析、运算方法，也是数学模型的图解化方法。

下面以 RC 网络为例说明动态结构图的一般特点。

【**例 3.23**】 在图 3.28 所示的 RC 电路中，u_r 为输入量，电阻两端电压 u_c 为输出量。作出系统的方框图。

解：（1）可列出微分方程组为

$$u_r = \frac{1}{C}\int i\,\mathrm{d}t + u_c$$

$$i = \frac{u_c}{R}$$

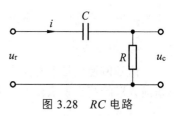

图 3.28 RC 电路

（2）在零初始条件下对以上方程组进行拉氏变换，得

$$U_r(s) = \frac{1}{Cs}I(s) + U_c(s) \tag{3.61}$$

$$I(s) = \frac{U_c(s)}{R} \tag{3.62}$$

（3）将式（3.61）表示成

$$Cs[U_r(s) - U_c(s)] = I(s) \tag{3.63}$$

并以图 3.29 来形象地描绘这一数学关系。

式（3.62）可用图 3.30 表示。

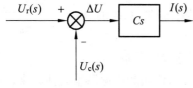

图 3.29 式（3.61）的动态结构　　　　图 3.30 式（3.62）的动态结构

合并图 3.29 和图 3.30，将电路的输入量 $U_r(s)$ 置于图的最左端，输出量 $U_c(s)$ 置于图的最右端，并将同一信号通路连在一起，便得 RC 电路的动态结构图，如图 3.31 所示。

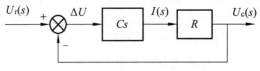

图 3.31　RC 电路的动态结构

2. 方框图的构成要素

由例 3.23 可以看出，方框图由方框单元、信号传递线、相加点和分支点 4 种基本要素构成。

1）函数方框

函数方框是传递函数的图解表示，如图 3.32 所示。图中，指向方框的箭头表示输入的拉氏变换；离开方框的箭头表示输出的拉氏变换；方框中表示的是该输入与输出之间环节的传递函数。所以，方框的输出应是方框中的传递函数乘以其输入，即

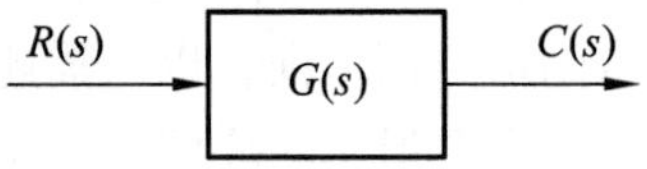

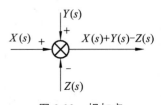

图 3.32　方框单元

$$C(s) = G(s)R(s) \qquad (3.64)$$

应当指出，输出信号的量纲等于输入信号的量纲与传递函数量纲的乘积。

2）信号传递线

信号传递线是带有箭头的直线，箭头表示信号传递的方向，传递线上标明被传递的信号，指向方框的箭头表示输入，离开方框的箭头表示输出，如图 3.32 所示。

3）相加点

相加点（summing point）是信号之间代数求和运算的图解表示，如图 3.33 所示。在相加点处，输出信号（离开相加点的箭头表示）等于各输入信号（指向相加点的箭头表示）的代数和，每一个指向相加点的箭头前方的"＋"号或"－"号表示该输入信号在代数运算中的符号。在相加点处加减的信号必须是同种变量，运算时的量纲也要相同。相加点可以有多个输入，但输出是唯一的。

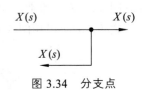

图 3.33　相加点

4）分支点

分支点（branch point）是表示同一信号向不同方向的传递，通常用于将来自方框的信号同时传向所需的各处，如图 3.34 所示，在分支点引出的信号不仅量纲相同，而且数值也相等。

任何一个线性系统都可由以上这 4 种要素组成结构图。系统的结构图具有以下特点：

（1）它形象而明确地表达了系统的组成和相互连接的关系。可以方便地评价每一个元件对系统性能的影响。信号的传递严格遵照单向性原则，对于输出对输入的反作用，通过反馈支路单独表示。

图 3.34　分支点

（2）对结构图进行代数运算和等效变换，可方便地求得整个系统的传递函数。

（3）当 $s = 0$ 时，结构图表示了各变量之间的静态特性关系，故称为静态结构图。而 $s \neq 0$ 时，即为动态结构图。

3. 方框图的建立

要绘制一个复杂系统的方框图，可按以下步骤进行：

（1）按照系统的结构和工作原理，列出描述系统各环节的微分方程。

（2）在零初始条件下，对各环节的原始方程进行拉氏变换，求出每个环节的传递函数，并将它们以结构图的形式表示出来。注意保留所有变量，这样在结构图中可以明显地看出各元件的内部结构和中间变量，便于分析系统作用原理。

（3）根据信号在系统中传递、变换的过程，依次将各传递函数方框图连接起来（同一变量的信号通路连接在一起），系统输入量置于左端，输出量置于右端，便得到系统的传递函数方框图。

下面举例说明系统方框图的建立。

【例 3.24】　绘制图 3.35 所示无源网络的结构图。

解：（1）已知输入 u_r，输出 u_c。引入中间变量 i、i_1、i_2。

（2）根据基尔霍夫定律列写微分方程

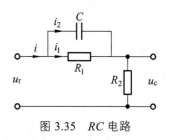

图 3.35　RC 电路

$$u_r = i_1 R_1 + u_c$$

$$u_c = i R_2$$

$$\frac{1}{C}\int i_2 \mathrm{d}t = i_1 R_1$$

$$i_1 + i_2 = i$$

（3）拉氏变换后的关系式为

$$U_r(s) = I_1(s)R_1 + U_c(s) \tag{3.64}$$

$$U_c(s) = I(s)R_2 \tag{3.65}$$

$$I_2(s)\frac{1}{Cs} = I_1(s)R_1 \tag{3.66}$$

$$I_1(s) + I_2(s) = I(s) \tag{3.67}$$

（4）分别绘制式（3.64）~式（3.67）各环节的方框图，如图 3.36（a）~图 3.36（d）所示。然后，用信号线按信号流向依次将各方框连接起来，便得到系统的结构图，如图 3.36（e）所示。

（a）　　　　　　　　　（b）　　　　　　　　　（c）

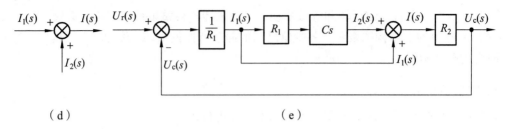

（d）   （e）

图 3.36   RC 电路的动态结构

【例 3.25】   位置随动系统如图 3.37 所示，其信号传递关系如图 3.38 所示。建立系统的结构图。

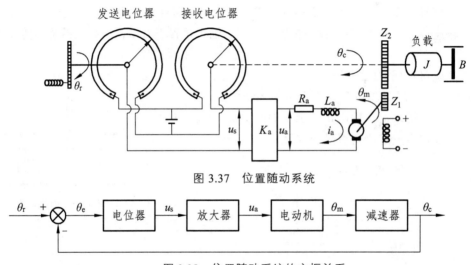

图 3.37   位置随动系统

图 3.38   位置随动系统的方框关系

解：该控制系统是控制工作机械的位置，使接收电位器的输出角度 θ_c 跟踪发送电位器提供的输入期望角度 θ_r。

系统将输入、输出的位置信号通过两个电位器转换成与之成比例的电压信号，并进行比较。当发送电位器和接收电位器的转角相等时，即角度偏差 $\theta_e = 0$，对应的偏差电压 $u_s = 0$，电动机处于静止状态。若使发送电位器有所位移，此时偏差电压 u_s 经放大器放大后供给直流电动机，使之带动负载和接收电位器的动臂一起旋转，直到 $\theta_c = \theta_r$ 为止，执行电动机便停止运转，系统在新的位置上处于与输入指令位置同步的平衡工作状态，跟随任务即告完成。

设电位器位置电压转换系数为 K_s，放大器的放大系数为 K_a。电动机的工作原理见例 3.7，其中电枢电压 u_a，电枢电流 i_a，产生的电磁转矩为 M_D，对应的转矩系数为 K_m，扰动输入负载转矩 M_L，电枢绕组总电阻 R_a 和总电感 L_a，绕组在磁场中切割磁力线产生感应反电动势为 E_a，电枢反电势 E_a 与电机输出转角间的电势系数为 K_e，减速器的传动比为 i，负载转动惯量 J，负载转动阻尼系数为 B，负载输出的实际转角为 θ_c。

该系统各部分微分方程经拉氏变换后的关系式为

$$\Theta_e(s) = \Theta_r(s) - \Theta_c(s) \tag{3.68}$$

$$U_s(s) = K_s \Theta_e(s) \tag{3.69}$$

$$U_a(s) = K_a U_s(s) \tag{3.70}$$

$$I_a(s) = \frac{U_a(s) - E_a(s)}{L_a s + R_a} \tag{3.71}$$

$$M_D(s) = K_m I_a(s) \tag{3.72}$$

$$\Theta_m(s) = \frac{M_D(s) - M_L(s)}{J s^2 + B s} \tag{3.73}$$

$$E_a(s) = K_e s \Theta_m(s) \tag{3.74}$$

$$\Theta_c(s) = \frac{1}{i} \Theta_m(s) \tag{3.75}$$

下面依次作出式（3.68）~式（3.75）的方框图，如图 3.39 所示。按系统中各元件的相互关系，分清各输入量和输出量，将各方框图连接起来，得到系统总的动态方框图，如图 3.40 所示。

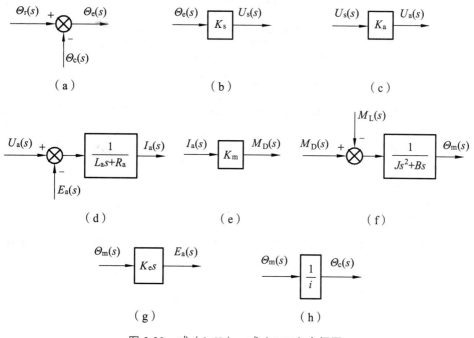

图 3.39 式（3.68）~式（3.75）方框图

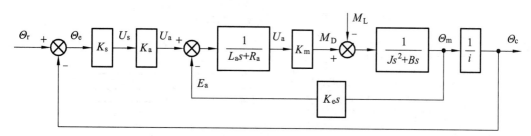

图 3.40 位置随动系统方框图

3.6.2　方框图的等效变换

一个复杂系统的结构图，其方框图的连接可能是错综复杂的，但方框间的基本连接方式只有串联、并联和反馈连接三种。掌握这三种基本连接形式的等效变换法则，对简化系统的方框图，求取闭环传递函数都是十分有益的。结构图化简的一般方法是移动分支点和相加点，进行方框运算，将串联、并联和反馈连接的方框合并，并且在简化过程中应遵循变换前后变量关系保持等效的原则。具体而言，就是在变换前后，前向通道中传递函数的乘积应保持不变，回路中传递函数的乘积应保持不变。

1. 方框图的基本连接形式

1）串联连接

在控制系统中，若前一环节的输出作为后一环节的输入，称它们为串联（cascade connection），如图 3.41 所示。各个环节之间不存在负载效应时，串联后的传递函数为

$$G(s) = \frac{C(s)}{R(s)} = \frac{C_1(s)}{R(s)} \cdot \frac{C(s)}{C_1(s)} = G_1(s)G_2(s) \tag{3.76}$$

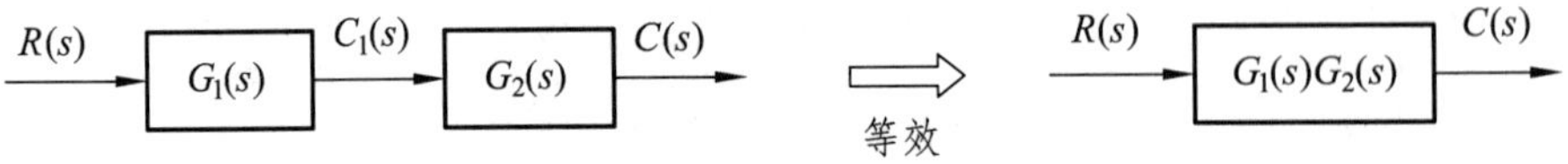

图 3.41　串联环节的等效变换

由此可知，串联环节的等效传递函数等于所有相串联环节的传递函数的乘积，即有

$$G(s) = \prod_{i=1}^{n} G_i(s) \tag{3.77}$$

式中，n 为相串联的环节数。

2）并联连接

凡有几个环节的输入相同，输出相加或相减的连接形式称为环节的并联（parallel connection）。图 3.42 所示为两个环节的并联，共同的输入为 $R(s)$，总输出为

$$C(s) = C_1(s) \pm C_2(s)$$

总的传递函数为

$$G(s) = \frac{C(s)}{R(s)} = \frac{C_1(s) \pm C_2(s)}{R(s)} = \frac{C_1(s)}{R(s)} \pm \frac{C_2(s)}{R(s)} = G_1(s) \pm G_2(s) \tag{3.78}$$

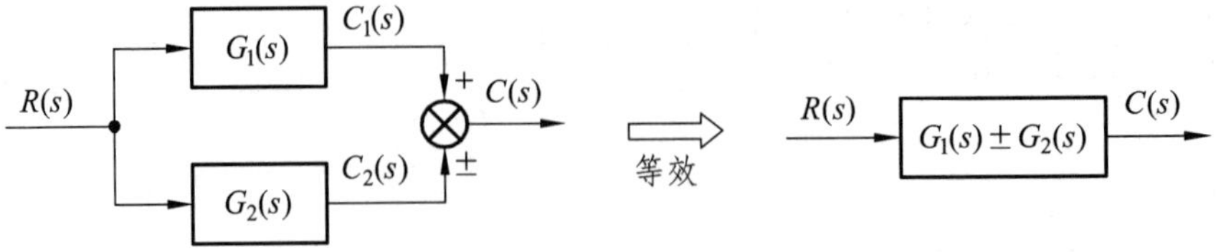

图 3.42　并联环节的等效变换

这说明并联环节所构成的总传递函数等于各并联环节传递函数之和（或差）。推广到 n 个环节并联，其总的传递函数等于各并联环节传递函数的代数和，即

$$G(s) = \sum_{i=1}^{n} G_i(s) \tag{3.79}$$

式中，n 为并联环节的个数。

3）反馈连接

两个传递函数方框反向并联，如图 3.43 所示，称为反馈连接（feedback connection）。图中反馈端的"$-$"号表示系统为负反馈连接，反之，若为"$+$"号则为正反馈连接。

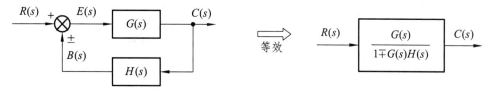

图 3.43 反馈连接的等效变换

由图 3.43 可知

$$C(s) = G(s)E(s)$$
$$E(s) = R(s) \pm B(s)$$

消去中间变量 $E(s)$ 和 $B(s)$ 得

$$B(s) = H(s)C(s)$$

$$C(s) = G(s)[R(s) \pm H(s)C(s)]$$

于是有

$$\phi(s) = \frac{C(s)}{R(s)} = \frac{G(s)}{1 \mp G(s)H(s)} \tag{3.80}$$

式中，"$-$"号对应正反馈连接，"$+$"号对应负反馈连接。今后在闭环系统的讨论中，无论结构图多么复杂，最终都要等效成式（3.80）的标准形式来讨论。

2. 方框图的等效变换法则

对于简单系统的方框图，利用上述三种等效变换法则，就可以较方便地求得其闭环传递函数。由于实际系统一般较为复杂，在系统的方框图中常出现传输信号的相互交叉，这样，就不能直接应用上述三种等效变换法则对系统化简。解决的办法是，先把相加点或分支点作合理的等效移动，其目的是解开方框图中的信号交叉；然后，应用等效法则对系统方框图进行化简。在对相加点或分支点作等效移动时，同样需要遵守各变量间传递函数保持不变的原则。表 3.3 中汇集了方框图等效变换法则，可供查用。

表 3.3　方框图简化的等效变换法则

序号	变换	原方框图	等效方框图
1	串联等效	$R \to \boxed{G_1(s)} \to \boxed{G_2(s)} \to C$	$R \to \boxed{G_1(s)G_2(s)} \to C$
2	并联等效	并联结构，R 分别经 $G_1(s)$ 和 $G_2(s)$，在相加点 $\pm$ 合成 C	$R \to \boxed{G_1(s)\pm G_2(s)} \to C$
3	反馈等效	$R \xrightarrow{\pm} \otimes \to \boxed{G_1(s)} \to C$，反馈经 $G_2(s)$	$R \to \boxed{\dfrac{G_1(s)}{1\mp G_1(s)G_2(s)}} \to C$
4	反馈单位化	$R \xrightarrow{+} \otimes \to \boxed{G_1(s)} \to C$，反馈经 $G_2(s)$，符号 $-$	$R \to \boxed{\dfrac{1}{G_2(s)}} \to \otimes \xrightarrow{+,-} \boxed{G_2(s)} \to \boxed{G_1(s)} \to C$
5	分支点后移	$R \to \bullet \to \boxed{G(s)} \to C$，分支引出 R	$R \to \boxed{G(s)} \to \bullet \to C$，分支经 $\boxed{\dfrac{1}{G(s)}} \to R$
6	分支点前移	$R \to \boxed{G(s)} \to \bullet \to C$，分支引出 C	$R \to \bullet$，上支 $\to \boxed{G(s)} \to C$，下支 $\to \boxed{G(s)} \to C$
7	相加点后移	$R \xrightarrow{+} \otimes \xrightarrow{\pm} \boxed{G(s)} \to C$，$Q$ 输入相加点	$R \to \boxed{G(s)} \to \otimes \xrightarrow{+,\pm} C$，$Q \to \boxed{G(s)} \to$ 相加点
8	相加点前移	$R \to \boxed{G(s)} \to \otimes \xrightarrow{+,\pm} C$，$Q$ 输入相加点	$R \xrightarrow{+} \otimes \xrightarrow{\pm} \boxed{G(s)} \to C$，$Q \to \boxed{\dfrac{1}{G(s)}} \to$ 相加点
9	交换或合并相加点	$R_1 \xrightarrow{+} \otimes \xrightarrow{\pm} E_1 \to \otimes \xrightarrow{\pm,+} C$，$R_2$、$R_3$ 输入	$R_1 \to \otimes \to \otimes \to C$（$R_3$、$R_2$ 输入）$=$ $R_1 \to \otimes \to C$（R_3、R_2 输入）

序号	变换	原方框图	等效方框图
10	交换或合并分支点		
11	交换相加点和分支点（一般不采用）		
12	符号在支路上的移动		

3. 方框图的简化

利用方框图等效变换的法则，可以使包含许多反馈回路的复杂结构图，通过整理和逐步地重新排列而得到简化。同时，由于系统的结构图是与其运动方程式相对应的，结构图的变换，也就引起方程中变量相应的变换。所以，系统结构图的简化过程就对应了运动方程中变量的相消过程。从而也说明，同一个方程式可以用不同的方法表示，同一个系统的结构图可能有多种形式。

下面给出化简方框图的一般步骤：

（1）确定系统的输入量和输出量。

（2）利用等效变换法则，把相互交叉的回路环分开，使其成为独立的小回路，整理成规范的串联、并联、反馈连接形式。

（3）将规范连接部分利用相应运算公式化简，然后更进一步组合整理，形成新的规范连接，依次化简，最终化成一个方框，该方框所表示的即为待求的总传递函数。一般应先解内回路，再逐步向外回路一环环简化，最后得到系统的闭环传递函数。

【例 3.26】 用方框图的等效变换法则，求图 3.44（a）所示系统的传递函数 $G(s) = \dfrac{C(s)}{R(s)}$。

解：简化过程可按如下步骤进行

（1）将图 3.44（a）中包含 H_2 的负反馈环的相加点前移，并交换相加点得到图 3.44（b）。

（2）图 3.44（b）中 H_1 正反馈环为独立小回路，可化简消去，得到图 3.44（c）。

（3）图 3.44（c）中 H_2/G_1 负反馈环为独立小回路，可化简消去，得到图 3.44（d）。

（4）图 3.44（d）为单位全反馈，化简得到图 3.44（e）。

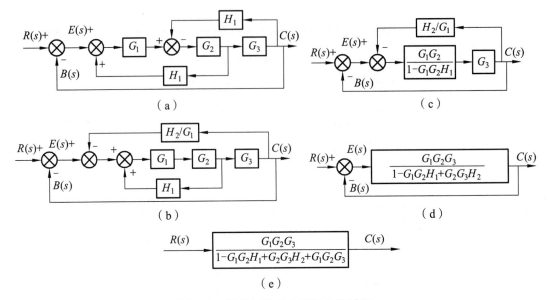

图 3.44　传递函数的方框图化简过程

需要指出的是，方框图的化简方法并非唯一。对本例而言，主要用的是相加点的移动。另外，还可以通过分支点的移动来化简。请读者考虑用其他方法化简。

在方框图简化过程中，可用以下两条原则检验等效的正确性：

（1）前向通道中传递函数的乘积保持不变。

（2）各反馈回路中传递函数的乘积保持不变。

例 3.26 中结构图的特点是各反馈回路具有两两相互交叉的结构特征，这样一类系统具有如下特点：

（1）整个方框图只有一条前向通道。

（2）各局部反馈回路间存在公共的传递函数方框。

可以将传递函数式表示如下：

$$G(s) = \frac{前向通道传递函数的乘积}{1 + \sum(每一反馈回路的传递函数的乘积)} \qquad (3.81)$$

其中，分母中各和项，负反馈回路取"＋"号，正反馈回路取"－"号。

若系统不能满足使用式（3.81）的两个条件，可先将其方框图化成满足使用条件的形式，然后应用式（3.81）求出闭环传递函数。

3.6.3　闭环系统的传递函数

控制系统在工作过程中一般会收到两类输入作用：一类是有用输入，或称给定输入、参考输入、理想输入等，常用 $r(t)$ 表示；另一类则是扰动，或称干扰，常用 $n(t)$ 表示。给定输入 $r(t)$ 通常加在系统的输入端；而干扰 $n(t)$ 一般作用在被控对象上，但也可能出现在其他元件上，甚至夹杂在输入信号中。为了尽可能消除干扰对系统输出的影响，一般采用反馈控制的方式，将系统设计成闭环系统。一个考虑扰动的反馈控制系统的方框图如图 3.45 所示。图中，$R(s)$ 为参考输入，$N(s)$ 为扰动信号。它代表了常见的闭环控制系统的一般形式。按照闭环系统传递函数的推导方法，可将式（3.80）推广到求闭环系统任意一对输入与输出之间的传递函数公式。基于后面学习需要，下面介绍几个系统传递函数的概念。

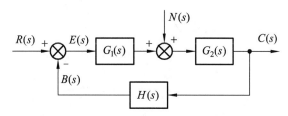

图 3.45　闭环控制系统典型结构

1. 系统的开环传递函数

开环传递函数（open-Loop transfer function）是前向通道传递函数与反馈通道传递函数的乘积，在图 3.45 中，将 $H(s)$ 的输出通路断开，得到反馈信号 $B(s)$ 与偏差信号 $E(s)$ 之比。

$$G(s) = \frac{B(s)}{E(s)} = G_1(s)G_2(s)H(s) \tag{3.82}$$

开环传递函数并不是开环系统的传递函数，而是指闭环系统在开环时的传递函数。

2. $r(t)$ 作用下系统的闭环传递函数

令 $N(s) = 0$，这时图 3.45 简化为图 3.46。图中 $C_R(s)$ 为 $R(s)$ 作用的输出。

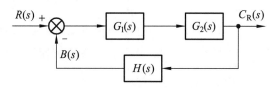

图 3.46　$r(t)$ 作用下的方框图

输出 $C_R(s)$ 对输入 $R(s)$ 的传递函数

$$\Phi_R(s) = \frac{C_R(s)}{R(s)} = \frac{G_1(s)G_2(s)}{1 + G_1(s)G_2(s)H(s)} \tag{3.83}$$

称 $\Phi_R(s)$ 为在输入信号 $r(t)$ 作用下系统的闭环传递函数（closed-loop transfer function）。

输入信号 $r(t)$ 作用下得到的输出

$$C_R(s) = \Phi_R(s)R(s) = \frac{G_1(s)G_2(s)}{1 + G_1(s)G_2(s)H(s)} R(s) \tag{3.84}$$

可见，当系统中只有 $r(t)$ 作用时，系统的输出完全取决于 $c_r(t)$ 对 $r(t)$ 的闭环传递函数及 $r(t)$ 的形式。

当反馈系统为单位反馈时，$H(s) = 1$，方框图 3.46 演变为图 3.47，则开环传递函数和前向通道传递函数一致。这种结构给理论研究带来很多方便，以后会经

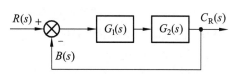

图 3.47　单位反馈系统方框图

常用到。它的闭环传递函数为

$$\Phi_{\mathrm{R}}(s) = \frac{C_{\mathrm{R}}(s)}{R(s)} = \frac{G_{\mathrm{K}}(s)}{1 + G_{\mathrm{K}}(s)} \tag{3.85}$$

3. $n(t)$ 作用下系统的闭环传递函数

令 $R(s) = 0$，图 3.45 简化为图 3.48。图中 $C_{\mathrm{N}}(s)$ 表示由扰动 $N(s)$ 作用引起的系统的输出。扰动作用下的闭环传递函数为

$$\Phi_{\mathrm{N}}(s) = \frac{C_{\mathrm{N}}(s)}{N(s)} = \frac{G_2(s)}{1 + G_1(s)G_2(s)H(s)} \tag{3.86}$$

扰动信号 $n(t)$ 作用下得到的输出

$$C_{\mathrm{N}}(s) = \Phi_{\mathrm{N}}(s)N(s) = \frac{G_2(s)}{1 + G_1(s)G_2(s)H(s)}N(s) \tag{3.87}$$

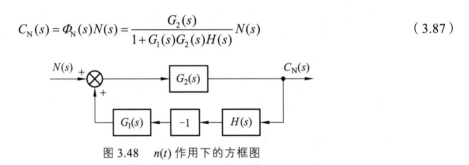

图 3.48　$n(t)$ 作用下的方框图

4. 系统的总输出

当系统同时受到 $R(s)$ 和 $N(s)$ 作用时，由叠加原理可知，系统总输出为它们单独作用于系统时的输出之和。由式（3.84）与式（3.87）相加，求得总的输出

$$\begin{aligned}C(s) &= C_{\mathrm{R}}(s) + C_{\mathrm{N}}(s)\\&= \frac{G_1(s)G_2(s)}{1 + G_1(s)G_2(s)H(s)}R(s) + \frac{G_2(s)}{1 + G_1(s)G_2(s)H(s)}N(s)\end{aligned} \tag{3.88}$$

如果系统中控制装置的参数设置能满足 $|G_1(s)G_2(s)H(s)| \gg 1$ 及 $|G_1(s)H(s)| \gg 1$，则系统的总输出表达式可近似为

$$C(s) \approx \frac{1}{H(s)}R(s) + 0 \cdot N(s)$$

即

$$R(s) - H(s)C(s) = R(s) - B(s) = E(s) \approx 0$$

这表明，采用反馈控制的系统，适当地匹配元部件的结构参数，有可能获得较高的工作精度和很强的抑制干扰的能力，同时又具备理想的复现、跟随指令输入的性能，这是反馈控制优于开环控制之处。

【例 3.27】　试确定图 3.49 所示系统的输出 $\Theta_{\mathrm{c}}(s)$。

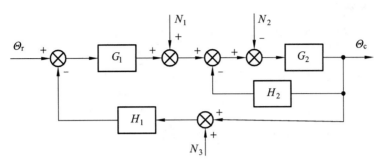

图 3.49 系统结构图（一）

解：（1）只考虑 $\varTheta_\mathrm{r}$ 作用于系统时，闭环系统传递函数

$$\varPhi_{\varTheta_\mathrm{r}}(s)=\frac{\varTheta_\mathrm{c}(s)}{\varTheta_\mathrm{r}(s)}=\frac{G_1\dfrac{G_2}{1+G_2H_2}}{1+G_1H_1\dfrac{G_2}{1+G_2H_2}}=\frac{G_1G_2}{1+G_2H_2+G_1G_2H_1}$$

（2）仅考虑 N_1 作用于系统时，闭环系统传递函数

$$\varPhi_{N_1}(s)=\frac{\varTheta_\mathrm{c}(s)}{N_1(s)}=\frac{\dfrac{G_2}{1+G_2H_2}}{1+G_1H_1\dfrac{G_2}{1+G_2H_2}}=\frac{G_2}{1+G_2H_2+G_1G_2H_1}$$

（3）仅考虑 N_2 作用于系统时，闭环系统传递函数

$$\varPhi_{N_2}(s)=\frac{\varTheta_\mathrm{c}(s)}{N_2(s)}=-\frac{G_2}{1+G_2H_2+G_1G_2H_1}=\frac{-G_2}{1+G_2H_2+G_1G_2H_1}$$

（4）仅考虑 N_3 作用于系统时，系统结构如图 3.50 所示。

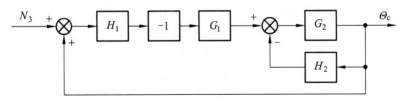

图 3.50 系统结构图（二）

该闭环系统传递函数

$$\varPhi_{N_3}(s)=\frac{\varTheta_\mathrm{c}(s)}{N_3(s)}=\frac{-H_1G_1\dfrac{G_2}{1+G_2H_2}}{1-\left(-H_1G_1\dfrac{G_2}{1+G_2H_2}\right)}=\frac{-G_1G_2H_1}{1+G_2H_2+G_1G_2H_1}$$

（5）系统的总输出为

$$\Theta_c(s) = \Phi_{\Theta_r}(s)\Theta_r(s) + \Phi_{N_1}(s)N_1(s) + \Phi_{N_2}(s)N_2(s) + \Phi_{N_3}(s)N_3(s)$$

$$= \frac{G_1G_2}{1+G_2H_2+G_1G_2H_1}\Theta_r + \frac{G_2}{1+G_2H_2+G_1G_2H_1}N_1 -$$

$$\frac{G_2}{1+G_2H_2+G_1G_2H_1}N_2 - \frac{G_1G_2H_1}{1+G_2H_2+G_1G_2H_1}N_3$$

$$= \frac{G_1G_2\Theta_r + G_2N_1 - G_2N_2 - G_1G_2H_1N_3}{1+G_2H_2+G_1G_2H_1}$$

5. 闭环系统的误差传递函数

在系统分析时，除了要认识输出量的变化规律之外，还经常了解控制过程中误差的变化规律。因为控制误差的大小，直接反映了系统工作的精度。故需要寻求误差和系统的控制信号 $R(s)$ 及干扰作用 $N(s)$ 之间的数学模型。

1）$R(s)$ 作用下的误差传递函数

令 $N(s)=0$ 时，$R(s)$ 与 $E(s)$ 之间的结构图可由图 3.45 转换而来，如图 3.51 所示。

图 3.51　$R(s)$ 作用下的误差输出结构图

则误差传递函数为

$$\Phi_{ER}(s) = \frac{E(s)}{R(s)} = \frac{1}{1+G_1(s)G_2(s)H(s)} \tag{3.89}$$

2）$N(s)$ 作用下的误差传递函数

令 $R(s)=0$ 时，$N(s)$ 与 $E(s)$ 之间的结构图可表示为图 3.52 所示。

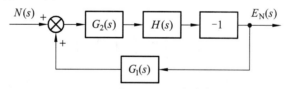

图 3.52　$N(s)$ 作用下的误差输出结构图

此时的误差传递函数为

$$\Phi_{EN}(s) = \frac{E(s)}{N(s)} = \frac{-G_2(s)H(s)}{1+G_1(s)G_2(s)H(s)} \tag{3.90}$$

3）系统的总误差

根据叠加原理可得总误差为

$$E(s) = \Phi_{ER}(s)R(s) + \Phi_{EN}(s)N(s) \tag{3.91}$$

6. 闭环系统的特征方程

将上面导出的 4 个传递函数表达式（3.83）、式（3.86）、式（3.89）、式（3.90）对比，可以看出它们虽然各不相同，但分母却是一样的，均为 "$1+G_1(s)G_2(s)H(s)$"，这就是闭环控制系统各种传递函数的规律性，即传递函数的分母体现了系统与外界无关的固有特性。令

$$D(s)=1+G_1(s)G_2(s)H(s)=0 \tag{3.92}$$

称其为闭环系统的特征方程。如果将式（3.92）改写成如下形式

$$a_0s^n+a_1s^{n-1}+\cdots+a_{n-1}s+a_n=(s+p_1)(s+p_2)\cdots(s+p_n)=0 \tag{3.93}$$

则 $-p_1,-p_2,\cdots,-p_n$ 称为特征方程的根，或称为闭环系统的极点。特征方程的根是一个非常重要的参数，因为它与控制系统的瞬态响应和系统的稳定性密切相关。

3.7 控制系统的信号流图

3.7.1 信号流图

方框图是图解表示控制系统经常采用的一种有效工具，但是当系统很复杂时，方框图的简化过程也很复杂。信号流图是另一种表示复杂系统中变量之间关系的方法，这种方法是由美国数学家 S. J. Mason（梅逊）首先提出的，应用这种方法时，不必对信号流图进行简化，而根据统一的公式，就能方便地求出系统的传递函数。

信号流图（signal flow graphs）是一种表示一组联立线性代数方程的图。从描述系统的角度看，它描述了信号从系统中一点流向另一点的情况，并且表明了各信号之间的关系，包含了结构图所包含的全部信息，与结构图一一对应。

下面通过图 3.53 的信号流图示例，说明信号流图的表示方法。

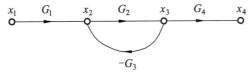

图 3.53　信号流图

信号流图是由节点（node）和支路（branch）组成的信号传递网络。系统中所有的信号用节点表示，在信号流图上以符号 "。" 表示，并在它旁边注明信号变量，如图 3.53 中的 x_1、x_2、x_3、x_4 均为信号节点，节点又可分为：

（1）输入节点：只有输出支路的节点称为输入节点，如 x_1，它一般表示系统的输入变量。

（2）输出节点：只有输入支路的节点称为输出节点，如 x_4，它一般表示系统的输出变量。

（3）混合节点：既有输入支路又有输出支路的节点称为混合节点，如 x_2 和 x_3。在混合节点处，如果有多个输入支路，则它们相加后成为混合节点的值，而所有从混合节点输出的支路都取该值。

支路是连接两个节点的定向线段，用符号 " → " 表示，在支路上标明节点间的传递关系，

图 3.53 中 G_1、G_2、$-G_3$、G_4 分别表示各条支路上的传递函数。图中信号由 $x_2 \to x_3 \to x_2$ 构成闭路称为一个回路，回路中各支路传递函数的乘积称为回路传递函数。图 3.53 中回路传递函数为 $-G_2G_3$。若系统中包含若干个回路，回路间没有任何公共节点者，称为不接触回路。

与图 3.53 等价的方框图为图 3.54，相应系统的方程式如下：

$$\begin{cases} x_2 = G_1x_1 - G_3x_3 \\ x_3 = G_2x_2 \\ x_4 = G_4x_3 \end{cases} \tag{3.94}$$

信号流图中节点表示的量，在电网络系统中可以代表电压或电流等，在机械系统中可以代表位移、力、速度等。

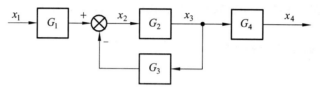

图 3.54　与图 3.53 等价的方框图

3.7.2　梅逊公式

从输入到输出的总传递函数，可以由信号流图逐次化简求得，也可以用梅逊公式（Mason's Gain Formula）直接计算得到。梅逊公式可表示为

$$T = \frac{\sum_n t_n \Delta_n}{\Delta} \tag{3.95}$$

式中　T——总传递函数；

t_n——第 n 条前向通路的传递函数；

Δ——信号流图的特征式。

$$\Delta = 1 - \sum_i L_{1i} + \sum_j L_{2j} - \sum_k L_{3k} + \cdots \tag{3.96}$$

式中　L_{1i}——第 i 条回路的传递函数；

$\sum_i L_{1i}$——系统中所有回路传递函数的总和；

L_{2j}——两个互不接触回路传递函数的乘积；

$\sum_j L_{2j}$——系统中每两个互不接触回路传递函数乘积之和；

L_{3k}——三个互不接触回路传递函数的乘积；

$\sum_k L_{3k}$——系统中每三个互不接触回路传递函数乘积之和；

Δ_n——为第 n 条前向通路特征式的余因子，即在信号流图的特征式 Δ 中，将与第 n 条前向通路相接触的回路传递函数代之以零后求得的 Δ，即为 Δ_n。

应该指出的是，上面求和的过程，是在从输入节点到输出节点的全部可能通路上进行的。下面我们通过两个例子，说明梅逊公式的应用。

【例 3.28】 图 3.55 为一系统的方框图，其对应的信号流图如图 3.56 所示，试利用梅逊公式求闭环传递函数。

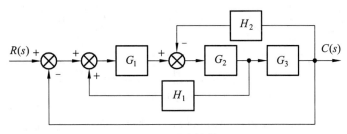

图 3.55 系统结构图

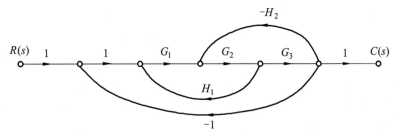

图 3.56 与图 3.55 等价的信号流图

解：在这个系统中，输入量 $R(s)$ 和输出量 $C(s)$ 之间只有一条前向通路。前向通路的传递函数为

$$t_1 = G_1 \cdot G_2 \cdot G_3$$

从图 3.56 可以看出，这里有 3 条单独回路，这些回路的传递函数为

$$L_1 = G_1 \cdot G_2 \cdot H_1$$

$$L_2 = -G_2 \cdot G_3 \cdot H_2$$

$$L_3 = -G_1 \cdot G_2 \cdot G_3$$

因为 3 条回路具有 1 条公共支路，所以这里没有不接触的回路。因此特征式 Δ 为

$$\Delta = 1 - (L_1 + L_2 + L_3) = 1 - G_1 G_2 H_1 + G_2 G_3 H_2 + G_1 G_2 G_3$$

沿连接输入节点和输出节点的前向通路，其对应的特征式的余因子 Δ_1，可以通过除去与该通路接触的回路的方法而得到。因为该前向通路与三个回路都接触，所以我们得到

$$\Delta_1 = 1$$

因此，输入量 $R(s)$ 与输出量 $C(s)$ 之间的总传递函数（即闭环传递函数）为

$$\frac{C(s)}{R(s)} = \frac{t_1 \Delta_1}{\Delta} = \frac{G_1 G_2 G_3}{1 - G_1 G_2 H_1 + G_2 G_3 H_2 + G_1 G_2 G_3}$$

【例 3.29】 图 3.57 所示为系统的信号流图，应用梅逊公式求总的传递函数。

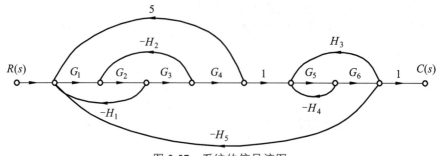

图 3.57 系统的信号流图

解： 在这个系统中，输入量 $R(s)$ 和输出量 $C(s)$ 之间，有 1 条前向通路：

$$t_1 = G_1 \cdot G_2 \cdot G_3 \cdot G_4 \cdot G_5 \cdot G_6$$

系统有 6 条单独回路：

$$L_1 = -G_1 G_2 H_1$$
$$L_2 = -G_2 G_3 H_2$$
$$L_3 = -G_5 H_4$$
$$L_4 = G_5 G_6 H_3$$
$$L_5 = -G_1 G_2 G_3 G_4$$
$$L_6 = -G_1 G_2 G_3 G_4 G_5 G_6 H_5$$

6 对回路互不接触：

$$L_1 L_3 = G_1 G_2 G_5 H_1 H_4$$
$$L_2 L_3 = G_2 G_3 G_5 H_2 H_4$$
$$L_1 L_4 = -G_1 G_2 G_5 G_6 H_1 H_3$$
$$L_2 L_4 = -G_2 G_3 G_5 G_6 H_2 H_3$$
$$L_3 L_5 = G_1 G_2 G_3 G_4 G_5 H_4$$
$$L_4 L_5 = -G_1 G_2 G_3 G_4 G_5 G_6 H_3$$

因此信号流图的特征式为

$$\Delta = 1 - \sum_{i=1}^{6} L_i + L_1 L_3 + L_2 L_3 + L_1 L_4 + L_2 L_4 + L_3 L_5 + L_4 L_5$$
$$= (1 + G_1 G_2 H_1 + G_2 G_3 H_2 + G_1 G_2 G_3 G_4)(1 + G_5 H_4 - G_5 G_6 H_3) + G_1 G_2 G_3 G_4 G_5 G_6 H_5$$

前向通路特征式的余因子为

$$\Delta_1 = 1 \quad (\text{与 } t_1 \text{ 相接触的所有回路传递函数代之以零的 } \Delta \text{ 值})$$

系统的传递函数为

$$\frac{C(s)}{R(s)} = \frac{t_1 \Delta_1}{\Delta}$$

$$= \frac{G_1 G_2 G_3 G_4 G_5 G_6}{(1 + G_1 G_2 H_1 + G_2 G_3 H_2 + G_1 G_2 G_3 G_4)(1 + G_5 H_4 - G_5 G_6 H_3) + G_1 G_2 G_3 G_4 G_5 G_6 H_5}$$

3.8　系统的状态空间描述

前面介绍的微分方程模型和传递函数模型都是输入、输出模型。这种用输入、输出描述法建模来描述系统动态特性的方法，对单输入、单输出（单变量）线性定常系统相当简便实用。

但是，传递函数模型仅适用于线性时不变系统，而且对于多变量系统来说，传递函数矩阵强调输入/输出关系，因而使频域方法的应用受到限制。而以状态空间方法为基础形成的现代控制理论，不仅适用于单输入、单输出系统，也适用于多输入、多输出系统。

状态空间方法采用时域状态变量（状态空间）方法来描述和研究系统的动态行为。该方法可在任何初始条件下揭示系统的动态行为，它不仅能描述系统输入输出之间的关系，而且能揭示系统内部的动态行为。状态空间方法是用向量微分方程来描述系统，它可以使系统的数学表达式简洁明了，并且易于用计算机求解。

3.8.1　状态、状态变量与状态方程

将一个控制系统的运动状态简称为状态，通常用系统中的一些物理量，如电压、电流、温度、压力、速度、位移等来表示。在系统动态过程中，这些物理量都是随时间变化的变量，因此要用微分方程来描述其动态关系。

例如，对于只有一个变量 x 的简单系统，可以写出以下动态方程

$$\frac{\mathrm{d}x}{\mathrm{d}t} = f(x,t) \tag{3.97}$$

对于图 3.58 所示的 RLC 串联电路，其状态可以用下列方程描述

$$\begin{cases} \dfrac{\mathrm{d}u_\mathrm{c}}{\mathrm{d}t} = \dfrac{i}{C} \\ \dfrac{\mathrm{d}i}{\mathrm{d}t} = \dfrac{1}{L}(-u_\mathrm{c} - Ri + u_\mathrm{r}) \end{cases} \tag{3.98}$$

由式（3.98）可见，如果已知 $u_\mathrm{c}(t)$ 和 $i(t)$ 的初始值，以及在 $t \geqslant t_0$ 时的外施电压 $u_\mathrm{r}(t)$，就可以确定此电路的运动状态。可以认为 $u_\mathrm{c}(t)$ 和 $i(t)$ 为此电路的状态变量。

在一般情况下，若系统中有 n 个独立的变量，那么，要描述系统的运动状态，就要列出 n 个变量的动态方程。

下面给出有关状态空间描述的几个概念。

状态（state）：系统的状态是指系统的动态状况。例如，对于图 3.58 所示的系统，其动态状况就是电路在每一时刻的电流和电压。

状态变量（state variables）：系统的状态变量是能完全确定系统状态的最小数目的一组变量，例如 $x_1(t), x_2(t), \cdots, x_n(t)$。只要知道了这组变量的初始值（即初始状态）和 $t \geqslant t_0$ 时的外施作用（外加输入信号），就能够完全唯一地确定在 $t \geqslant t_0$ 的任何时间的系统状态。

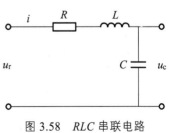

图 3.58　RLC 串联电路

状态向量（state vector）：设描述一个系统有 n 个状态变量，如 $x_1(t), x_2(t), \cdots, x_n(t)$，用这 n 个状态变量作为分量所构成的向量 $X(t)$ 就叫作该系统的状态向量。

状态空间（state space）：状态向量 $X(t)$ 的所有可能值的集合所在的空间称为状态空间，或者说，由 x_1 轴，x_2 轴，$\cdots$，x_n 轴所组成的 n 维空间就称为状态空间。系统在任一时刻的状态都可用状态空间中的一点来表示。

状态方程（state equation）：描述系统的状态变量与系统输入之间关系的一阶微分方程组称为状态方程。

输出方程（output equation）：将系统的输出变量表示成状态变量和输入变量的线性组合的代数方程。

【例 3.30】 试确定图 3.58 所示的 RLC 直流电路的状态变量与状态方程。

解： 根据基尔霍夫电压定律可得系统的微分方程

$$L\frac{\mathrm{d}i}{\mathrm{d}t} + Ri + \frac{1}{C}\int i\,\mathrm{d}t = u_{\mathrm{r}} \tag{3.99}$$

现选择 i 和 u_{c} 作为状态变量，则式（3.99）可写成

$$LC\frac{\mathrm{d}^2 u_{\mathrm{c}}}{\mathrm{d}t^2} + RC\frac{\mathrm{d}u_{\mathrm{c}}}{\mathrm{d}t} + u_{\mathrm{c}} = u_{\mathrm{r}} \tag{3.100}$$

令状态变量

$$\left.\begin{array}{l} x_1 = i = C\dfrac{\mathrm{d}u_{\mathrm{c}}}{\mathrm{d}t} \\[2mm] x_2 = u_{\mathrm{c}} \end{array}\right\} \tag{3.101}$$

令输入变量

$$u_{\mathrm{r}} = u \tag{3.102}$$

则式（3.99）可写成

$$Lx_1' + Rx_1 + x_2 = u \tag{3.103}$$

将式（3.101）及式（3.103）整理后，得

$$\left.\begin{array}{l} x_1' = -\dfrac{R}{L}x_1 - \dfrac{1}{L}x_2 + \dfrac{1}{L}u \\[2mm] x_2' = \dfrac{1}{C}x_1 \end{array}\right\} \tag{3.104}$$

式（3.104）就是图 3.58 所示系统的状态方程，写成矩阵形式，有

$$\begin{bmatrix} x_1' \\ x_2' \end{bmatrix} = \begin{bmatrix} -\dfrac{R}{L} & -\dfrac{1}{L} \\[2mm] \dfrac{1}{C} & 0 \end{bmatrix}\begin{bmatrix} x_1 \\ x_2 \end{bmatrix} + \begin{bmatrix} \dfrac{1}{L} \\[2mm] 0 \end{bmatrix}u \tag{3.105}$$

如令

$$X' = \begin{bmatrix} x_1' \\ x_2' \end{bmatrix}, \quad X = \begin{bmatrix} x_1 \\ x_2 \end{bmatrix}, \quad A = \begin{bmatrix} -\dfrac{R}{L} & -\dfrac{1}{L} \\ -\dfrac{1}{C} & 0 \end{bmatrix}, \quad B = \begin{bmatrix} \dfrac{1}{L} \\ 0 \end{bmatrix}$$

则式（3.105）化为

$$X' = AX + Bu \tag{3.106}$$

若指定 $x_2 = u_c$ 作为输出量，则该系统的输出方程为

$$y = x_2$$

将上式写成矩阵形式，有

$$y = \begin{bmatrix} 0 & 1 \end{bmatrix} \begin{bmatrix} x_1 \\ x_2 \end{bmatrix} \tag{3.107}$$

如令

$$C = \begin{bmatrix} 0 & 1 \end{bmatrix}, \quad X = \begin{bmatrix} x_1 \\ x_2 \end{bmatrix}$$

则式（3.107）化为

$$y = CX \tag{3.108}$$

状态方程与输出方程一起，构成对系统动态的完整描述，称为系统的状态空间表达式或系统的动态方程。

3.8.2　线性系统的状态方程描述

总结例 3.29 中求解过程可得到状态方程的求法，并且可以看出写状态方程的一般步骤：

（1）根据实际系统各变量所遵循的运动规律，写出它的运动的微分方程。

（2）选择适当的状态变量，把运动的微分方程化为关于状态变量的一阶微分方程组。

1. 单变量系统的状态方程描述

用状态空间描述系统的动态行为时，所采用的状态空间表达式，是输入-状态-输出之间关系的数学表达式，包括状态方程和输出方程。

1）状态方程

现考虑一个单变量的线性定常系统，其运动方程是一个 n 阶的常系数线性微分方程

$$y^{(n)} + a_1 y^{(n-1)} + \cdots + a_{n-1} y' + a_n y = b_0 u^{(m)} + b_1 u^{(m-1)} + \cdots + b_{m-1} u' + b_m u \tag{3.109}$$

其中 y 为输出量，u 为输入量，且 $n \geq m$。

若输入函数不含导数项，则系统的运动方程为

$$y^{(n)} + a_1 y^{(n-1)} + \cdots + a_{n-1} y' + a_n y = b_m u \tag{3.110}$$

若取 $y(t)$，$y'(t)$，$\cdots$，$y^{(n-1)}(t)$ 这 n 个变量作为系统的一组状态变量，将这些变量相应记为

$$\left.\begin{array}{l} x_1 = y \\ x_2 = y' \\ \cdots \\ x_n = y^{(n-1)} \end{array}\right\} \tag{3.111}$$

由此可见，这些状态变量依次是变量 y 的各阶导数，满足此条件的变量常称为相变量。采用相变量作为状态变量，式（3.110）可改写为

$$\left.\begin{array}{l} x_1' = x_2 \\ x_2' = x_3 \\ \cdots \\ x_{n-1}' = x_n \\ x_n' = -a_n x_1 - a_{n-1} x_2 - \cdots - a_1 x_n + b_m u \end{array}\right\} \tag{3.112}$$

将上式改写成矩阵形式，有

$$\begin{bmatrix} x_1' \\ x_2' \\ \vdots \\ x_{n-1}' \\ x_n' \end{bmatrix} = \begin{bmatrix} 0 & 1 & 0 & \cdots & 0 \\ 0 & 0 & 1 & \cdots & 0 \\ \vdots & \vdots & \vdots & & \vdots \\ 0 & 0 & 0 & \cdots & 1 \\ -a_n & -a_{n-1} & -a_{n-2} & \cdots & -a_1 \end{bmatrix} \begin{bmatrix} x_1 \\ x_2 \\ \vdots \\ x_{n-1} \\ x_n \end{bmatrix} + \begin{bmatrix} 0 \\ 0 \\ \vdots \\ 0 \\ b_m \end{bmatrix} u \tag{3.113}$$

上式可进一步简写为

$$X' = AX + Bu \tag{3.114}$$

式中，$A = \begin{bmatrix} 0 & 1 & 0 & \cdots & 0 \\ 0 & 0 & 1 & \cdots & 0 \\ \vdots & \vdots & \vdots & & \vdots \\ 0 & 0 & 0 & \cdots & 1 \\ -a_n & -a_{n-1} & -a_{n-2} & \cdots & -a_1 \end{bmatrix}$，$B = \begin{bmatrix} 0 \\ 0 \\ \vdots \\ 0 \\ b_m \end{bmatrix}$。

式（3.113）或式（3.114）便是 n 阶线性定常单输入单输出系统的状态方程。

状态方程中矩阵 A 具有一种特殊形式，称为友矩阵。矩阵 B 为 $n \times 1$ 矩阵，其特点是：除最后一个元素外其余各个元素均为零。利用 A、B 矩阵的特点，可以直接根据输入、输出微分方程写出状态方程。

2）输出方程

若指定 x_1 作为输出量，则系统输出方程的矩阵形式为

$$y = \begin{bmatrix} 1 & 0 & \cdots & 0 \end{bmatrix} \begin{bmatrix} x_1 \\ x_2 \\ \vdots \\ x_n \end{bmatrix} \tag{3.115}$$

或简写成

$$y = CX \qquad\qquad (3.116)$$

式中，$C = \begin{bmatrix} 1 & 0 & \cdots & 0 \end{bmatrix}$，$X = \begin{bmatrix} x_1 & x_2 & \cdots & x_n \end{bmatrix}'$。

3）状态空间表达式

状态方程和输出方程结合起来，构成对一个系统动态的完整描述，称为系统状态空间表达式，或称动态方程。写成

$$\begin{cases} X' = AX + Bu \\ y = CX \end{cases} \qquad\qquad (3.117)$$

4）状态变量图

同传递函数方框图相类似，系统的状态方程和输出方程也可以用方框图表示。对于式（3.113）和式（3.115）所描述的单输入单输出系统，其传递函数方框图如图 3.59 所示。图中，单线箭头表示标量信号，双线箭头表示向量信号。

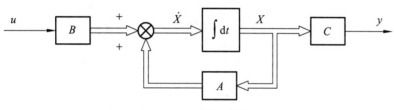

图 3.59　系统方框图

【例 3.31】　系统微分方程式为

$$y''' + 6y'' + 41y' + 7y = 6u$$

求此系统的状态空间表达式。

解：系统的输入和输出变量分别为 u 和 y。原方程式是三阶的，选三个状态变量 x_1，x_2 和 x_3，分别为 y，y' 和 y''。由式（3.113）和式（3.115）得此系统的状态方程和输出方程分别为

$$\begin{bmatrix} x_1' \\ x_2' \\ x_3' \end{bmatrix} = \begin{bmatrix} 0 & 1 & 0 \\ 0 & 0 & 1 \\ -7 & -41 & -6 \end{bmatrix} \begin{bmatrix} x_1 \\ x_2 \\ x_3 \end{bmatrix} + \begin{bmatrix} 0 \\ 0 \\ 6 \end{bmatrix} u$$

$$y = \begin{bmatrix} 1 & 0 & 0 \end{bmatrix} \begin{bmatrix} x_1 \\ x_2 \\ x_3 \end{bmatrix}$$

2. 多变量系统的状态方程描述

更为一般的情况是，当系统的物理框图为图 3.60 所示的多输入多输出系统时，可写出下列 n 个一阶微分方程

$$\begin{cases} x'_1 = a_{11}x_1 + a_{12}x_2 + \cdots + a_{1n}x_n + b_{11}u_1 + \cdots + b_{1r}u_r \\ x'_2 = a_{21}x_1 + a_{22}x_2 + \cdots + a_{2n}x_n + b_{21}u_1 + \cdots + b_{2r}u_r \\ \qquad\qquad\qquad\qquad \cdots \\ x'_n = a_{n1}x_1 + a_{n2}x_2 + \cdots + a_{nn}x_n + b_{n1}u_1 + \cdots + b_{nr}u_r \end{cases}$$

（3.118）

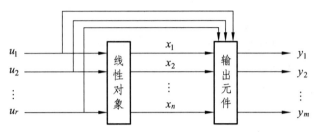

图 3.60　多输入多输出系统

或改写为矩阵方程

$$X' = AX + BU \tag{3.119}$$

式中，$X = \begin{bmatrix} x_1 \\ x_2 \\ \vdots \\ x_n \end{bmatrix}$ 为 n 维状态向量，$U = \begin{bmatrix} u_1 \\ u_2 \\ \vdots \\ u_r \end{bmatrix}$ 为 r 维控制向量，$A = \begin{bmatrix} a_{11} & a_{12} & \cdots & a_{1n} \\ a_{21} & a_{22} & \cdots & a_{2n} \\ \vdots & \vdots & & \vdots \\ a_{n1} & a_{n2} & \cdots & a_{nn} \end{bmatrix}$ 为 $n \times n$ 系

统矩阵，$B = \begin{bmatrix} b_{11} & b_{12} & \cdots & b_{1r} \\ b_{21} & b_{22} & \cdots & b_{2r} \\ \vdots & \vdots & & \vdots \\ b_{n1} & b_{n2} & \cdots & b_{nr} \end{bmatrix}$ 为 $n \times r$ 控制矩阵。

系统的输出矢量一般是状态矢量 X 和控制矢量 U 的函数，故线性定常系统的输出方程为

$$Y = CX + DU \tag{3.120}$$

式中，$Y = \begin{bmatrix} y_1 \\ y_2 \\ \vdots \\ y_m \end{bmatrix}$ 为 m 维输出向量，$C = \begin{bmatrix} c_{11} & c_{12} & \cdots & c_{1n} \\ c_{21} & c_{22} & \cdots & c_{2n} \\ \vdots & \vdots & & \vdots \\ c_{m1} & c_{m2} & \cdots & c_{mn} \end{bmatrix}$ 为 $m \times n$ 输出矩阵，$D = \begin{bmatrix} d_{11} & d_{12} & \cdots & d_{1r} \\ d_{21} & d_{22} & \cdots & d_{2r} \\ \vdots & \vdots & & \vdots \\ d_{m1} & d_{m2} & \cdots & d_{mr} \end{bmatrix}$

为 $m \times r$ 直接传递矩阵。

由式（3.119）和式（3.120）确定的系统方框图如图 3.61。

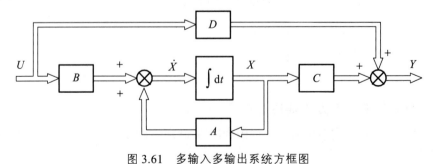

图 3.61　多输入多输出系统方框图

3.8.3 传递函数与状态方程

既然一个线性定常系统既可以用传递函数描述，也可以用状态方程描述，两者之间必然有内在的联系。下面以单输入单输出系统为例，分析系统的传递函数与状态方程之间的关系。

设所要研究的系统传递函数为

$$\frac{Y(s)}{U(s)} = \frac{b_n s^n + b_{n-1}s^{n-1} + \cdots + b_1 s + b_0}{s^n + a_{n-1}s^{n-1} + \cdots + a_1 s + a_0} \tag{3.121}$$

上式分子分母阶次相同，称为正则型。如果分子阶次低于分母阶次，则称为严格正则型，大多数实际系统为严格正则型。

式（3.121）的分子分母相除后可写成如下形式

$$\frac{Y(s)}{U(s)} = \frac{b'_{n-1}s^{n-1} + b'_{n-2}s^{n-2} + \cdots + b'_1 s + b'_0}{s^n + a_{n-1}s^{n-1} + \cdots + a_1 s + a_0} + b_n \tag{3.122}$$

式中，$b'_{n-1} = b_{n-1} - b_n a_{n-1}, b'_{n-2} = b_{n-2} - b_n a_{n-2}, \cdots, b'_1 = b_1 - b_n a_1, b'_0 = b_0 - b_n a_0$

令式（3.122）中分数部分为

$$\frac{Z(s)}{U(s)} = \frac{b'_{n-1}s^{n-1} + b'_{n-2}s^{n-2} + \cdots + b'_1 s + b'_0}{s^n + a_{n-1}s^{n-1} + \cdots + a_1 s + a_0} \tag{3.123}$$

上式为严格正则型传递函数，将式（3.123）代入式（3.122）得

$$Y(s) = Z(s) + b_n U(s) \tag{3.124}$$

引入中间变量 $X_1(s)$，使

$$\frac{Z(s)}{U(s)} = \frac{Z(s)}{X_1(s)} \cdot \frac{X_1(s)}{U(s)}$$

令

$$\frac{Z(s)}{X_1(s)} = b'_{n-1}s^{n-1} + b'_{n-2}s^{n-2} + \cdots + b'_1 s + b' \tag{3.125}$$

$$\frac{X_1(s)}{U(s)} = \frac{1}{s^n + a_{n-1}s^{n-1} + \cdots + a_1 s + a_0} \tag{3.126}$$

从式（3.125）和式（3.126）可得两个微分方程

$$z = b'_{n-1}x_1^{(n-1)} + b'_{n-2}x_1^{(n-2)} + \cdots + b'_1 x'_1 + b'_0 x_1 \tag{3.127}$$

$$x_1^{(n)} + a_{n-1}x_1^{(n-1)} + \cdots + a_1 x'_1 + a_0 x_1 = u \tag{3.128}$$

选取 n 个状态变量 $x_i (i = 1, 2, \cdots, n)$ 为

$$x_1 = x_1, \quad x_2 = \dot{x}_1, \quad x_3 = \ddot{x}_1, \quad \cdots, \quad x_n = x_1^{(n-1)}$$

则可得系统的状态方程为

$$\begin{cases} \dot{x}_1 = x_2 \\ \dot{x}_2 = x_3 \\ \quad \cdots \\ \dot{x}_{n-1} = x_n \\ \dot{x}_n = -a_0 x_1 - a_1 x_2 - \cdots - a_{n-1} x_n + u \end{cases} \qquad (3.129)$$

由式（3.124）和式（3.127），得输出方程为

$$y = b_0' x_1 + b_1' x_2 + \cdots + b_{n-1}' x_n + b_n u \qquad (3.130)$$

将状态方程和输出方程写成向量-矩阵形式，即

$$\begin{cases} \dot{X} = AX + BU \\ Y = CX + DU \end{cases} \qquad (3.131)$$

式中，$X = \begin{bmatrix} x_1 \\ x_2 \\ \vdots \\ x_n \end{bmatrix}$, $A = \begin{bmatrix} 0 & 1 & 0 & \cdots & 0 \\ 0 & 0 & 1 & \cdots & 0 \\ \vdots & \vdots & \vdots & & \vdots \\ -a_0 & -a_1 & -a_3 & \cdots & -a_{n-1} \end{bmatrix}$, $B = \begin{bmatrix} 0 \\ 0 \\ \vdots \\ 1 \end{bmatrix}$, $C = \begin{bmatrix} b_0' & b_1' & \cdots & b_{n-1}' \end{bmatrix}$, $D = b_n$。

【例 3.32】 系统传递函数为

$$\frac{Y(s)}{U(s)} = \frac{2s + 6}{s^3 + 2s^2 + 3s + 4}$$

写出它的状态空间表达式。

解：将系统传递函数与式（3.123）比较，得

$$n = 3, \quad a_0 = 4, \quad a_1 = 3, \quad a_2 = 2$$
$$b_0' = b_0 = 6, \quad b_1' = b_1 = 2, \quad b_2 = b_3 = 0$$

将其代入式（3.131），得系统状态空间表达式为

$$\dot{X} = \begin{bmatrix} \dot{x}_1 \\ \dot{x}_2 \\ \dot{x}_3 \end{bmatrix} = \begin{bmatrix} 0 & 1 & 0 \\ 0 & 0 & 1 \\ -4 & -3 & -2 \end{bmatrix} \begin{bmatrix} x_1 \\ x_2 \\ x_3 \end{bmatrix} + \begin{bmatrix} 0 \\ 0 \\ 1 \end{bmatrix} u$$

$$y = \begin{bmatrix} 6 & 2 & 0 \end{bmatrix} \begin{bmatrix} x_1 \\ x_2 \\ x_3 \end{bmatrix}$$

练 习 题

1. 求图 3.62 所示系统的微分方程。

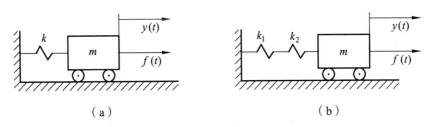

（a）   （b）

图 3.62

2. 求图 3.63 所示 3 个机械系统的传递函数。图中，x_r 表示输入位移，x_c 表示输出位移。假设输出端的负载效应可以忽略。

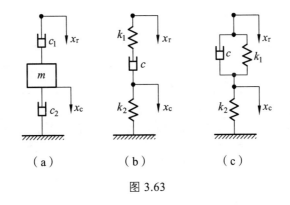

（a）   （b）   （c）

图 3.63

3. 证明图 3.64（a）和图 3.64（b）所示两个系统是相似系统。

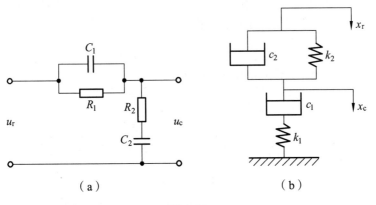

（a）   （b）

图 3.64

4. 在图 3.65 所示的无源网络中，已知 $R_1 = 100 \text{ k}\Omega$，$R_2 = 1 \text{ M}\Omega$，$C_1 = 10 \text{ μF}$，$C_2 = 1 \text{ μF}$ 试求网络的传递函数 $U_c(s)/U_r(s)$，并说明该网络是否等效于 RC 网络串联。

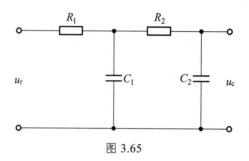

图 3.65

5. 已知一系统由如下方程组组成，试绘制系统结构图并求闭环传递函数 $C(s)/R(s)$。

$$X_1(s) = G_1(s)R(s) - G_1(s)[G_7(s) - G_8(s)]C(s)$$

$$X_2(s) = G_2(s)[X_1(s) - G_6(s)X_3(s)]$$

$$X_3(s) = [X_2(s) - G_5(s)C(s)]G_3(s)$$

$$C(s) = G_4(s)X_3(s)$$

6. 试简化图 3.66 所示系统结构图，并求出相应的传递函数 $C(s)/R(s)$ 和 $C(s)/N(s)$。

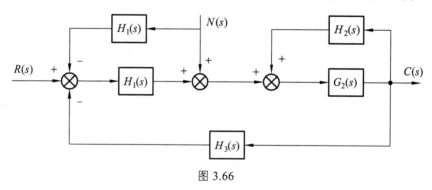

图 3.66

7. 已知某系统的传递函数方框图如图 3.67 所示，其中，$R(s)$ 为输入，$C(s)$ 为输出，$N(s)$ 为干扰。试求，$G(s)$ 为何值时，系统可以消除干扰的影响。

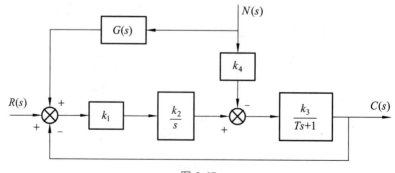

图 3.67

8. 求图 3.68 所示系统的传递函数 $C(s)/R(s)$。

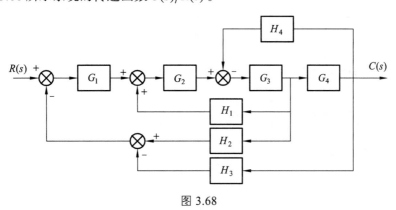

图 3.68

9. 求图 3.69 所示系统的传递函数 $C(s)/R(s)$。

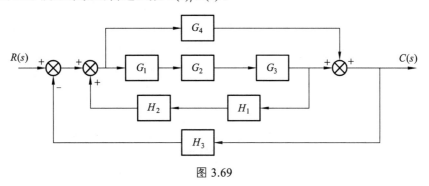

图 3.69

10. 求图 3.70 所示系统的传递函数 $C(s)/R(s)$。

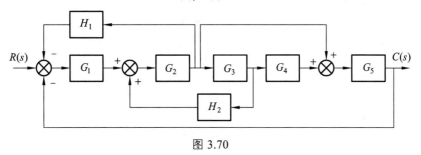

图 3.70

11. 求图 3.71 所示系统的传递函数 $C(s)/R(s)$。

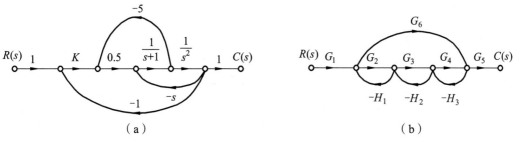

（a）　　　　　　　　　　（b）

图 3.71

12. 设系统的微分方程为

$$y''' + 7y'' + 14y' + 8y = 3u$$

试求系统的状态空间表达式。

13. 给定系统传递函数为

$$\frac{Y(s)}{U(s)} = G(s) = \frac{s^2 + 2s + 3}{2s^3 + 4s^2 + 6s + 10}$$

试写出它的状态空间表达式。

第4章
系统的时域响应分析

在对控制系统进行分析和设计时，首先要建立其数学模型，在此基础上研究控制系统在外加输入下有什么样的运行规律，以此分析和研究系统的控制性能。对于线性定常系统，常用的工程分析方法有时域分析法、根轨迹法和频率响应法等。本章仅介绍时域分析法。

控制系统的运行在时间域上分析其响应最为直观。当给系统输入某些典型信号时，利用拉氏变换的终值定理，可以确定系统的稳态输出。但对动态系统来说，最重要的是了解系统加入信号后，其输出随时间的变化情况，人们总希望系统的响应能满足稳定性、准确性、快速性三方面的基本要求。

本章首先介绍时域响应及其组成、常用典型输入信号，然后对一阶、二阶系统的时域响应及其特点进行定性分析，最后介绍高阶系统的时域响应分析方法。

4.1 时域响应

4.1.1 时域响应概念

工程控制系统在外加输入作用的激励下，其输出量随时间变化的函数关系称之为系统的时域响应（time response），通过对时域响应进行分析可揭示系统本身的动态特性。

对于线性定常系统可用微分方程来描述，系统时域响应的数学表达式就是微分方程的解。任一稳定的系统，其时域响应都是由瞬态响应和稳态响应两部分组成。

1. 瞬态响应

瞬态响应是指系统受到外加作用激励后，其输出量从初始状态到最终状态的响应过程。如图4.1所示，系统在单位阶跃信号激励下从 $0 \to t_1$ 时间内的响应过程即为瞬态响应。当 $t > t_1$ 时，系统趋于稳定。

2. 稳态响应

稳态响应是指当时间趋于无穷大时，系统的输出状态称为稳态响应。如图4.1中，当 $t \to \infty$ 时的稳态输出 $c(t)$。

当 $t \to \infty$ 时，若 $c(t)$ 趋于稳态值，则系统是稳定的。

当 $t \to \infty$ 时，若 $c(t)$ 呈等幅振荡或发散，则系统是不稳定的。

瞬态响应反映了系统的动态性能，而稳态响应偏离系统期望值的程度可用来衡量系统的精确程度。

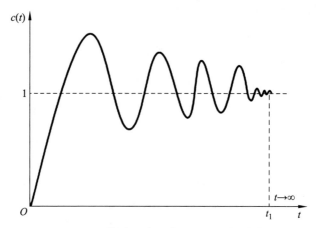

图 4.1　单位阶跃信号作用下的时间响应

4.1.2　时域响应的组成

为能明确地了解系统的时域响应及其组成，首先来分析一个最简单的无阻尼单自由度振动系统，如图 4.2 所示。系统是质量为 m 和刚度为 k 的单自由度系统，在外力 $F\cos\omega t$ 的作用下产生位移 $y(t)$，系统的动力学方程为

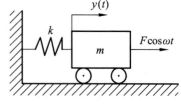

$$my''(t) + ky(t) = F\cos\omega t \qquad (4.1)$$

图 4.2　单自由度 m-k 系统

由高等数学常微分方程解的结构理论可知，这一非齐次常微分方程的全解由两部分组成，即

$$y(t) = y_1(t) + y_2(t) \qquad (4.2)$$

式中，$y_1(t)$ 是与非齐次常微分方程对应的齐次微分方程的通解，$y_2(t)$ 是其一个特解。

根据常微分方程中解的理论可知

$$y_1(t) = A\sin\omega_n t + B\cos\omega_n t \qquad (4.3)$$

$$y_2(t) = Y\cos\omega t \qquad (4.4)$$

式中，ω_n 称为系统的无阻尼固有频率，$\omega_n = \sqrt{k/m}$。

将特解式（4.4）代入式（4.1），得

$$(-m\omega^2 + k)Y\cos\omega t = F\cos\omega t$$

化简得

$$Y = \frac{F}{k}\frac{1}{1-\lambda^2} \qquad (4.5)$$

式中，$\lambda = \omega/\omega_n$。

于是，式（4.1）的全解为

$$y(t) = A\sin\omega_n t + B\cos\omega_n t + \frac{F}{k}\frac{1}{1-\lambda^2}\cos\omega t \qquad (4.6)$$

下面求常数 A 和 B：

将式（4.6）对 t 求导数，得

$$y'\omega_n = A\omega_n \cos \omega_n t - B\omega_n \sin \omega_n t - \frac{F}{k}\frac{\omega}{1-\lambda^2}\sin \omega t \quad (4.7)$$

设 $t = 0$ 时，$y(t) = y(0)$，$y'(t) = y'(0)$，将其代入式（4.6）和式（4.7），并联立解得

$$A = \frac{y'(0)}{\omega_n}, \quad B = y(0) - \frac{F}{k}\frac{1}{1-\lambda^2}$$

再把 A、B 代入式（4.6），整理得

$$y(t) = \frac{y'(0)}{\omega_n}\sin \omega_n t + y(0)\cos \omega_n t - \frac{F}{k}\frac{1}{1-\lambda^2}\cos \omega_n t + \frac{F}{k}\frac{1}{1-\lambda^2}\cos \omega t \quad (4.8)$$

分析上式可知，第一、第二项是由微分方程的初始条件（即初始状态）引起的自由振动，即自由响应。第三项是由输入作用力引起的自由振动（响应），其振动频率均为 ω_n，它的幅值受到 F 的影响。第四项是由输入作用引起的强迫振动，即强迫响应，其振动频率即为作用力的频率 ω。因此系统的时域响应可从两方面分类，如式（4.8）所示，按振动性质可分为自由响应（free response）（包括前三项）与强迫响应（forced response）；按振动来源可分为零输入响应（zero-input response）与零状态响应（zero-state response）。控制工程所要研究的响应往往是零状态响应。

有了以上具体认识后，现在我们分析较为一般的情况，设系统的微分方程为

$$a_0 y^{(n)}(t) + a_1 y^{(n-1)}(t) + \cdots + a_{n-1}y'(t) + a_n y(t) = x(t) \quad (4.9)$$

此方程的解（即系统的时域响应）由通解 $y_1(t)$（即自由响应）和特解 $y_2(t)$（即强迫响应）组成。

$$y(t) = y_1(t) + y_2(t)$$

同样由微分方程理论可知，若式（4.9）的齐次方程的特征根 $s_i(i=1,2,\cdots,n)$ 互异，则

$$y_1(t) = \sum_{i=1}^{n} A_i \mathrm{e}^{s_i t} \quad (4.10)$$

$$y_2(t) = B(t)$$

而 $y_1(t)$ 又可分解为两部分，即

$$y_1(t) = \sum_{i=1}^{n} A_{1i}\mathrm{e}^{s_i t} + \sum_{1}^{n} A_{2i}\mathrm{e}^{s_i t} \quad (4.11)$$

上式中第一项为系统的初始状态引起的自由响应，第二项为输入 $x(t)$ 引起的自由响应。因此有

$$y_1(t) = \sum_{i=1}^{n} A_{1i}\mathrm{e}^{s_i t} + \sum_{1}^{n} A_{2i}\mathrm{e}^{s_i t} + B(t) \quad (4.12)$$

需要指出是，n 和 s_i 既与系统的初始状态无关，更与系统的输入无关，它们取决于系统的结构与参数。

在定义系统的传递函数时，由于已指明系统的初始状态为零，故取决于系统初始状态的零输入响应为零，从而对 $Y(s) = G(s)X(s)$ 进行拉氏反变换得到的 $y(t) = L^{-1}[Y(s)]$ 就是系统的零状态响应。

若线性常微分方程的输入函数有导数项，即方程的形式为

$$a_0 y^{(n)}(t) + a_1 y^{(n-1)}(t) + \cdots + a_{n-1} y'(t) + a_n y(t)$$
$$= b_0 x^{(m)}(t) + b_1 x^{(m-1)}(t) + \cdots + b_{m-1} x'(t) + b_m x(t) \quad (n \geqslant m) \tag{4.13}$$

利用线性常微分方程的特点，对式（4.9）两边求导，有

$$a_0 [y^{(n)}(t)]' + a_1 [y^{(n-1)}(t)]' + \cdots + a_{n-1}[y'(t)]' + a_n[y(t)]' = [x(t)]'$$

显然，若以 $[x(t)]'$ 作为新的输入函数，则 $[y(t)]'$ 就为新的输出函数，即此方程的解为式（4.9）的解 $y(t)$ 的导函数 $[y(t)]'$。可见当 $x(t)$ 取为 $x(t)$ 的 n 阶导函数时，式（4.9）的解 $y(t)$ 变为它的 n 阶导函数。因此，从系统的角度来说，对同一定常系统而言，如果输入函数等于某一函数的导函数，则该输入函数的响应函数也等于这一函数的响应函数的导函数。利用这一结论与式（4.9）的解，即式（4.12），可分别求出 $x(t)$，$x'(t)$，$x''(t)$，$\cdots$，$x^m(t)$ 作用时的响应函数，然后利用线性系统的叠加性质，就可以求得方程（4.13）的解，即系统的响应函数。

这里特别指出，除有特别说明外，本书所讲的时域响应都是指零状态响应。这里要分析的另一个重要问题，即瞬态响应和稳态响应与系统稳定性的问题。在式（4.10）～式（4.12）中，如所有的 $\text{Re}[s_i] < 0$，也就是所有的特征根均具有负实部，则随着时间的增加，自由响应逐渐衰减，并且当 $t \to \infty$ 时自由响应趋于零。不难理解，系统微分方程的特征根 s_i 就是系统传递函数的极点 s_i。因此，这种情况就是系统传递函数所有的极点均在复数平面左半平面的情况，此时，系统稳定。它的自由响应称为瞬态响应。反之，只要有一个 $\text{Re}[s_i] > 0$，则随着时间的增加，自由响应逐渐增大，并且当 $t \to \infty$，自由响应也趋于无限大，显然，这就是系统传递函数的相应极点 s_i 在复数平面 $[s]$ 右半平面的情况。此时系统不稳定，它的自由响应就不是瞬态响应。所谓瞬态响应，一般指强迫响应。

由上述分析可见，研究时间响应是非常重要的。控制系统的系统稳定性、响应快速性、响应准确性，是同自由响应密切相关的。$\text{Re}[s_i] > 0$ 决定了自由响应发散以及系统是不稳定的；$\text{Re}[s_i] < 0$ 决定了自由响应收敛以及系统是稳定的，而且当系统稳定时，$|\text{Re}[s_i]|$ 越大，自由响应衰减的速度越快，也就是决定了系统的响应是快速趋于稳态响应的。而 $\text{Im}[s_i]$ 的情况在很大程度上决定了自由响应的振荡情况，决定了系统的响应在规定时间内接近稳态响应的情况，这影响着响应的准确性。

4.2　典型输入信号

一般控制系统的实际输入信号可能预先未知，且大多数情况下是随机的。系统受到的外加作用有控制系统的输入信号和干扰信号。干扰信号通常是随机的，有内部干扰和外部干扰；

而对控制系统输入信号的函数形式也不一定事先可得，即难以用简单的数学表达式表示。因此，在时间域进行系统分析时，为了比较不同控制系统的控制性能，需要规定一些具有典型意义的输入信号来建立分析比较的基础，这些信号即为控制系统的典型输入信号。

系统时域分析是建立在系统接受典型输入信号的基础上。在分析过程中，对典型输入信号有以下几点要求：

（1）信号的数学表达形式应尽量简单，便于进行数学上的分析与处理。

（2）可用于研究使系统工作在最不利的情形下，一旦系统在最不利的情况下能满足要求，其他情况下就容易保证了。

（3）在实际中可以实现或近似实现，便于这些信号在实验中获得。

基于上述原因，在控制过程的时域分析中，常采用典型输入试验信号，常用的典型信号见表 4.1。

表 4.1 常用典型输入信号

典型信号名称	时域表达式	复域表达式
单位脉冲信号	$\delta(t)$	1
单位阶跃信号	$1(t)$	$\dfrac{1}{s}$
单位斜坡信号	t	$\dfrac{1}{s^2}$
单位加速度信号	$\dfrac{1}{2}t^2$	$\dfrac{1}{s^3}$
正弦信号	$A\sin\omega t$	$\dfrac{A\omega}{s^2+\omega^2}$

在系统分析时究竟采用哪种典型输入信号，应根据所研究系统正常工作时的实际情况来选择，一般可遵循以下原则：

（1）典型信号能反映系统在工作过程中大部分实际情况，若实际系统的输入具有突变性质，则可选阶跃信号；若实际系统的输入随时间逐渐变化，则可选速度信号，以符合系统的实际工作状况。

（2）如果系统的输入信号是一个瞬时冲击函数，则显然选择脉冲函数最为合适。

（3）对于同一系统，无论采用哪种输入信号，由时域分析法所表示的系统本身的性能不会改变，且均可对控制系统进行时域性能分析。

4.3 一阶系统时域响应

4.3.1 一阶系统的概念及数学模型

凡是能够用一阶微分方程描述的控制系统，都称为一阶系统（first order system）。其典型环节为一阶惯性环节。如图 4.3 所示的 kc 弹簧阻尼系统和 RC 电路

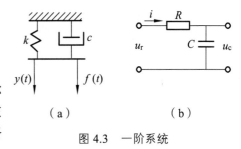

（a）　　　　　（b）

图 4.3 一阶系统

（阻容电路）。以 RC 滤波电路为例，该系统的微分方程为

$$RC\frac{\mathrm{d}u_\mathrm{c}(t)}{\mathrm{d}t}+u_\mathrm{c}(t)=u_\mathrm{r}(t) \tag{4.14}$$

其传递函数为

$$\frac{U_\mathrm{c}(s)}{U_\mathrm{r}(s)}=\frac{1}{RCs+1} \tag{4.15}$$

因此，一阶系统运动方程具有如下一般形式

$$T\frac{\mathrm{d}c(t)}{\mathrm{d}t}+c(t)=r(t) \tag{4.16}$$

传递函数表达式为

$$\varPhi(s)=\frac{C(s)}{R(s)}=\frac{1}{Ts+1} \tag{4.17}$$

式中，T 为时间常数（s），$c(t)$ 和 $r(t)$ 分别为系统的输出和输入信号。

系统传递函数方框图如图 4.4 所示。

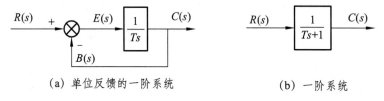

（a）单位反馈的一阶系统　　　　　　（b）一阶系统

图 4.4　一阶系统方框图

下面就典型输入信号，假设系统的初始工作状态为零，分析系统的时域响应。

4.3.2　一阶系统单位阶跃响应

对系统时域响应的求解通常是转化到复域上，先求出复域输出，然后再利用拉氏反变换，求出时域响应的表达式。其求解过程可用下列关系式描述，如图 4.5 所示。

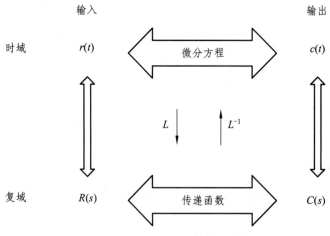

图 4.5　系统时域与复域的关系

一阶系统的单位阶跃响应表示在单位阶跃信号作用下一阶系统的时域输出。当输入信号为 $r(t)=u(t)$ 时，系统的响应 $c(t)$ 称为单位阶跃响应（unit step response）。

单位阶跃信号的拉氏变换为 $R(s)=\dfrac{1}{s}$，则系统的复域输出为

$$C(s)=R(s)\cdot G(s)=\frac{1}{s}\cdot\frac{1}{Ts+1}=\frac{1}{s}-\frac{T}{Ts+1} \tag{4.18}$$

对上式进行拉氏反变换可得

$$c(t)=1-e^{-\frac{t}{T}} \tag{4.19}$$

由式（4.19）可知，一阶系统的单位阶跃响应是一条单调上升的指数响应曲线（exponential response curve），如图 4.6 所示。

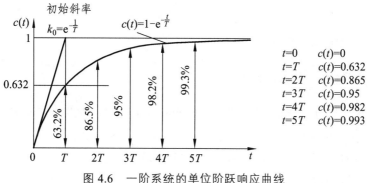

图 4.6　一阶系统的单位阶跃响应曲线

从响应的表达式及其曲线可以看出，一阶系统单位阶跃响应具有以下特点：

（1）由响应表达式（4.19）可知，一阶系统单位阶跃响应包括两部分，即瞬态响应和稳态响应。$e^{-\frac{t}{T}}$ 即为瞬态响应，表示了系统时域输出从初始状态到最终状态的动态变化过程。1 为系统稳态响应，表示当 $t\to\infty$ 时，系统的输出状态。整个响应过程无振荡，且无稳态误差。

（2）响应曲线在 $t=0$ 时，$c(0)=0$，斜率为 $\dfrac{1}{T}$，即响应曲线的初始斜率（initial slope）为 $\dfrac{1}{T}$；随着时间推移，响应曲线的斜率将逐渐减小。

$$\left.\frac{dc(t)}{dt}\right|_{t=0}=\frac{1}{T}$$

即经过时间 T 时，有

$$c(T)=1-e^{-\frac{t}{T}}=0.632$$

系统响应达到了稳态输出的 63.2%，从而可以通过实验测量一阶系统的时间常数 T。这是一阶系统的一个重要特征。

如果系统输出响应的速度恒为 $1/T$，则只要 $t = T$ 时，输出就能达到其终值，但实际上系统运动的变化是随时间而逐渐递减的。单位阶跃响应的上述特点，是用实验方法测定一阶系统时间常数或确定所测系统是否为一阶系统的理论基础。

时间常数反映了系统响应的快慢。在工程中，当响应曲线达到并保持在稳态值的 95%~98%时，认为响应基本结束，达到稳态。

【例 4.1】 系统传递函数为 $\Phi(s) = \dfrac{1}{3s+1}$，求其单位阶跃响应。

解：输入 $r(t) = 1$，$R(s) = \dfrac{1}{s}$，则

$$C(s) = R(s)\phi(s) = \frac{1}{s} \cdot \frac{1}{3s+1} = \frac{1}{s} - \frac{3}{3s+1}$$

则

$$c(t) = L^{-1}[C(s)] = 1 - e^{-\frac{t}{3}}$$

4.3.3 一阶系统单位脉冲响应

一阶系统的单位脉冲响应（unit impulse response）表示一阶系统在单位脉冲信号作用下的时域输出。

单位脉冲信号 $r(t) = \delta(t)$，δ 拉氏变换为 $R(s) = L[\delta(t)] = 1$

则系统的复域输出为

$$C(s) = R(s)\phi(s) = \frac{1}{T} \frac{1}{s + \dfrac{1}{T}} \tag{4.20}$$

对上式进行拉氏反变换，可得

$$c(t) = \frac{1}{T} e^{-\frac{t}{T}} \tag{4.21}$$

由式（4.21）可知，一阶系统单位脉冲响应如图 4.7 所示。

从响应表达式及其曲线可以看出，一阶系统单位脉冲响应具有以下特点：

（1）瞬态响应为 $\dfrac{1}{T} e^{-\frac{t}{T}}$，稳态响应为 0。

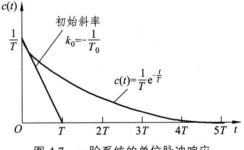

图 4.7 一阶系统的单位脉冲响应

（2）$c(0) = \dfrac{1}{T}$，且 $\left. \dfrac{dc(t)}{dt} \right|_{t=0} = -\dfrac{1}{T^2}$，随时间的推移响应曲线按指数衰减。然而，对于实际系统而言，理想的脉冲信号是无法获得的，通常采用具有较小脉冲宽度（脉冲宽度小于 $0.1T$）和有限幅值的脉冲代替理想脉冲信号。

【**例 4.2**】　系统传递函数为 $\varPhi(s)=\dfrac{1}{3s+1}$，求其单位脉冲响应。

解：输入 $r(t)=\delta(t)$，$R(s)=1$，则

$$C(s)=R(s)\varPhi(s)=1\cdot\frac{1}{3s+1}=\frac{1}{3s+1}$$

则

$$c(t)=\frac{1}{3}\mathrm{e}^{-\frac{t}{3}}$$

通过对一阶系统在三种典型输入信号作用下的时域响应求解，不难看出，系统时域响应通常由稳态分量和瞬态分量组成，前者反映系统的稳态特性，后者反映系统的动态特性。

在分析过程中，我们注意到

$$\delta(t)=\frac{\mathrm{d}}{\mathrm{d}t}[1(t)]$$

$$1(t)=\frac{\mathrm{d}}{\mathrm{d}t}[t]$$

假设 $\delta(t)$，$1(t)$，t 对应的输出分别为 $c_1(t)$，$c_2(t)$，$c_3(t)$。可以看出

$$c_1(t)=\frac{\mathrm{d}}{\mathrm{d}t}[c_2(t)]$$

$$c_2(t)=\frac{\mathrm{d}}{\mathrm{d}t}[c_3(t)]$$

即系统对输入信号导数的响应等于对该输入信号响应的导数。同样，系统对输入信号积分的响应等于系统对该输入信号响应的积分，其积分常数由初始条件确定。这种输入、输出间的积分微分性质对任何线性定常系统均成立。

另外，若输入信号为几个信号的叠加，则总的输出等于这几个信号单独作用之和，即满足线性叠加性质。

4.3.4　一阶系统单位斜坡响应

一阶系统的单位斜坡响应（unit-ramp response）表示一阶系统在单位斜坡信号作用下的时域输出。

单位斜坡信号的拉氏变换为

$$R(s)=\frac{1}{s^2}$$

则系统的复域输出

$$C(s)=R(s)G(s)=\frac{1}{s^2(1+Ts)}=\frac{1}{s^2}-\frac{T}{s}+\frac{T^2}{Ts+1}$$

对上式进行拉氏反变换，可得

$$c(t) = t - T + Te^{-\frac{t}{T}} \qquad (4.22)$$

由式（4.22）可知，一阶系统单位斜坡响应如图 4.8 所示。

从响应表达式及其曲线可以看出，一阶系统单位斜坡响应具有以下特点：

（1）瞬态响应为 $Te^{-\frac{t}{T}}$，稳态响应为 $t-T$。

（2）当 $t \to \infty$，输出的增长速率与输入速率近似相同，这时输出为 $t-T$，即输出相对于输入滞后时间 T。

（3）一阶系统的单位斜波响应的瞬态分量为指数衰减项，随时间的增加而逐渐衰减为零；稳态分量在位置上存在稳态跟踪误差，其误差值正好等于时间常数。

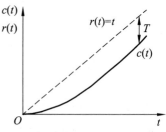

图 4.8　一阶系统的单位斜波响应曲线

【例 4.3】　系统传递函数为 $\Phi(s) = \dfrac{1}{3s+1}$，求其单位斜坡响应。

解：输入 $r(t) = t$，$R(s) = \dfrac{1}{s^2}$，则

$$C(s) = R(s)\Phi(s) = \frac{1}{s^2} \cdot \frac{1}{3s+1} = \frac{1}{s^2} - \frac{3}{s} + \frac{9}{3s+1}$$

则

$$c(t) = t - 3 - 3e^{-\frac{t}{3}}$$

4.4　二阶系统时域响应

4.4.1　二阶系统的概念及数学模型

二阶系统是能够用二阶微分方程描述的系统。二阶系统通常包含两个独立储能元件，能量在这两个元件之间交换，使系统具有往复振荡的趋势，当阻尼不够大时系统呈现振荡特性，因此二阶系统也称为二阶振荡环节。

对控制工程而言，二阶系统非常重要，二阶系统的时间响应及其性能分析具有重要的现实意义。很多实际控制系统都为二阶系统，特别是很多高阶系统，在一定条件下也可以近似成为二阶系统来进行分析和计算。

二阶系统微分方程一般表达式为

$$T^2 \frac{d^2 c(t)}{dt^2} + 2\xi T \frac{dc(t)}{dt} + c(t) = r(t) \qquad (4.23)$$

传递函数表达式为

$$\Phi(s) = \frac{C(s)}{G(s)} = \frac{1}{T^2 s^2 + 2\xi T s + 1} = \frac{\omega_n^2}{s^2 + 2\xi \omega_n s + \omega_n^2} \qquad (4.24)$$

式中，T 为二阶系统的时间常数，ξ 为二阶系统阻尼比（无量纲），ω 为系统无阻尼固有频率（rad/s）。

传递函数的方框图如图 4.9 所示。

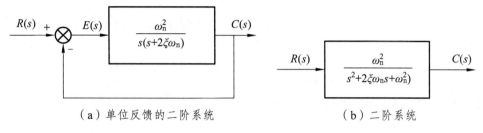

（a）单位反馈的二阶系统　　　　　　　（b）二阶系统

图 4.9　二阶系统方框图

4.4.2　二阶系统的类型

二阶系统闭环传递函数的分母多项式称为系统的闭环特征多项式（closed-loop characteristic polynomial），记作

$$D(s) = s^2 + 2\xi\omega_n s + \omega_n^2 \tag{4.25}$$

使闭环特征多项式等于零的代数方程称为该系统的闭环特征方程，即

$$s^2 + 2\xi\omega_n s + \omega_n^2 = 0 \tag{4.26}$$

闭环特征方程的根称为系统闭环特征根（closed-loop characteristic root），即系统的闭环极点（closed-loop pole）。二阶系统特征根为

$$s_{1,2} = -\xi\omega_n \pm \omega_n \sqrt{\xi^2 - 1} \tag{4.27}$$

在上述特征根表达式中，随着阻尼比 ξ 的取值不同，s_1、s_2 特征根有不同类型的取值，或者说闭环极点在复平面上有不同的分布规律。据此，二阶系统有如下几种类型。

1. 当 $\xi = 0$ 时，为无阻尼二阶系统

系统阶跃响应表现为无阻尼等幅振荡，这种系统称为无阻尼二阶系统（undamped second order system）。系统具有一对共轭虚极点，即

$$s_{1,2} = \pm\omega_n \mathrm{j} \tag{4.28}$$

2. 当 $0 < \xi < 1$ 时，为欠阻尼二阶系统

系统具有一对相同负实部的共轭极点

$$s_{1,2} = -\xi\omega_n \pm \omega_n \sqrt{1-\xi^2}\,\mathrm{j} = -\xi\omega_n \pm \omega_d \mathrm{j} \tag{4.29}$$

式中，$\omega_d = \omega_n \sqrt{1-\xi^2}$ 称为系统有阻尼固有频率（damped natural frequency）。系统阶跃响应表现为欠阻尼，这种系统称为欠阻尼二阶系统。

3. 当 $\xi=1$ 时，为临界阻尼二阶系统

系统具有两个相同的负实数极点，即

$$s_{1,2} = -\xi\omega_{\mathrm{n}} \tag{4.30}$$

系统阶跃响应表现为临界阻尼，这种系统称为临界阻尼二阶系统（critically damped second order system）。

4. 当 $\xi>1$ 时，为过阻尼二阶系统

系统具有两个互不相同的负实数极点，即

$$s_{1,2} = -\xi\omega_{\mathrm{n}} \pm \omega_{\mathrm{n}}\sqrt{\xi^2-1} \tag{4.31}$$

系统阶跃响应表现为过阻尼，这种系统称为过阻尼二阶系统（overdamped second order system）。

4.4.3　二阶系统时域响应

根据前面对一阶系统的时域响应分析可知，若二阶系统输入信号拉氏变换为 $R(s)$，则对应二阶系统输出信号的拉氏变换为

$$
\begin{aligned}
C(s) &= \Phi(s)R(s) \\
&= \frac{\omega_{\mathrm{n}}^2}{s^2 + 2\xi\omega_{\mathrm{n}}s + \omega_{\mathrm{n}}^2}R(s) \\
&= \frac{\omega_{\mathrm{n}}^2}{(s-s_1)(s-s_2)}R(s)
\end{aligned} \tag{4.32}
$$

对上式取拉氏反变换，就可以求出二阶系统的时域响应表达式。由此表达式可知，二阶系统的时域响应与系统类型及输入信号类型有关。下面分别讨论在不同输入信号作用下，不同类型二阶系统所对应的时域响应。

1. 二阶系统的单位阶跃响应

1）无阻尼响应

当 $\xi=0$ 时，无阻尼二阶系统的响应称为无阻尼响应。根据前面系统分类，$R(s)=1$，其时域响应的拉氏变换为

$$
\begin{aligned}
C(s) &= \Phi(s)R(s) \\
&= \frac{\omega_{\mathrm{n}}^2}{s^2 + 2\xi\omega_{\mathrm{n}}s + \omega_{\mathrm{n}}^2}\frac{1}{s} = \frac{\omega_{\mathrm{n}}^2}{(s^2+\omega_{\mathrm{n}}^2)s} = \frac{1}{s} - \frac{s}{s^2+\omega_{\mathrm{n}}^2}
\end{aligned} \tag{4.33}
$$

对式（4.33）左右两边同时进行拉氏反变换，可得无阻尼二阶系统单位阶跃响应表达式为

$$c(t) = 1 - \cos\omega_{\mathrm{n}}t \quad (t \geq 0) \tag{4.34}$$

其响应曲线如图 4.10 所示，其响应过程呈无阻尼等幅振荡，振动频率为无阻尼固有频率 ω_{n}。

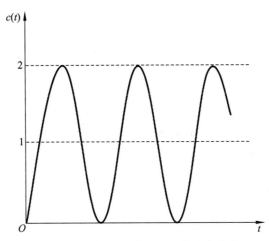

表明 $\xi=0$ 时，系统对阶跃输入不存在阻尼作用。

图 4.10　无阻尼二阶系统单位阶跃响应

2）欠阻尼响应

当 $0<\xi<1$ 时，欠阻尼二阶系统的响应称为欠阻尼响应，系统时域响应的拉氏变换为

$$
\begin{aligned}
C(s) &= \Phi(s)R(s) \\
&= \frac{\omega_{\mathrm{n}}^2}{s^2 + 2\xi\omega_{\mathrm{n}}s + \omega_{\mathrm{n}}^2}\frac{1}{s} \\
&= \frac{\omega_n^2}{(s + \xi\omega_{\mathrm{n}} - \omega_{\mathrm{d}}\mathrm{j})(s + \xi\omega_{\mathrm{n}} + \omega_{\mathrm{d}}\mathrm{j})s} \\
&= \frac{\omega_{\mathrm{n}}^2}{[(s + \xi\omega_{\mathrm{n}})^2 + \omega_{\mathrm{d}}^2]s} \\
&= \frac{1}{s} - \frac{s + 2\xi\omega_{\mathrm{n}}}{(s + \xi\omega_{\mathrm{n}}) + \omega_{\mathrm{d}}^2} \\
&= \frac{1}{s} - \frac{s + \xi\omega_{\mathrm{n}}}{(s + \xi\omega_{\mathrm{n}})^2 + \omega_{\mathrm{d}}^2} = \frac{\xi}{\sqrt{1-\xi^2}}\frac{\omega_{\mathrm{d}}}{(s + \xi\omega_{\mathrm{n}})^2 + \omega_{\mathrm{d}}^2}
\end{aligned}
\tag{4.35}
$$

对式（4.35）左右两边同时进行拉氏反变换，可得欠阻尼二阶系统单位阶跃响应表达式为

$$
\begin{aligned}
c(t) &= 1 - \mathrm{e}^{-\xi\omega_{\mathrm{n}}t}\left(\cos\omega_{\mathrm{d}}t + \frac{\xi}{\sqrt{1-\xi^2}}\sin\omega_{\mathrm{d}}t\right) \\
&= 1 - \frac{1}{\sqrt{1-\xi^2}}\mathrm{e}^{-\xi\omega_{\mathrm{n}}t}\sin(\omega_{\mathrm{d}}t + \beta) \quad (t \geqslant 0)
\end{aligned}
\tag{4.36}
$$

式中，$\beta = \arctan\dfrac{\sqrt{1-\xi^2}}{\xi}$ 为系统时域响应的初始相位角，称为阻尼角。

欠阻尼二阶系统单位阶跃响应曲线如图 4.11 所示，其响应过程呈衰减振荡，振动频率为 $\omega_{\mathrm{d}} = \omega_{\mathrm{n}}\sqrt{1-\xi^2}$，表明当 $0<\xi<1$ 时，系统对阶跃输入有一定的阻尼作用。

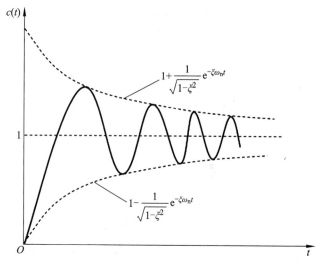

图 4.11　欠阻尼二阶系统单位阶跃响应

3）临界阻尼响应

当 $\xi=1$ 时，临界阻尼二阶系统的响应称为临界阻尼响应。系统具有两个相同的实根，系统对单位阶跃输入的时域响应的拉氏变换为

$$C(s)=\frac{\omega_{\mathrm{n}}^2}{s(s+\omega_{\mathrm{n}})^2}=\frac{1}{s}-\frac{1}{(s+\omega_{\mathrm{n}})}-\frac{\omega_{\mathrm{n}}}{(s+\omega_{\mathrm{n}})^2} \tag{4.37}$$

对式（4.37）左右两边同时进行拉氏反变换，可得临界阻尼二阶系统单位阶跃响应表达式为

$$c(t)=1-\mathrm{e}^{-\omega_{\mathrm{n}}t}-\omega_{\mathrm{n}}t\mathrm{e}^{-\omega_{\mathrm{n}}t} \tag{4.38}$$

响应曲线如图 4.12 所示，是一条单调上升的指数曲线。没有超调量，经过动态过程后系统进入稳态，其稳态分量等于系统的输入量，即稳态误差为零。

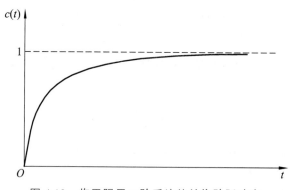

图 4.12　临界阻尼二阶系统的单位阶跃响应

4）过阻尼响应

当 $\xi>1$ 时，过阻尼二阶系统的响应为过阻尼响应。系统具有两个不相同的负实根，系统时域响应的拉氏变换为

$$C(s) = \phi(s)R(s) = \frac{\omega_n^2}{s(s^2 + 2\xi\omega_n s + \omega_n^2)}$$

$$= \frac{A_1}{s} + \frac{A_2}{s + \xi\omega_n - \omega_n\sqrt{\xi^2 - 1}} + \frac{A_3}{s + \xi\omega_n + \omega_n\sqrt{\xi^2 - 1}} \tag{4.39}$$

其中

$$A_1 = 1$$

$$A_2 = -\frac{1}{2\sqrt{\xi^2 - 1}\left(\xi - \sqrt{\xi^2 - 1}\right)}$$

$$A_3 = \frac{1}{2\sqrt{\xi^2 - 1}\left(\xi + \sqrt{\xi^2 - 1}\right)}$$

对式（4.39）左右两边同时进行拉氏反变换，可得过阻尼二阶系统单位阶跃响应表达式为

$$c(t) = 1 - \frac{1}{2\sqrt{\xi^2 - 1}\left(\xi - \sqrt{\xi^2 - 1}\right)}e^{-\left(\xi - \sqrt{\xi^2 - 1}\right)\omega_n t} +$$

$$\frac{1}{2\sqrt{\xi^2 - 1}\left(\xi + \sqrt{\xi^2 - 1}\right)}e^{-\left(\xi + \sqrt{\xi^2 - 1}\right)\omega_n t} \quad (t \geqslant 0) \tag{4.40}$$

响应曲线如图 4.13 所示，也是一条单调上升的指数曲线，但其响应速度比临界阻尼时缓慢。

基于上述讨论，可知二阶系统随着阻尼比 ξ 的不同，其单位阶跃响应有比较大的差异，但它们响应的稳态分量都为 1。这表明在阶跃输入信号作用下系统的稳态误差都为零。

现取 $\omega_n = 1$，图 4.14 表示在阻尼比 ξ 取不同值时，二阶系统单位阶跃响应的动态响应曲线。从图中可以看出，无阻尼响应为等幅振荡，没有调节作用；过阻尼和临界阻尼响应是单调衰减的，其瞬时值不改变符号，即不存在超调现象；欠阻尼响应是稳态值为零的有阻尼衰减过程。因此，合理调整系统的结构参数，可以使系统具有良好的动态特性。

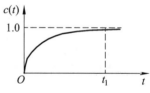

图 4.13　二阶系统过阻尼响应曲线

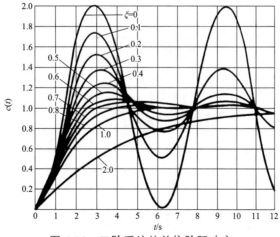

图 4.14　二阶系统的单位阶跃响应

【例 4.4】 系统开环传递函数为

$$G(s) = \frac{4}{s(s+2)}$$

求其单位阶跃响应。

解： 由题可知，系统闭环传递函数为

$$\varPhi(s) = \frac{4}{s^2 + 2s + 4}$$

与二阶系统的标准式 $\varPhi(s) = \dfrac{\omega_n^2}{s^2 + 2\xi\omega_n s + \omega_n^2}$ 对比，易知 $\xi = 0.5$，$\omega_n = 2$，系统为欠阻尼二阶系统。因此

$$\beta = \arccos\xi = 60°, \quad \omega_d = \omega_n\sqrt{1-\xi^2} = 1.732$$

该系统的单位阶跃响应表达式为

$$c(t) = 1 - \frac{1}{\sqrt{1-\xi^2}}e^{-\xi\omega_n t}\sin(\omega_d t + \beta)$$
$$= 1 - 1.155e^{-t}\sin(1.732t + 60°)$$

5）不稳定响应

当 $\xi < 0$ 时，两个特征根位于[s]平面的右半部，系统的响应是发散的，即系统阶跃响应的幅值随着时间的增加而趋于无穷大。此时，系统不稳定，也就是系统不能正常工作。

2. 二阶系统单位脉冲响应

二阶系统在理想单位脉冲作用下的输出称为单位脉冲响应。考察系统的脉冲响应，主要是为了研究系统的调节特性。

因为输入 $R(s) = 1$，所以典型二阶系统单位脉冲响应的拉氏变换与其闭环传递函数相同，即

$$C(s) = \phi(s)R(s) = \frac{\omega_n^2}{s^2 + 2\xi\omega_n s + \omega_n^2}$$
$$= \frac{\omega_n^2}{(s+\xi\omega_n)^2 + (\omega_n\sqrt{1-\xi^2})^2} \tag{4.41}$$

根据 ξ 的不同取值，可以得到以下几种输出。

1）欠阻尼响应（$0 < \xi < 1$）

由式（4.41）可得

$$C(S) = \frac{\omega_n}{\sqrt{1-\xi^2}}\frac{\omega_n\sqrt{1-\xi^2}}{(s+\xi\omega_n)^2 + (\omega_n\sqrt{1-\xi^2})^2}$$

对上式取拉氏反变换，得欠阻尼响应为

$$c(t) = \frac{\omega_n}{\sqrt{1-\xi^2}} e^{-\xi\omega_n t} \sin\omega_d t \quad (t \geq 0)$$ （4.42）

2）无阻尼响应（$\xi = 0$）

由式（4.41）可得

$$C(s) = \omega_n \frac{\omega_n}{s^2 + \omega_n^2}$$

对上式取拉氏反变换，得无阻尼响应为

$$c(t) = \omega_n \sin\omega_n t \quad (t \geq 0)$$ （4.43）

3）临界阻尼响应（$\xi = 1$）

由式（4.41）可得

$$C(s) = \frac{\omega_n^2}{(s + \omega_n)^2}$$

对上式取拉氏反变换，得临界阻尼响应为

$$c(t) = \omega_n^2 t e^{-\omega_n t} \quad (t \geq 0)$$ （4.44）

4）过阻尼响应（$\xi > 1$）

由式（4.41）可得

$$C(s) = \frac{\omega_n}{2\sqrt{\xi^2-1}} \left[\frac{1}{s + (\xi - \sqrt{\xi^2-1})\omega_n} - \frac{1}{s + (\xi + \sqrt{\xi^2-1})\omega_n} \right]$$

对上式取拉氏反变换，得过阻尼响应为

$$c(t) = \frac{\omega_n}{2\sqrt{\xi^2-1}} [e^{-(\xi-\sqrt{\xi^2-1})\omega_n t} - e^{-(\xi+\sqrt{\xi^2-1})\omega_n t}] \quad (t \geq 0)$$ （4.45）

当取 $\omega_n = 1$ 时，系统的各种脉冲响应曲线如图 4.15 所示。从图中可以看出，无阻尼响应为等幅振荡，没有调节作用；过阻尼和临界阻尼响应是单调衰减的，其瞬时值不改变符号，即不存在超调量；欠阻尼响应是稳态值为零的有阻尼衰减过程，此时合理调整系统的结构参数，可以使之具有良好的动态特性。

3. 欠阻尼二阶系统的单位斜波响应

在控制工程的实践中，有时需要考察系统对于速度信号的响应，并估算其性能指标。为此，常采用单位斜波信号作为典型信号，通过分析系统的单位斜波响应，来研究系统跟随给定速度信号的能力。

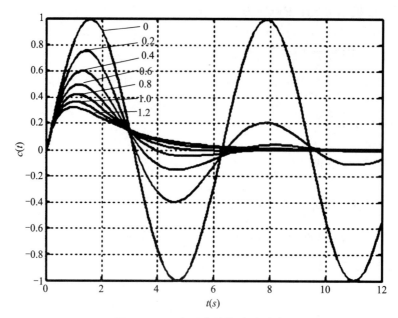

图 4.15 二阶系统单位脉冲响应

因为单位斜波信号 $R(s) = \dfrac{1}{s^2}$，系统输出量的拉氏变换为

$$C(s) = \frac{\omega_n^2}{s^2 + 2\xi\omega_n s + \omega_n^2} \cdot \frac{1}{s^2} \quad (0 < \xi < 1)$$

对上式进行拉氏反变换，可得单位斜波响应为

$$c(t) = t - \frac{2\xi}{\omega_n} + \frac{e^{-\xi\omega_n t}}{\omega_n\sqrt{1-\xi^2}}\sin(\omega_d t + 2\beta) \quad (t \geqslant 0) \tag{4.46}$$

式中，$\beta = \arctan\dfrac{\sqrt{1-\xi^2}}{\xi}$。

由式（4.46）可以看出，欠阻尼二阶系统的单位斜波响应由稳态分量和瞬态分量两部分组成。

稳态分量为 $c_{ss}(t) = t - \dfrac{2\xi}{\omega_n}$。

瞬态分量为 $c_{tt}(t) = \dfrac{e^{-\xi\omega_n t}}{\omega_n\sqrt{1-\xi^2}}\sin(\omega_d t + 2\beta)$

图 4.16 所示为欠阻尼二阶系统的单位斜波响应曲线。

从该图中可以看出，典型二阶系统可以跟踪斜波函数，但跟踪有误差，其误差的稳态值为 $e_{ss} = \dfrac{2\xi}{\omega_n}$。调整系统的结构参数，可以减小其跟踪误差，但不能完全消除。为了改善二阶系统的性能，必须研究其他控制方式。如在例 4.5 中，误差的比例-微分控制是改善二阶系统性能的常用方法之一。

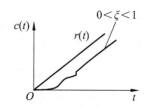

图 4.16 欠阻尼二阶系统的
单位斜波响应

【例 4.5】 控制系统如图 4.17 所示，其中输入 $r(t) = t$ ，试证明当 $K_d = \dfrac{2\xi}{\omega_n}$ 时，达到稳态后系统的输出能无误差地跟踪单位斜波输入信号。

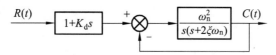

图 4.17 控制系统的方框图

解： 先求出系统的闭环传递函数为

$$\phi(s) = \frac{C(s)}{R(s)} = \frac{(1 + K_d s)\omega_n^2}{s^2 + 2\xi\omega_n s + \omega_n^2}$$

因为 $R(s) = \dfrac{1}{s^2}$ ，则系统的输出为

$$C(s) = \frac{(1 + K_d s)\omega_n^2}{s^2 + 2\xi\omega_n s + \omega_n^2} \cdot \frac{1}{s^2}$$

据此可得

$$E(s) = R(s) - C(s) = \frac{1}{s^2} \cdot \frac{s^2 + 2\xi\omega_n s - K_d\omega_n^2 s}{s^2 + 2\xi\omega_n s + \omega_n^2}$$

由终值定理可得

$$\lim_{t \to \infty} e(t) = e_{ss} = \lim_{s \to 0} sE(s) = \frac{2\xi}{\omega_n} - K_d$$

由上式可知，只要令 $K_d = \dfrac{2\xi}{\omega_n}$ ，就可以实现系统在稳态时，无误差地跟踪单位斜波输入信号。

【例 4.6】 设单位反馈系统的开环传递函数为

$$G(s) = \frac{4}{s(s+2)}$$

试写出该系统的单位阶跃响应和单位斜波响应，并绘制出系统的单位阶跃响应和单位斜波响应曲线。

解： 系统闭环传递函数为

$$\phi(s) = \frac{G(s)}{1 + G(s)} = \frac{4}{s^2 + 2s + 4} = \frac{\omega_n^2}{s^2 + 2\xi\omega_n s + \omega_n^2}$$

比较可得系统的自然频率和阻尼比分别为 $\omega_n = 2$ ， $\xi = 0.5$ 。

由阻尼比可得 $\beta = \arccos\xi = 60°$ 。该系统的单位阶跃响应表达式为

$$c(t) = 1 - \frac{1}{\sqrt{1-\xi^2}} e^{-\xi\omega_n t} \sin(\omega_n \sqrt{1-\xi^2}\, t + \beta)$$

$$= 1 - 1.155e^{-t}\sin(1.732t + 60°)$$

该系统的单位斜波响应表达式为

$$c(t) = t - \frac{2\xi}{\omega_n} + \frac{e^{-\xi\omega_n t}}{\omega_n \sqrt{1-\xi^2}} \sin(\omega_d t + 2\beta)$$

$$= t - 0.5 + 0.577e^{-t}\sin(1.732t + 120°)$$

可用 MATLAB 绘制出系统的单位阶跃响应和单位斜波响应曲线，如图 4.18 所示。
MATLAB 程序如下：

```
numg = [4]; deng = [1 2 0];
numh = [1]; denh = [1];
t = 0:0.01:10;u = t;
[num, den] = feedback (numg,deng,numh,denh);
figure, subplot(1 2 1); step(num,den,10);grid on
subplot (1 2 2); lsim(num,den,u,t); grid on
```

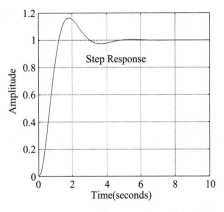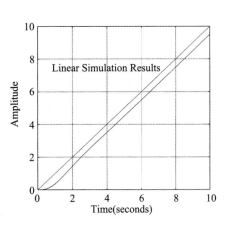

图 4.18　系统的单位阶跃响应和单位斜波响应曲线

4.5　控制系统时域性能指标

控制系统的性能指标是评价系统动态品质的定量指标，是定量分析的基础。在典型输入信号的作用下，系统的时域响应包括动态过程和稳态过程。因此，控制系统在典型信号作用下的性能指标也包括动态性能指标（transient-response specifications）和稳态性能指标（steady-state specifications）。

通常系统的性能指标是以时间域量值的形式给出的，即时域性能指标（time-domain specification），它比较直观。一般是以系统在单位阶跃函数输入作用下的响应情况来衡量系统的控制性能，其原因为：一是产生阶跃输入信号比较容易，也容易获得系统的阶跃响应；

二是实际的许多输入与阶跃输入相似，而且阶跃输入又往往是实际中最不利的输入情况，具有代表性。

根据系统时域性能指标的定义和欠阻尼二阶系统单位阶跃响应的表达式，可以绘制出单位阶跃信号的动态响应曲线，并推导出欠阻尼二阶系统单位阶跃响应动态性能指标的计算公式，控制系统典型单位阶跃响应曲线如图 4.19 所示。

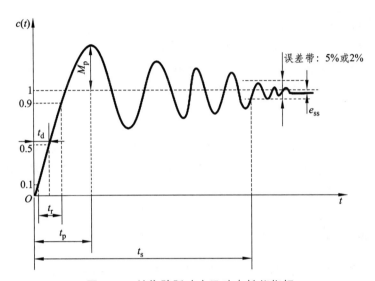

图 4.19　单位阶跃响应及动态性能指标

各性能指标定义如下：

1. 延滞时间（delay time）t_d

单位阶跃响应曲线第一次达到其稳态值 50%所需的时间，称为延滞时间。

2. 上升时间（rise time）t_r

单位阶跃响应从其稳态值的 10%上升到 90%所需的时间，称为上升时间；对于有振荡的系统，可定义为响应曲线从零开始至第一次到达稳态值所需的时间。

3. 峰值时间（peak time）t_p

响应超过稳态值而到达第一个峰值所需的时间，称为峰值时间。

4. 调节时间（settling time）t_s

响应到达并从此不再超出稳态值的 ±5%（或 ±2%）误差带所需要的最小时间，称为调节时间。调节时间又称为调整时间、过渡时间、恢复时间，它表示系统动态过渡过程的时间。显然，t_s 越小表示系统动态调整的时间越短。

以上 4 个时间性能指标反映了系统动态响应的快速性，上升时间、调节时间越小，表示系统响应速度越快，调整过程越短。

5. 最大超调量 （maximum overshoot） M_p

最大超调量是反映了系统相对稳定性的一个动态指标，它是在系统响应的过渡过程中超出稳态值的最大偏差与稳态值之比，即

$$M_p = \frac{c(t_p) - c(\infty)}{c(\infty)} \times 100\%$$

以上 5 个性能指标基本上可体现系统的动态过程特征，是系统的动态性能指标。常用的动态性能指标多为 t_r、t_p、t_s 和 M_p。通常用 t_r 和 M_p 评价系统的响应初始快速性，用 M_p 评价系统响应的平稳性和阻尼程度，而用 t_s 同时反映响应速度和阻尼程度。应当指出，对于简单的一阶、二阶系统来说，这些性能指标较易确定，但对于高阶系统而言就比较困难。

6. 稳态误差 （steady state errors） e_{ss}

对于单位负反馈系统，当时间 t 趋于无穷大时，系统响应的实际值（稳态值）与期望值之差，定义为稳态误差。稳态误差是系统控制精度或抗扰动能力的一种度量，表征了系统的准确性，它是系统的稳态性能指标。

4.6 高阶系统的时域响应

把三阶及三阶以上的系统称为高阶系统。对于高阶系统时域响应的分析，如果还采用上述的一阶系统、二阶系统的时域分析方法进行分析是比较困难的。通常是将高阶系统在一定条件下近似处理为有一对闭环主导极点的二阶系统，然后进行分析。

4.6.1 三阶系统

三阶系统的闭环传递函数表达式为

$$G(s) = \frac{C(s)}{R(s)} = \frac{\omega_n^2 \lambda}{(s^2 + 2\xi\omega_n s + \omega_n^2)(s + \lambda)} \quad (0 < \lambda < 1) \tag{4.47}$$

可得系统的单位阶跃响应为

$$
\begin{aligned}
c(t) = 1 &- \frac{e^{-\xi\omega_n t}}{\beta\xi^2(\beta-2)+1}\beta\xi^2(\beta-2)\cos(\sqrt{1-\xi^2}\,\omega_n t) + \\
&\frac{e^{-\xi\omega_n t}}{\beta\xi^2(\beta-2)+1}\frac{\beta\xi[\xi^2(\beta-2)+1]\sin(\sqrt{1-\xi^2}\,\omega_n t)}{\sqrt{1-\xi^2}} - \quad (t \geq 0) \\
&\frac{1}{\beta\xi^2(\beta-2)+1}e^{-\lambda t}
\end{aligned}
\tag{4.48}
$$

式中，$\beta = \dfrac{\lambda}{\xi\omega_n}$ 为系统实数极点与共轭复数极点的实部之比。

三阶系统单位阶跃响应曲线如图 4.20 所示。

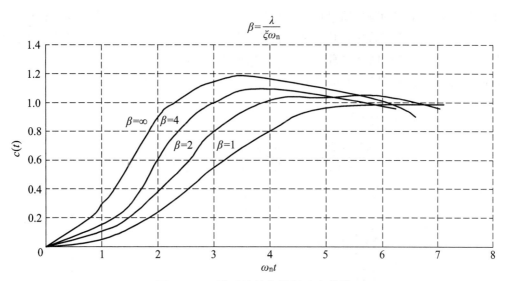

图 4.20　三阶系统单位阶跃响应曲线

为该三阶系统 $\xi=0.5$ 时的单位阶跃响应曲线，比值 $\beta=\dfrac{\lambda}{\xi\omega_n}$ 为曲线簇中的参变量。若实数极点位于共轭复数极点的右侧，且距离原点很近，如图 4.21（a）所示，则系统响应表现出明显的惯性环节特性，共轭复数极点只能增加系统响应曲线初始段的波动；若实数极点位于共轭复数极点的左侧，且距离很远，如图 4.21（b）所示，此时实数极点对系统动态响应影响较小，系统响应主要由共轭复数极点决定。特别是当 $\lambda\to\infty$，即 $\beta\to\infty$ 时，实数极点的作用消失，三阶系统退化为欠阻尼二阶系统。

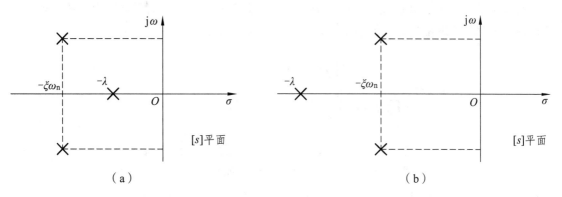

图 4.21　极点位置分布图

因此，三阶系统的响应特性主要取决于距离虚轴较近的闭环极点。这样的闭环极点称为系统的闭环主导极点。

4.6.2　高阶系统

主导极点的概念一般应用于高阶系统动态响应的分析中。通常所说的主导极点是指在系统所有闭环极点中，距离虚轴最近且周围没有闭环零点的极点，而所有其他极点都远离虚轴。

系统的主导极点对系统的响应特性起主导作用，而其他极点的影响在一定精确度要求下可以忽略不计。考虑在工程实践中，通常要求控制系统既要有较快的响应速度，又要具有良好的平稳性。因此，闭环主导极点通常是以共轭复数形式出现。

高阶系统的传递函数的一般形式为

$$G(s) = \frac{C(s)}{R(s)}$$

$$= \frac{b_0 s^m + b_1 s^{m-1} + \cdots + b_{m-1} s + b_m}{a_0 s^n + a_1 s^{n-1} + \cdots + a_{n-1} s + a_n}$$

$$= \frac{K(s - z_1)(s - z_2)\cdots(s - z_m)}{(s - p_1)(s - p_2)\cdots(s - p_n)}$$

$$= \frac{K\prod\limits_{i-1}^{m}(s + z_i)}{\prod\limits_{j-1}^{n}(s + p_j)}$$

$$= \frac{K\prod\limits_{i-1}^{m}(s + z_i)}{\prod\limits_{j-1}^{q}(s + p_j)\prod\limits_{k-1}^{r}(s^2 + 2\xi_k \omega_k s + \omega_k^2)} \quad (m \leqslant n) \qquad (4.49)$$

式中，$K = \dfrac{b_0}{a_0}$，$q + 2r = n$，$z_1, z_n, \cdots, z_m$ 为系统闭环传递函数的零点；$p_1, p_2, \cdots, p_n$ 为系统闭环传递函数的极点。

假设系统所有零、极点互不相同，极点中有实数和复数极点，而零点均为实数零点。当输入信号为单位阶跃信号，系统单位阶跃响应的拉氏变换为

$$C(s) = \frac{K\prod\limits_{i-1}^{m}(s + z_i)}{s\prod\limits_{j-1}^{q}(s + p_j)\prod\limits_{k-1}^{r}(s^2 + 2\xi_k \omega_k s + \omega_k^2)}$$

$$= \frac{a}{s} + \sum\limits_{j-1}^{q}\frac{a_j}{s + p_j} + \sum\limits_{k-1}^{r}\frac{b_k(s + \xi_k \omega_k) + c_k \omega_k \sqrt{1 - \xi_k^2}}{(s + \xi_k \omega_k)^2 + (\omega_k \sqrt{1 - \xi_k^2})^2} \qquad (4.50)$$

式中，a，a_j 为 $C(s)$ 在极点 $s = 0$ 和 $s = -p_j$ 处的留数；b_k，c_k 是与 $C(s)$ 在极点 $s = -\xi_k \omega_k \pm \omega_k \sqrt{1 - \xi_k^2} j$ 的留数有关的常系数。

则高阶系统的时域单位阶跃响应为

$$c(t) = a + \sum\limits_{j=1}^{q} a_j e^{-p_j t} + \sum\limits_{k=1}^{r} b_k e^{-\xi_k \omega_k t} \cos \omega_k \sqrt{1 - \xi_k^2}\, t +$$

$$\sum\limits_{k=1}^{r} c_k e^{-\xi_k \omega_k t} \sin \omega_k \sqrt{1 - \xi_k^2}\, t$$

也可写为

$$c(t) = a + \sum_{j=1}^{q} a_j \mathrm{e}^{-p_j t} + \sum_{k=1}^{r} \sqrt{b_k^2 + c_k^2}\, \mathrm{e}^{-\xi_k \omega_k t} \sin(\omega_k \sqrt{1-\xi_k^2}\, t + \varphi) \tag{4.51}$$

式中，$\varphi = \arctan \dfrac{b_k}{c_k}$。

从上述的求解可以看出，高阶系统单位阶跃响应的特点。

（1）高阶系统的单位阶跃响应包含指数函数分量和衰减正弦函数分量，即响应表达式由一阶和二阶系统的响应函数叠加而成。

（2）如果所有闭环极点都具有负实部，则系统是稳定的。

（3）若系统有一对共轭复数主导极点，而其余闭环零点、极点都相对远离虚轴，则由式（4.51）可以看出：距虚轴较远的非主导极点，其相应的动态响应分量衰减较快，对系统的过渡过程影响不大；距虚轴最近的主导极点，其对应的动态响应分量衰减最慢，在决定过程形式方面起主导作用。

因此，高阶系统的时域响应可由这对共轭复数主导极点所确定的二阶系统的时域响应来近似，用二阶系统的动态性能指标来估计高阶系统动态性能。需要注意的是，高阶系统毕竟不是二阶系统，因而用二阶系统对高阶系统进行近似估计时，还需要考虑其他非主导极点与零点的影响。

练 习 题

1. 什么是时域响应？时域响应由哪两部分组成？它们各自的含义是什么？

2. 试分析二阶系统阻尼比 ξ 和无阻尼固有频率 ω_n 对系统的影响。

3. 已知系统有下列脉冲响应函数，试求其相应系统的传递函数。

（1）$g(t) = 2\left(1 - \mathrm{e}^{-\frac{1}{2}t}\right)$

（2）$g(t) = 20\mathrm{e}^{-2t} \sin t$

（3）$g(t) = 0.5t + 5\sin\left(3t + \dfrac{\pi}{3}\right)$

4. 已知系统有下列单位阶跃响应函数，试确定其的相应系统传递函数。

（1）$c(t) = 4(1 - \mathrm{e}^{-\frac{1}{2}t})$

（2）$c(t) = 3[1 - 1.24\mathrm{e}^{-1.2t} \sin(1.6t + 53°)]$

5. 设单位负反馈控制系统的开环传递函数 $G(s) = \dfrac{4}{s(s+5)}$，试求系统的单位阶跃响应、单位斜坡响应，并说明两者之间的关系。

6. 已知系统的传递函数为 $\phi(s) = \dfrac{4s+1}{(8s+1)(2s+1)}$，试求该系统的 ξ 和 ω_n 的值及其单位阶跃响应。

7. 图 4.22 所示为宇宙飞船姿态控制系统方框图。假设系统中控制器的时间常数 $T = 3$ s，力矩与惯量比 $\dfrac{K}{J} = \dfrac{2}{9}$ rad / s^2，试求系统阻尼比。

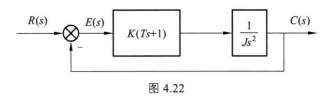

图 4.22

8. 设一单位负反馈系统的开环传递函数为 $G(s) = \dfrac{10}{s(s+1)}$，该系统的阻尼比为 0.157，无阻尼固有频率为 3.16 rad/s^2，现将系统改变为如图 4.23 所示，使得阻尼比为 0.5，试确定 K_n 的值。

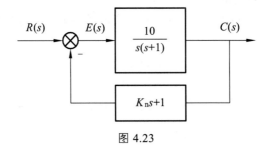

图 4.23

9. 试求图 4.24 所示系统的闭环传递函数，并求出闭环阻尼比为 0.5 时所对应的 K 值。

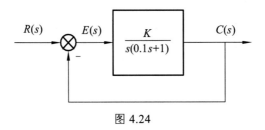

图 4.24

第 5 章

系统的频率特性分析

对于复杂的高阶系统，如果仍采用时域分析法进行系统分析，求解过程相当复杂，而且当系统参数变化时，很难看出其对系统动态性能的影响。本章所介绍的频域分析法是从频域研究控制系统控制过程的性能问题，即稳定性、快速性和准确性等。

频率特性分析是经典控制理论中比较常用的一种图解方法，是一种直观、方便的分析研究方法。采用该分析方法可以根据系统的开环频率特性来判断闭环系统的性能，并分析系统重要参数对系统暂态响应的影响。此外，当一些复杂的机械系统或过程，难以从理论上列出微分方程或难以确定其参数时，可以通过频率响应实验的方法，即所谓系统辨识的方法，确定系统的传递函数。另外，对于外部干扰和噪声信号，可以通过频率特性分析，在系统设计时选择合适的频宽，从而有效抑制干扰的影响。因此，频率特性法具有一定的实用意义。

本章首先介绍频率特性的基本概念及其两种图形表示方法，最后介绍频率响应与传递函数的关系以及系统的闭环频率特性。

5.1 频率特性

5.1.1 频率响应与频率特性

频率响应（frequency-response）是线性定常系统对正弦输入的稳态响应。也就是说，给线性系统输入某一频率的正弦波，经过充分长的时间后，系统的输出响应仍然是同频率的正弦波，而且输出与输入的正弦幅值之比，以及相位之差，对于给定的系统来讲是完全确定的。然而，仅仅在某个特定频率时的幅值比和相位差是不能完整说明系统的全部特性的。因此，当不断改变输入正弦的频率（ω 由 0 变化到∞）时，该幅值比和相位差的变化情况即称为系统的频率特性（frequency-characteristic）。

假设线性定常系统的输入信号为

$$r(t) = A_r \sin \alpha t$$

其拉氏变换为

$$R(s) = A_r \frac{\omega}{s^2 + \omega^2}$$

则

$$C(s) = G(s)R(s)$$

$$= \frac{b_0 s^m + b_1 s^{m-1} + \cdots + b_{m-1} s + b_m}{a_0 s^n + a_1 s^{n-1} + \cdots + a_{n-1} s + a_n} A_r \frac{\omega}{s^2 + \omega^2} \tag{5.1}$$

对式（5.1）进行拉氏反变换，即可求得系统的时间响应。

假设系统的各个极点互不相同，则输出的拉氏变换为

$$C(s) = G(s)R(s)$$

$$= \frac{C_1}{s - s_1} + \frac{C_2}{s - s_2} + \cdots + \frac{C_n}{s - s_n} + \frac{A}{s + j\omega} + \frac{B}{s - j\omega} \tag{5.2}$$

$$= \sum_{i=1}^{n} \frac{C_i}{s - s_i} + \left(\frac{A}{s + j\omega} + \frac{B}{s - j\omega} \right)$$

可得系统的响应为

$$c(t) = \sum_{i=1}^{n} C_i \mathrm{e}^{s_i t} + A\mathrm{e}^{-j\omega t} + B\mathrm{e}^{j\omega t} \tag{5.3}$$

对于稳定系统而言，其极点均具有负实部。则时间趋近于无穷大时，系统的稳态响应，即频率响应为

$$c(t) = A\mathrm{e}^{-j\omega t} + B\mathrm{e}^{j\omega t} \tag{5.4}$$

式（5.4）中 A、B 为待定系数，即响应极点处的留数，具体求解方法在 2.3 节已经讲述过（与前面第 2 章内容对应）。因此，可得

$$c(t) = A_r \left| G(j\omega) \right| \frac{\mathrm{e}^{[\omega t + \angle G(j\omega)]j} - \mathrm{e}^{-[\omega t + \angle G(j\omega)]j}}{2j} \tag{5.5}$$

$$= A_r \left| G(j\omega) \right| \sin[\omega t + \angle G(j\omega)]$$

令

$$A_c = A_r \left| G(j\omega) \right|, \quad \varphi(\omega) = \angle G(j\omega)$$

则式（5.5）可写为

$$c(t) = A_c \sin[\omega t + \varphi(\omega)] \tag{5.6}$$

对比系统的输入与稳态输出，可以看出二者频率相同，幅值成一定比例，相位角相差一定角度，如图 5.1 所示。

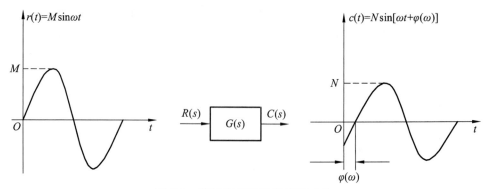

图 5.1　线性定常系统的频率响应

输出与输入幅值之比，称为幅频特性，表示为

$$A(\omega) = \frac{A_c}{A_r} = |G(j\omega)| \qquad (5.7)$$

输出与输入相位之差，称为相频特性，表示为

$$\varphi(\omega) = \angle G(j\omega) \qquad (5.8)$$

定义 $G(j\omega)$ 为系统的频率特性，表示为

$$\begin{aligned}G(j\omega) &= |G(j\omega)|e^{\angle G(j\omega)} \\ &= U(\omega) + V(\omega)j\end{aligned} \qquad (5.9)$$

式中，$U(\omega)$ 称为实频特性，$V(\omega)$ 称为虚频特性。显然有

$$A(\omega) = \sqrt{U^2(\omega) + V^2(\omega)} \qquad (5.10)$$

$$\varphi(\omega) = \arctan\frac{V(\omega)}{U(\omega)} \qquad (5.11)$$

$$U(\omega) = A(\omega)\cos\varphi(\omega) \qquad (5.12)$$

$$V(\omega) = A(\omega)\sin\varphi(\omega) \qquad (5.13)$$

5.1.2　频率特性的表示方法

由前面分析可知，已知系统的传递函数，即可求出系统频率特性。系统的频率特性反映了系统对不同频率信号的响应特性，同时也反映了系统内在的动态和静态特性。为了在较宽的频率范围内直观地表示出系统的频率特性，工程上常用图形来表示频率特性。频率特性的图形表示方法有两种：

（1）奈奎斯特（Nyquist）图，采用极坐标图形表示。

（2）伯德（Bode）图，采用对数坐标图形表示。

5.1.3　最小相位系统和非最小相位系统的概念

1. 最小相位系统

若系统的开环传递函数 $G(s)$，在右半 $[s]$ 平面内既无极点也无零点，则称为最小相位系统（minimum phase system）。对于最小相位系统，当频率从零变化到无穷大时，相角的变化范围最小，其相角为 $-(n-m)\times 90°$。

2. 非最小相位系统

若系统的开环传递函数 $G(s)$，在右半 $[s]$ 平面内有零点或者极点，则称为非最小相位系统（non-minimum phase system）。对于非最小相位系统，当频率从零变化到无穷大时，相角的变化范围总是大于最小相位系统的相角变化范围，当 $\omega \to \infty$ 时，其相位角不等于 $-(n-m)\times 90°$。

以下两个系统，它们的传递函数分别为

$$G_a(s) = \frac{\tau s + 1}{Ts + 1}, \quad G_b(s) = \frac{\tau s - 1}{Ts + 1}, \quad 0 < \tau < T$$

这两个系统的开环零、极点在复平面的分布如图 5.2 所示。其开环幅频特性和开环相频特性分别为

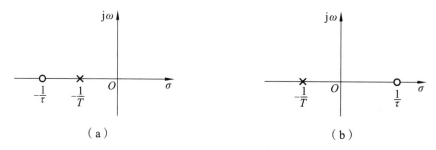

（a） （b）

图 5.2 系统 a 和 b 的开环零、极点分布图

$$\left| G_a(j\omega) \right| = \frac{\sqrt{\tau^2 \omega^2 + 1}}{\sqrt{T^2 \omega^2 + 1}} \tag{5.14}$$

$$\varphi_a(\omega) = \arctan \tau\omega - \arctan T\omega \tag{5.15}$$

$$\left| G_b(j\omega) \right| = \frac{\sqrt{\tau^2 \omega^2 + 1}}{\sqrt{T^2 \omega^2 + 1}} \tag{5.16}$$

$$\varphi_b(\omega) = -\arctan \tau\omega - \arctan T\omega \tag{5.17}$$

比较式（5.14）和式（5.16）以及式（5.15）和式（5.17），就可以发现这两个系统具有相同的开环幅频特性和不同的开环相频特性。

由以上两个式子可以看出，当 $\omega \to \infty$ 时，系统 a 的相位变化为 0°，系统 b 的相位变化为 −180°。由此可知，最小相位系统的相位变化量总是小于非最小相位系统的相位变化量，这就是"最小相位"的由来。

5.2 极坐标图

在实际应用系统中，常常把频率特性画成极坐标图或对数坐标图，然后根据这些图形曲线对系统进行分析和优化设计。下面先介绍极坐标图的概念及其绘制方法。

5.2.1 极坐标图的含义及特点

频率特性的极坐标图又称为奈奎斯特图（nyquist plot），或复相频率特性图。当 ω 从零变化到无穷大时，$G(j\omega)$ 的极坐标图表示的是在极坐标上其幅值与相位角的关系图。因此，极坐标图（polar plot）是在复平面内当 ω 从零变化到无穷大时矢量 $G(j\omega)$ 的矢端轨迹。用不同频率的矢端点轨迹来标识系统的频率特性。$G(j\omega)$ 在实轴和虚轴上的投影就是 $G(j\omega)$ 的实部和虚部。

在绘制极坐标图时，必须计算出每个频率下的幅值 $|G(\mathrm{j}\omega)|$ 和相位角 $\angle G(\mathrm{j}\omega)$ 。在极坐标图中，正相位角是从正实轴开始以逆时针方向旋转来定义，而负相位角则以顺时针方向旋转来定义。若系统由数个环节串联组成，假设各环节间无负载效应，在绘制该系统频率特性的极坐标图时，对于每一频率，各环节幅值相乘、相角相加，才可求得系统在该频率下的幅值和相位角。

采用极坐标图的主要优点是：能在一张图上表示出整个频率域内系统的频率响应特性。在对系统进行稳定性分析及系统校正时，用极坐标图较为方便。下面以惯性环节为例来说明其极坐标图的绘制。

5.2.2 典型环节的极坐标图

由于一般系统都是由典型环节组成的，系统的频率特性也是由典型环节的频率特性组成。因此，熟悉典型环节的频率特性，是了解和分析系统频率特性及系统动态特性的基础。

1. 比例环节 K

比例环节的传递函数为

$$G(s) = K \tag{5.18}$$

频率特性为

$$
\begin{aligned}
G(\mathrm{j}\omega) &= K \\
&= K + 0\mathrm{j} \\
&= K\angle\arctan 0
\end{aligned}
\tag{5.19}
$$

幅频特性为 $|G(\mathrm{j}\omega)| = K$ ，相频特性为 $\angle G(\mathrm{j}\omega) = 0°$ 。

可见，比例环节幅频特性与相频特性都与频率无关，其极坐标图为实轴上的一点，如图5.3 所示。

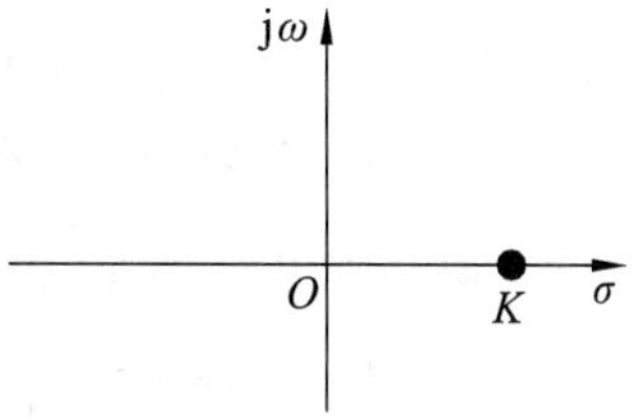

2. 惯性环节

惯性环节的传递函数为

$$G(s) = \frac{1}{Ts+1} \tag{5.20}$$

频率特性为

图 5.3 比例环节的极坐标图

$$
\begin{aligned}
G(\mathrm{j}\omega) &= \frac{1}{\mathrm{j}\omega T+1} \\
&= \frac{1}{\omega^2 T^2+1} - \mathrm{j}\frac{\omega T}{\omega^2 T^2+1} \\
&= \frac{1}{\sqrt{\omega^2 T^2+1}}\angle\arctan(-\omega T)
\end{aligned}
\tag{5.21}
$$

幅频特性为 $|G(\mathrm{j}\omega)| = \dfrac{1}{\sqrt{\omega^2 T^2 + 1}}$ ，相频特性为 $\angle G(\mathrm{j}\omega) = \arctan(-\omega T)$ 。

在绘制该环节的极坐标图时，先取几个特殊点：

当 $\omega = 0$ 时，$|G(\mathrm{j}\omega)| = 1$ ，$\angle G(\mathrm{j}\omega) = 0°$ ；

当 $\omega = \dfrac{1}{T}$ 时，$|G(\mathrm{j}\omega)| = \dfrac{1}{\sqrt{2}}$ ，$\angle G(\mathrm{j}\omega) = -45°$ ；

当 $\omega \to \infty$ 时，$|G(\mathrm{j}\omega)| \to 0$ ，$\angle G(\mathrm{j}\omega) \to -90°$ 。

可见，当频率由零趋于无穷大时，惯性环节的极坐标图均位于复数平面的第四象限内。下面证明其极坐标图是一个圆心为（0.5，j0），半径为 0.5 的圆。设

$$G(\mathrm{j}\omega) = U(\omega) + \mathrm{j}V(\omega)$$

根据惯性环节频率特性的表达式，不难看出，频率特性的实部和虚部分别为

$$U(\omega) = \frac{1}{1 + T^2\omega^2}, \quad V(\omega) = \frac{-T\omega}{1 + T^2\omega^2}$$

且存在着这样的关系：

$$\left[U(\omega) - \frac{1}{2}\right]^2 + [V(\omega)]^2 = \left(\frac{1}{2}\right)^2$$

即表明惯性环节频率特性的实部与虚部之间的关系是一个以坐标（0.5，j0）为圆心，0.5 为半径的圆。

通过同样的方法选取 $\omega = 1/4T$，$1/2T$，$2/T$，$4/T$ 等频率点，求得对应的幅值和相位角，按照 ω 从零变化到无穷大时的顺序，可画出惯性环节频率特性的极坐标图，如图 5.4 所示。

从图 5.4 可以看出，惯性环节频率特性幅值随着频率的增大而减小，因此它具有低通性能。它存在相位滞后，且滞后相角随频率的增大而增大，最大滞后相角为 90°。

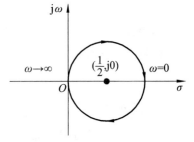

图 5.4　惯性环节的极坐标图

3. 积分环节的极坐标图

积分环节的传递函数为

$$G(s) = \frac{1}{s} \tag{5.22}$$

频率特性为

$$\begin{aligned} G(\mathrm{j}\omega) &= \frac{1}{\mathrm{j}\omega} = 0 - \frac{1}{\omega}\mathrm{j} \\ &= \frac{1}{\omega}\angle\arctan(-\infty) \end{aligned} \tag{5.23}$$

幅频特性为 $|G(\mathrm{j}\omega)| = \dfrac{1}{\omega}$，相频特性为 $\angle G(\mathrm{j}\omega) = 0 - \arctan\left(\dfrac{\omega}{0}\right) = -90°$。

因为 $\angle G(\mathrm{j}\omega) = -90°$（常数），而当频率由零趋于无穷大时，$|G(\mathrm{j}\omega)|$ 则由无穷大趋于零。可见，积分环节相频特性与频率无关，具有恒定的 $-90°$ 相位滞后，而当频率由零趋近于无穷大时，其幅频特性值由无穷大趋近于零。故积分环节的极坐标图是负半轴，如图 5.5 所示。

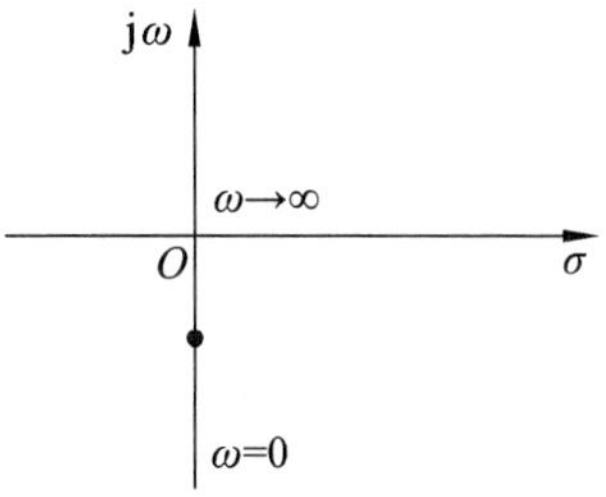

4. 微分环节的极坐标图

微分环节的传递函数为

$$G(s) = s \tag{5.24}$$

频率特性为

$$\begin{aligned} G(\mathrm{j}\omega) &= \mathrm{j}\omega \\ &= 0 + \omega\mathrm{j} \\ &= \omega\angle\arctan(\infty) \end{aligned} \tag{5.25}$$

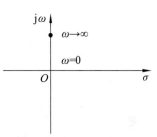

图 5.5　积分环节的极坐标图

幅频特性为 $|G(\mathrm{j}\omega)| = \omega$，相频特性为 $\angle G(\mathrm{j}\omega) = \arctan\left(\dfrac{\omega}{0}\right) = 90°$。

可见，微分环节相频特性与频率也无关，具有恒定的 $90°$ 相位超前，而当频率由零趋近于无穷大时，其幅频特性值由零趋近于无穷大。故微分环节的极坐标图是正虚轴，如图 5.6 所示。

5. 一阶微分环节

一阶微分环节的传递函数为

$$G(s) = \tau s + 1 \tag{5.26}$$

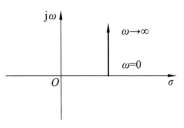

图 5.6　微分环节的极坐标图

频率特性为

$$G(\mathrm{j}\omega) = 1 + \mathrm{j}\omega\tau = \sqrt{1 + (\omega\tau)^2}\angle\arctan(\omega\tau) \tag{5.27}$$

幅频特性为 $|G(\mathrm{j}\omega)| = \sqrt{1 + \omega^2\tau^2}$，相频特性为 $\angle G(\mathrm{j}\omega) = \arctan(\omega\tau)$。

当 $\omega = 0$ 时，$|G(\mathrm{j}\omega)| = 1$，$\angle G(\mathrm{j}\omega) = 0°$；

当 $\omega = \dfrac{1}{\tau}$ 时，$|G(\mathrm{j}\omega)| = \sqrt{2}$，$\angle G(\mathrm{j}\omega) = 45°$；

当 $\omega \to \infty$ 时，$|G(\mathrm{j}\omega)| \to \infty$，$\angle(\mathrm{j}\omega) \to 90°$。

可见，微分环节的相频特性和幅频特性都与频率有关，当频率从零趋于无穷大时，一阶微分环节极坐标图处于第一象限内，为过点（1，j0），且平行于虚轴的上半部分的直线，如图 5.7 所示。

图 5.7　一阶微分环节的极坐标图

6. 振荡环节

振荡环节的传递函数为

$$G(s) = \frac{1}{T^2 s^2 + 2\xi Ts + 1} \tag{5.28}$$

频率特性为

$$
\begin{aligned}
G(j\omega) &= \frac{1}{T^2(j\omega)^2 + 2\xi T(j\omega) + 1} \\
&= \frac{1}{(1 - T^2\omega^2) + 2\xi T\omega j} \\
&= \frac{1}{(1 - T^2\omega^2) + (2\xi T\omega)^2} - \frac{2\xi T\omega}{(1 - T^2\omega^2) + (2\xi T\omega)^2} j \\
&= \frac{1}{\sqrt{(1 - T^2\omega^2) + (2\xi T\omega)^2}} \angle G(j\omega)
\end{aligned} \tag{5.29}
$$

幅频特性为 $\left| G(j\omega) \right| = \dfrac{1}{\sqrt{(1 - T^2\omega^2)^2 + (2\xi T\omega)^2}}$

相频特性为 $\angle G(j\omega) = \begin{cases} -\arctan \dfrac{2\xi T\omega}{1 - T^2\omega^2} & \left(\omega \leqslant \dfrac{1}{T} \right) \\ -\pi + \arctan \dfrac{2\xi T\omega}{T^2\omega^2 - 1} & \left(\omega > \dfrac{1}{T} \right) \end{cases}$

当 $\omega = 0$ 时，$\left| G(j\omega) \right| = 1$，$\angle G(j\omega) = 0°$；

当 $\omega = \dfrac{1}{T}$ 时，$\left| G(j\omega) \right| = \dfrac{1}{2\xi}$，$\angle G(j\omega) = -90°$；

当 $\omega \to \infty$ 时，$\left| G(j\omega) \right| \to 0$，$\angle(j\omega) \to -180°$。

可见，当频率从零趋于无穷大时，振荡环节的极坐标图处于下半平面上，而且与阻尼比 ξ 有关。不同阻尼比 ξ 时的极坐标图如图 5.8 所示。对于不同的 ξ 值，形成一簇极坐标线。

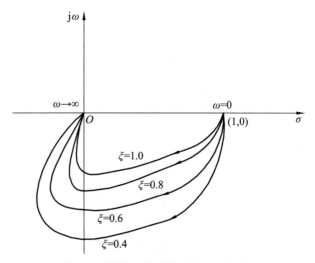

图 5.8　振荡环节频率特性极坐标图

对于欠阻尼情况 $\xi<1$，$|G(\mathrm{j}\omega)|$ 会出现峰值，此峰值叫谐振峰值，用 M_{r} 表示，出现谐振峰值的频率为谐振频率，用 ω_{r} 表示。

对于过阻尼情况 $\xi>1$，$G(\mathrm{j}\omega)$ 有两个相异的实数极点，其中一个极点远离虚轴。显然，远离虚轴的这个极点对瞬态性能的影响很小，而起主导作用的是靠近原点的实数极点，它的极坐标图近似于一个半圆，此时系统已经接近为一个惯性环节。

当 $\omega=0$ 时，不论 ξ 值的大小，曲线均从点（1，0）开始；当 $\omega\to\infty$ 时，曲线在原点（0，0）结束，相位角由 0° 变换到 –180°。当 $\omega=\omega_{\mathrm{n}}$ 时，曲线与纵轴的负半轴相交，其相位角为 –90°，幅值为 $\dfrac{1}{2\xi}$。

由于当 $\omega=\omega_{\mathrm{r}}$ 时，$|G(\mathrm{j}\omega)|=M_{\mathrm{r}}$，故有

$$\frac{\mathrm{d}|G(\mathrm{j}\omega)|}{\mathrm{d}\omega}=0$$

所求得的谐振频率为

$$\omega_{\mathrm{r}}=\omega_{\mathrm{n}}\sqrt{1-2\xi^2} \tag{5.30}$$

故谐振峰值为

$$M_{\mathrm{r}}=\frac{1}{2\xi\sqrt{1-2\xi^2}} \tag{5.31}$$

式（5.31）表明，只有当 $1-2\xi^2>0$，即 $0<\xi<0.707$ 时，$|G(\mathrm{j}\omega)|$ 才会出现谐振峰值。另外，从式（5.30）可看到，对于实际系统，谐振频率 ω_{r} 不等于它的无阻尼固有频率 ω_{n}，而是比 ω_{n} 小。式（5.31）表明，谐振峰值 M_{r} 随阻尼比 ξ 的减小而增大。当 ξ 趋于零时，M_{r} 值便趋于无穷大。此时，才有 $\omega_{\mathrm{r}}=\omega_{\mathrm{n}}$。也就是说，在这种情况下，当输入正弦函数的频率等于无阻尼固有频率时，环节将引起共振。

7. 二阶微分环节

二阶微分环节的传递函数为

$$G(s)=\frac{1}{\omega_{\mathrm{n}}^2}s^2+\frac{1}{\omega_{\mathrm{n}}}2\xi s+1 \tag{5.32}$$

频率特性为

$$G(\mathrm{j}\omega)=\left(\mathrm{j}\frac{\omega}{\omega_{\mathrm{n}}}\right)^2+\mathrm{j}2\xi\frac{\omega}{\omega_{\mathrm{n}}}+1 \tag{5.33}$$

幅频特性为

$$|G(\mathrm{j}\omega)|=\sqrt{\left(1-\frac{\omega^2}{\omega_{\mathrm{n}}^2}\right)^2+\left(2\xi\frac{\omega}{\omega_{\mathrm{n}}}\right)^2} \tag{5.34}$$

相频特性为

$$\angle G(\mathrm{j}\omega)=\begin{cases}\arctan\dfrac{2\xi\dfrac{\omega}{\omega_\mathrm{n}}}{1-\dfrac{\omega^2}{\omega_\mathrm{n}^2}}\ (0\leqslant\omega\leqslant\omega_\mathrm{n})\\[20pt]\pi+\arctan\dfrac{2\xi\dfrac{\omega}{\omega_\mathrm{n}}}{1-\dfrac{\omega^2}{\omega_\mathrm{n}^2}}\ (\omega>\omega_\mathrm{n})\end{cases}\tag{5.35}$$

当 $\omega=0$ 时，$|G(\mathrm{j}\omega)|=1$，$\angle G(\mathrm{j}\omega)=0°$；

当 $\omega=\omega_\mathrm{n}$ 时，$|G(\mathrm{j}\omega)|=2\xi$，$\angle G(\mathrm{j}\omega)=90°$；

当 $\omega\to\infty$ 时，$|G(\mathrm{j}\omega)|\to\infty$，$\angle(\mathrm{j}\omega)\to180°$。

可见，当频率从零变化到无穷大时，二阶微分环节的极坐标图处于复平面的上半平面，而且与阻尼比 ξ 有关。不同阻尼比 ξ 时的极坐标图如图 5.9 所示。不论 ξ 值如何，极坐标图在 $\omega=0$ 时，从点（1，j0）开始，在 $\omega\to\infty$ 时指向无穷远处。

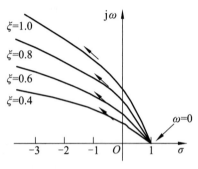

图 5.9　二阶微分环节的极坐标图

8. 延时环节

延时环节的传递函数为

$$G(s)=\mathrm{e}^{-st}\tag{5.36}$$

频率特性为

$$G(\mathrm{j}\omega)=\mathrm{e}^{-\mathrm{j}\omega\tau}=\cos\omega\tau-\mathrm{j}\sin\omega\tau\tag{5.37}$$

幅频特性 $|G(\mathrm{j}\omega)|=1$

相频特性 $\angle G(\mathrm{j}\omega)=\arctan\dfrac{-\sin\omega\tau}{\cos\omega\tau}=-\omega\tau$

由于延时环节的幅值恒为 1，而其相角随 ω 顺时针的变化成比例变化，因而它的极坐标图是以原点为圆心的单位圆，如图 5.10 所示。

5.2.3　极坐标图的一般画法

对于最小相位系统，当频率从零变化到无穷大时，相位角变化是最小的，其相角变化等于 $-(n-m)\times90°$。实际的控制系统通常都是最小相位系统，其开环频率特性为

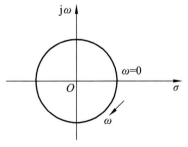

图 5.10　延时环节的极坐标图

$$G(j\omega) = \frac{K(j\tau_1\omega+1)(j\tau_2\omega+1)\cdots(j\tau_m\omega+1)}{(j\omega)^\nu(jT_1\omega+1)(jT_2\omega+1)\cdots(jT_{n-\nu}\omega+1)} \quad (m < n) \tag{5.38}$$

对于非最小相位系统，当频率从零变化到无穷大时，相位角变化总是大于最小相位系统的相角范围，其相角变化不等于 $-(n-m)\times 90°$。

最小相位系统开环频率特性极坐标图的一般绘制规律：

如果要准确绘制 ω 由 $0\to\infty$ 整个频率范围内的系统的极坐标图，可以按照逐点描图法，绘出系统的极坐标图。不过通常我们并不需要精确地知道 ω 由 $0\to\infty$ 整个频率范围内每一点的幅值和相角，而只需要知道极坐标图与负实轴的交点以及 $|G(j\omega)|=1$ 时的点，其余部分只需知道其一般形式即可。绘制这种概略的极坐标图，只要根据极坐标图的特点，便可方便地绘出。

在实际应用过程中，极坐标图也没必要进行精确绘制，只需知道起点、终止点，一些特殊点即可。按照上述方法，可以绘制出其他类型系统的频率特性极坐标图。

下面讨论 ν 和 $n-m$ 值与极坐标图形状的关系。

1. 起始段（$\omega=0$）

1）对于 0 型系统（$\nu=0$）

由于 $|G(j\omega)|=K$，$\angle G(j\omega)=0°$，则极坐标图的起点是位于实轴上的有限值。

2）对于 I 型系统（$\nu=1$）

由于 $|G(j\omega)|\to\infty$，$\angle G(j\omega)=-90°$，在低频段，极坐标图是一条渐近线，它趋近于一条平行于负虚轴的直线。

3）对于 II 型系统（$\nu=2$）

由于 $|G(j\omega)|\to\infty$，$\angle G(j\omega)=-180°$，在低频段，极坐标图是一条渐近线，它趋近于一条平行于负实轴的直线。

0 型系统、I 型系统和 II 型系统的极坐标图低频部分的一般形状如图 5.11（a）所示。

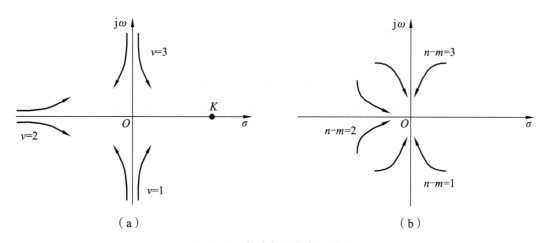

（a）   （b）

图 5.11 极坐标图起始、终止

2. 终止段（$\omega \to \infty$）

对于 0 型系统、Ⅰ 型系统和 Ⅱ 型系统，$|G(j\omega)| = 0$，$\angle G(j\omega) = -(n-m) \times 90°$。对于任何 $n > m$ 的系统，$\omega \to \infty$ 时的极坐标图的幅值必然趋近于零，而相角趋近于 $-(n-m) \times 90°$。

0 型系统、Ⅰ 型系统和 Ⅱ 型系统的极坐标图高频部分的一般形状如图 5.11（b）所示。

3. 与坐标轴的交点

令 $\text{Im}[G(j\omega)] = 0$，即 $V(\omega) = 0$，可以求得极坐标图与实轴的交点。同理，令 $U(\omega) = 0$，可以求得极坐标图与虚轴的交点。

4. $G(j\omega)$ 包含一阶微分环节

若 $G(j\omega)$ 包含一阶微分环节，相位非单调下降，则极坐标图将发生"弯曲"现象。

按照上述特点，便可方便地画出系统的极坐标图。

【例 5.1】 已知系统的开环传递函数如下，试绘制该系统的极坐标图。

$$G(s) = \frac{4s+1}{s^2(s+1)(2s+1)}$$

解： 由系统传递函数可知，$v = 2$，该系统为 Ⅱ 型系统，$m = 1$，$n = 4$。其中包含的典型环节有一个一阶微分环节、两个积分环节和两个惯性环节。

系统的频率特性为

$$G(j\omega) = \frac{4j\omega+1}{-\omega^2(j\omega+1)(2j\omega+1)}$$
$$= \frac{1+10\omega^2}{-\omega^2(\omega^2+1)(4\omega^2+1)} + \frac{1-8\omega^2}{-\omega(\omega^2+1)(4\omega^2+1)}j$$

幅频特性

$$A(\omega) = \frac{\sqrt{16\omega^2+1}}{\omega^2\sqrt{\omega^2+1}\sqrt{4\omega^2+1}}$$

相频特性

$$\varphi(\omega) = -180° + \arctan 4\omega - \arctan \omega - \arctan 2\omega$$

当 $\omega = 0$ 时，$A(\omega) \to \infty$，$\varphi(\omega) = -180°$，且此时频率特性实部 $U(\omega) < 0$、虚部 $V(\omega) < 0$。

当 $\omega \to \infty$ 时，$A(\omega) = 0$，$\varphi(\omega) = -270°$，且此时频率特性实部 $U(\omega) < 0$、虚部 $V(\omega) > 0$。

令 $V(\omega) = 0$，即

$$\frac{1-8\omega^2}{-\omega(\omega^2+1)(4\omega^2+1)} = 0$$

求得

$$\omega^2 = \frac{1}{8}$$

代入

$$U(\omega) = \frac{1+10\omega^2}{-\omega^2(\omega^2+1)(4\omega^2+1)}$$

得

$$U(\omega) = -\frac{32}{3}$$

即得与实轴负半轴交点坐标为（ $-32/3$ ， $j0$ ）。

由于该系统包含一个一阶微分环节，相位非单调下降，极坐标图发生弯曲，如图 5.12 所示。

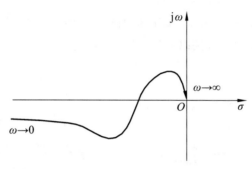

图 5.12 例 5.1 系统的频率特性极坐标图

【例 5.2】 画出下列两个零型系统的奈奎斯特图，式中 K、T_1、T_2、T_3 均大于 0。

$$G_1(s) = \frac{K}{(T_1 s+1)(T_2 s+1)}$$

$$G_2(s) = \frac{K}{(T_1 s+1)(T_2 s+1)(T_3 s+1)}$$

解： 系统的频率特性分别为

$$G_1(j\omega) = \frac{K}{(jT_1\omega+1)(jT_2\omega+1)}$$

$$G_2(j\omega) = \frac{K}{(jT_1\omega+1)(jT_2\omega+1)(jT_3\omega+1)}$$

幅频特性

$$A_1(\omega) = K\frac{1}{\sqrt{T_1^2\omega^2+1}}\frac{1}{\sqrt{T_2^2\omega^2+1}}$$

$$A_2(\omega) = K\frac{1}{\sqrt{T_1^2\omega^2+1}}\frac{1}{\sqrt{T_2^2\omega^2+1}}\frac{1}{\sqrt{T_3^2\omega^2+1}}$$

相频特性

$$\varphi_1(\omega) = -\arctan T_1\omega - \arctan T_2\omega$$

$$\varphi_2(\omega) = -\arctan T_1\omega - \arctan T_2\omega - \arctan T_3\omega$$

当 $\omega = 0$ 时

$$A_1(\omega) = K, \quad \varphi_1(\omega) = 0°$$

$$A_2(\omega) = K, \quad \varphi_2(\omega) = 0°$$

当 $\omega \to \infty$ 时

$$A_1(\omega) = 0, \quad \varphi_1(\omega) = -180°$$

$$A_2(\omega) = 0, \quad \varphi_2(\omega) = -270°$$

以上分析表明，0 型系统 $G_1(j\omega)$、$G_2(j\omega)$ 的奈奎斯特图的起点均位于正实轴上的一个有限点（K, j0）。而当 $\omega \to \infty$ 时，分别以 $-180°$ 和 $-270°$ 趋于坐标原点。它们的奈奎斯特图如图 5.13 所示。

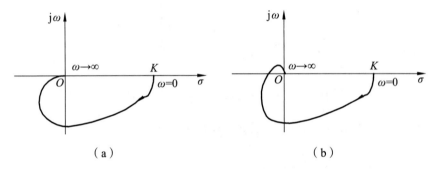

（a）   （b）

图 5.13　两个 0 型系统的奈奎斯特图

【例 5.3】　画出 I 型系统的奈奎斯特图，式中 K、T 均大于 0。

$$G(s) = \frac{K}{s(Ts+1)}$$

系统的频率特性为

$$G(j\omega) = K\frac{1}{j\omega(jT\omega+1)} = \frac{-KT}{1+T^2\omega^2} - j\frac{K}{\omega(1+T^2\omega^2)} \qquad (5.39)$$

幅频特性

$$A(\omega) = K\frac{1}{\omega\sqrt{T^2\omega^2+1}}$$

相频特性

$$\varphi(\omega) = -90° - \arctan T\omega$$

当 $\omega = 0$ 时

$$A(\omega) \to \infty, \quad \varphi(\omega) \to 90°$$

当 $\omega \to \infty$ 时

$$A(\omega) = 0 \ , \quad \varphi(\omega) = -180°$$

上述分析表明，当 $\omega = 0$ 时，系统的奈奎斯特图起点在无穷远处，故下面求出系统起点始于无穷远点时的渐近线。

根据式（5.39），令 $\omega \to \infty$，对 $G(\mathrm{j}\omega)$ 的实部和虚部分别取极限得

$$\lim_{\omega \to 0} \mathrm{Re}[G(\mathrm{j}\omega)] = \lim_{\omega \to 0} \frac{-KT}{1 + T^2\omega^2} = -KT$$

$$\lim_{\omega \to 0} \mathrm{IM}[G(\mathrm{j}\omega)] = \lim_{\omega \to 0} \frac{-K}{\omega[1 + T^2\omega^2]} = -\infty$$

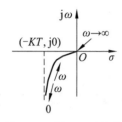

图 5.14 例 5.3 系统的奈奎斯特图

上式表明，$G(\mathrm{j}\omega)$ 的奈奎斯特图在 $\omega \to 0$ 时，即图形的起始点，位于相角为 $-90°$ 的无穷远处，且趋于一条渐近线，该渐近线为过点 $(-KT, \mathrm{j}0)$ 且平行于虚轴的直线；当 $\omega \to \infty$ 时，幅值趋于 0，相角趋于 $-180°$，如图 5.14 所示。

【例 5.4】 已知系统的开环传递函数为 $G(s) = \dfrac{K}{s(T^2s^2 + 2\xi Ts + 1)}$（$0<\xi<1$），试绘制该系统的奈奎斯特图。

解：（1）系统的频率特性为

$$G(\mathrm{j}\omega) = K \frac{1}{\mathrm{j}\omega(1 - T^2\omega^2 + \mathrm{j}2\xi T\omega)}$$

$$= \frac{-2\xi KT}{4\xi^2 T^2\omega^2 + (1 - T^2\omega^2)^2} - \mathrm{j}\frac{K(1 - T^2\omega^2)}{4\xi^2 T^2\omega^3 + (1 - T^2\omega^2)^2 \omega}$$

幅频特性

$$A(\omega) = K \frac{1}{\omega\sqrt{(1 - T^2\omega^2)^2 + 4\xi^2 T^2\omega^2}}$$

相频特性

$$\varphi(\omega) = -90° - \arctan \frac{2\xi T\omega}{1 - T^2\omega^2}$$

当 $\omega = 0$ 时，$A(\omega) \to \infty$，$\varphi(\omega) = -90°$；

当 $\omega = \dfrac{1}{T}$ 时，$A(\omega) = \dfrac{KT}{2\xi}$，$\varphi(\omega) = -180°$；

当 $\omega \to \infty$ 时，$A(\omega) = 0$，$\varphi(\omega) = -270°$。

（2）求系统起始于无穷远点的渐近线。

当 $\omega \to 0$ 时

$$\mathrm{Re}[G(\mathrm{j}\omega)] = -2\xi KT$$

$$\mathrm{Im}[G(\mathrm{j}\omega)] \to -\infty$$

（3）奈奎斯特图与坐标轴的交点。

从以上分析可知，系统奈奎斯特图的起点位于第三象限，终点在原点，终点的相角为 –270°，故系统的奈奎斯特图与实轴的负半轴有一交点。

令 $\text{Im}[G(j\omega)] = 0$，解得交点处的频率为

$$\omega = \frac{1}{T}$$

将解得的交点频率代入实部得

$$\text{Re}\left[G(j\omega)\right] = \frac{-KT}{2\xi}$$

故交点的坐标是 $\left(\dfrac{-KT}{2\xi}, j0\right)$。

图 5.15 所示为不同 ξ 值时的系统奈奎斯特图。

在 MATLAB 工具箱中，绘制系统奈奎斯特图的函数为 "nyquist"。其格式为

[re，im，w] = nyquist(num,den)

[re，im，w] = nyquist(num,den,w)

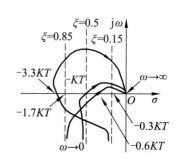

图 5.15 例 5.4 系统的奈奎斯特图

其中，[re，im，w] = nyquist（num，den）可以绘制传递函数为 $G(s) = \dfrac{\text{num}(s)}{\text{den}(s)}$ 时系统的奈奎斯特曲线。

[re，im，w] = nyquist（num，den，w）可以根据指定频率 ω 绘制系统的奈奎斯特曲线。

【例 5.5】 绘制系统 $G(s) = \dfrac{2s^2 + 5s + 1}{s^2 + 2s + 3}$ 的奈奎斯特图。

解：在 MATLAB 命令窗口键入下列命令：

num = [2,5,1]；den = [1,2,3]

nyquist(num,den)

绘制的奈奎斯特图如图 5.16 所示。

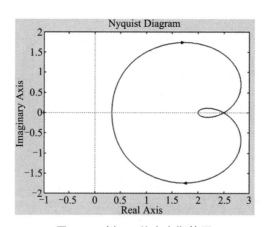

图 5.16 例 5.5 的奈奎斯特图

5.3 频率特性的对数坐标图

5.3.1 对数坐标图的含义及特点

频率特性的对数坐标图又称伯德图（bode diagram），或对数频率特性图（logarithmic frequency character plot）。它包括两条曲线：对数幅频特性图和对数相频特性图。它们的横坐标是按频率 ω 的以 10 为底的对数分度。在对数坐标中，频率每变化 1 倍就称为 1 倍频程（octave），单位记作 oct，例如 ω 从 1 到 2，2 到 4，10 到 20，等等，坐标间距为 0.301 长度单位，其长度都相等。频率每变化 10 倍就称为 10 倍频程（decade octave），单位记作 dec，例如 ω 从 1 到 10，2 到 20，10 到 100，等等，所有十倍程在 ω 轴上的长度都相等，坐标间距为 1 个长度单位。ω 的两种分度方法如图 5.17 所示。

对数幅频特性图、相频特性图中的纵坐标都采用均匀分度，对数幅频特性图坐标值取 $G(j\omega)$ 幅值的对数，且坐标值为 $L(\omega) = 20|G(j\omega)|$，单位为分贝（dB）。纵轴上 0 dB 表示 $|G(j\omega)| = 1$，纵轴上没有 $|G(j\omega)| = 0$ 的点。

对数幅频特性图就是以 $20\lg|G(j\omega)|$ 为纵坐标，以 $\lg\omega$ 为横坐标所绘制的曲线。

对数相频特性图的纵坐标是 $\angle G(j\omega)$，记作 $\varphi(\omega)$，单位是度（°）或弧度（rad），线性分度。

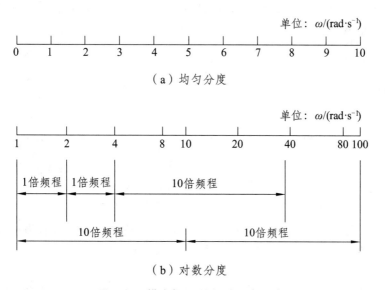

（a）均匀分度

（b）对数分度

图 5.17 横坐标 ω 的两种分度方法

采用对数频率特性图的优点：

（1）便于在较宽的频率范围内研究系统的频率特性。如频率范围为 0.1 ~ 100 rad/s，在均匀分度的横坐标上就难以进行精确分度，其中 1 ~ 10 rad/s 频率范围仅占坐标长度的 1/100，而在对数坐标分度中，仅占 1/3。另外，频率变化的倍数往往比其变化更具有意义。因此，对数分度有效扩展了低频段，这对工程系统设计分析具有重要意义。表 5.1 列出了 1 ~ 10 rad/s 频率范围对应的对数值。

表 5.1 ω 的均匀分布分度与对数分度

ω	1	2	3	4	5	6	7	8	9	10
$\lg\omega$	0	0.301	0.477	0.602	0.699	0.778	0.845	0.903	0.954	1

（2）可以将串联环节的幅值相乘、除，转化为幅值相加、减，便于绘制多个环节串联组成系统的对数频率特性图。

（3）可以采用渐近线近似的作图方法绘制对数幅频特性图，简单方便，尤其在控制系统设计、校正及系统辨识等方面应用更加方便。

（4）在对数频率特性图中，由于横坐标采用对数分度，因此 $\omega=0$ 不可能在横坐标上表示出来，横坐标上表示的最低频率由所感兴趣的频率范围决定；此外，横坐标一般只标注频率的自然数值。

（5）将实验获得的频率数据绘制成对数频率特性曲线（伯德图），可以方便地确定系统的传递函数。

5.3.2 典型环节的对数坐标图

因为一般系统都是由典型环节组成，所以，系统的对数频率特性也是由典型环节的对数频率特性组成的。因此，熟悉典型环节的对数频率特性，是理解和分析系统对数频率特性以及系统动态特性的基础。

1. 比例环节 K

对数频率特性

$$\begin{cases} L(\omega)=20\lg K \ (\text{dB}) \\ \varphi(\omega)=0 \end{cases} \tag{5.40}$$

可见，比例环节的对数幅频特性 $L(\omega)$ 为一条平行于横轴的水平直线，其值为 $20\lg K$ 。

当 $K>1$ ，则 $20\lg K$ 为正值，直线位于零分贝线横轴的上方。

当 $K<1$ ，则 $20\lg K$ 为负值，直线位于零分贝线横轴的下方。

当 $K=1$ 时，则 $20\lg K$ 等于 0，直线与零分贝线横轴重合，所以横轴又被称为零分贝线。对数相频特性 $\varphi(\omega)$ 为与横轴重合的直线，即相位角为 0°。

比例环节的对数坐标图，如图 5.18 所示。

K 的数值变化时，幅频特性图中直线 $20\lg K$ 向上或向下平移，但相频特性不变。

2. 惯性环节 $\dfrac{1}{\mathrm{j}\omega T+1}$

惯性环节对数频率特性为

$$\begin{cases} L(\omega)=20\lg\dfrac{1}{\sqrt{T^2\omega^2+1}} \ (\text{dB}) \\ \varphi(\omega)=-\arctan T\omega \end{cases} \tag{5.41}$$

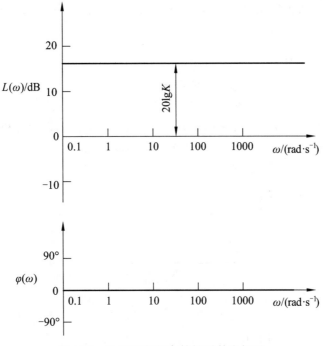

图 5.18　比例环节频率特性对数坐标图

1）对数幅频特性 $L(\omega)$

惯性环节的对数幅频特性曲线，若逐点描绘将会很烦琐，通常采用近似绘制的方法。即先做出 $L(\omega)$ 的渐近线，并求得特殊点（如 $\omega = 1/T$）对应的数值，然后再求出最大修正量，从而近似描绘出实际曲线。

幅频特性 $L(\omega)$ 曲线的绘制，具体分两种情况讨论：

（1）低频段：当 $\omega \ll 1/T$ 时，$T\omega \ll 1$，$T\omega$ 可以忽略不计，此时

$$20\lg|G(j\omega)| \approx 20\lg 1 = 0\,(dB)$$

可见，惯性环节低频段渐近线为一条 0 dB 的水平线。

（2）高频段：当 $\omega \gg 1/T$ 时，$T\omega \gg 1$，1 可以忽略不计，此时

$$20\lg|G(j\omega)| \approx \lg\frac{1}{T\omega} = -20\lg(T\omega)\,(dB)$$

此时，惯性环节高频段渐近线为一条在 $\omega = 1/T$ 处过 0 dB 线，以 20 dB/dec 下降的一条直线。

低频渐近线和高频渐近线在 $\omega = 1/T$ 处相交，称该频率为交接频率或转折频率，也记作 $\omega_T = 1/T$。实际上在 $\omega = \omega_T = 1/T$ 处的对数幅频特性值并不是 0 dB，且最大误差也在此处。在该频率处的实际对数幅频曲线值为

$$L(\omega)\Big|_{\omega=\frac{1}{T}} = 20\lg|G(j\omega)| = 20\lg\frac{1}{\sqrt{1+T^2\omega^2}}\Bigg|_{\omega=\frac{1}{T}} = 20\lg\frac{1}{\sqrt{2}} \approx -3.03\,(dB)$$

最大误差也就是最大修正量,约为 – 3 dB,由此可见,若用渐近线来近似取代实际曲线,造成的误差并不大,并且用渐近线作图简单方便。

2)对数相频特性 $\varphi(\omega)$

对数相频特性曲线的绘制也采用近似作图方法。

(1)低频段:当 $\omega \to 0$ 时,$\varphi(\omega) \to 0$。因此,低频段渐近线为 0°的水平线。

(2)高频段:当 $\omega \to \infty$ 时,$\varphi(\omega) \to -\pi/2$。因此,高频段渐近线为 90°的水平线。

(3)转折频率处的相位:当 $\omega = \omega_T = 1/T$ 时,$\varphi(\omega) = -\pi/4$。

惯性环节的对数坐标图,如图 5.19 所示。

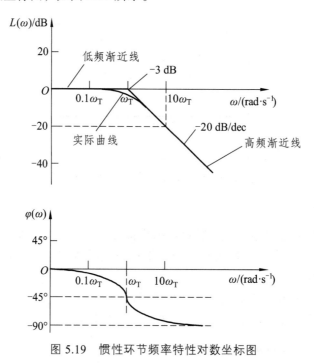

图 5.19　惯性环节频率特性对数坐标图

由图 5.19 可见,惯性环节在低频时,输出能够较为准确地跟踪输入。而当输入频率 $\omega > \omega_T$ 时,其对数幅值以 20 dB/dec 的斜率下降,这主要是由于惯性环节存在时间常数,输出达到一定幅值是需要一定时间的缘故。当频率过高时,输出便跟不上输入的变化,故在高频时,输出的幅值很快衰减。如果输入函数中包含多种谐波,则输入中的低频分量得到精确的复现,而高频分量的幅值就要衰减,并产生较大的相移。所以,惯性环节具有通低频阻高频的特性。

3. 积分环节 $\dfrac{1}{j\omega}$

积分环节对数频率特性为

$$\begin{cases} L(\omega) = -20\lg\omega\ (\text{dB}) \\ \varphi(\omega) = -90° \end{cases}$$

（5.42）

1）对数幅频特性 $L(\omega)$

$$L(\omega) = 20\lg|G(j\omega)| = 20\lg\frac{1}{\omega} = -20\lg\omega \text{ (dB)}$$

可见，频率每增加 10 倍，积分环节对数幅频特性就下降 20 dB。因此，积分环节对数幅频特性曲线是一条在 $\omega = 1$ 时穿过 0 dB 线，斜率为 − 20 dB/dec 的一条直线。

2）对数相频特性 $\varphi(\omega)$

$$\varphi(\omega) = \angle G(j\omega) = 0 - \arctan\frac{\omega}{0} = -90°$$

可见，积分环节相频特性 $\varphi(\omega)$ 为一条在整个频率范围内 − 90°的水平直线。

积分环节的对数坐标图，如图 5.20 所示。

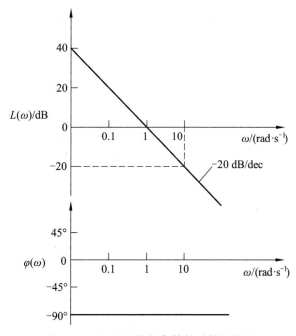

图 5.20 积分环节频率特性对数坐标图

如果有 ν 个积分环节串联，则传递函数为

$$G(s) = \frac{1}{s^{\nu}} \tag{5.43}$$

对数幅频特性为

$$20\lg|G(j\omega)| = 20\lg\frac{1}{\omega^{\nu}} = -20\nu\lg\omega \text{ (dB)}$$

对数相频特性为

$$\varphi(\omega) = \angle G(j\omega) = 0 - \nu\arctan\frac{\omega}{0} = -\nu 90°$$

它的对数幅频特性曲线是一条在 $\omega = 1$ 处穿越 0 dB 线，斜率为 -20ν dB/dec 的直线，相频特性曲线是一条在整个频率范围内为 $-\nu 90°$ 的水平线。

4. 理想微分环节 $j\omega$

微分环节对数频率特性为

$$\begin{cases} L(\omega) = 20\lg \omega \text{ (dB)} \\ \varphi(\omega) = 90° \end{cases}$$ （5.44）

1）对数幅频特性 $L(\omega)$

$$L(\omega) = 20\lg \left| G(j\omega) \right| = 20\lg \omega \text{ (dB)}$$

可见，频率每增加 10 倍，微环节对数幅频特性就上升 20 dB。因此，微分环节对数幅频特性曲线是一条在 $\omega = 1$ 时穿过零分贝线，斜率为 20 dB/dec 的一条直线。

2）对数相频特性 $\varphi(\omega)$

相频特性 $\varphi(\omega)$ 是一条在整个频率范围内为一条 90° 的水平直线。

微分环节的对数坐标图，如图 5.21 所示。

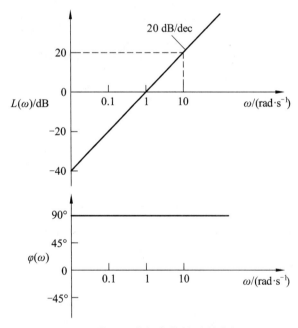

图 5.21　微分环节频率特性对数坐标图

5. 一阶微分环节 $j\omega\tau + 1$

一阶微分环节的对数频率特性为

$$\begin{cases} L(\omega) = 20\lg \sqrt{\tau^2\omega^2 + 1} \text{ (dB)} \\ \varphi(\omega) = \arctan \tau\omega \end{cases}$$ （5.45）

1）对数幅频特性 $L(\omega)$

$$L(\omega) = 20\lg|G(j\omega)| = 20\lg\sqrt{\omega^2\tau^2+1}$$

可见，一阶微分环节的对数幅频特性与惯性环节相比，仅差一个符号。因此，一阶微分环节的对数幅频特性与惯性环节的对数幅频特性曲线是关于 0 dB 线对称的。

2）对数相频特性 $\varphi(\omega)$

$$\varphi(\omega) = \angle G(j\omega) = \arctan\omega\tau$$

对数相频特性曲线 $\varphi(\omega)$ 与惯性环节对数相频特性曲线是关于 0°线对称的。一阶微分环节的对数坐标图，如图 5.22 所示。

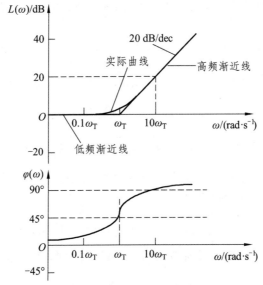

图 5.22　一阶微分环节频率特性对数坐标图

6. 振荡环节 $\dfrac{1}{\left(j\dfrac{\omega}{\omega_n}\right)^2 + j2\xi\dfrac{\omega}{\omega_n} + 1}$

振荡环节的对数频率特性为

$$\begin{cases} L(\omega) = -20\lg\dfrac{1}{\sqrt{\left(1-\dfrac{\omega^2}{\omega_n^2}\right)^2 + \left(2\xi\dfrac{\omega}{\omega_n}\right)^2}} \\ \\ \varphi(\omega) = \begin{cases} -\arctan\dfrac{2\xi\dfrac{\omega}{\omega_n}}{1-\dfrac{\omega^2}{\omega_n^2}},\ 0 \leqslant \omega \leqslant \omega_n \\ \\ -\pi - \arctan\dfrac{2\xi\dfrac{\omega}{\omega_n}}{1-\dfrac{\omega^2}{\omega_n^2}},\ \omega > \omega_n \end{cases} \end{cases} \qquad (5.46)$$

1）对数幅频特性

$$L(\omega) = 20\lg \frac{1}{\sqrt{\left(1-\frac{\omega^2}{\omega_n^2}\right)^2 + \left(2\xi\frac{\omega}{\omega_n}\right)^2}} \tag{5.47}$$

振荡环节对数幅频特性曲线，亦采用近似方法绘制，分析如下。

（1）低频段：当 $\omega \ll \omega_n = 1/T$ 时，$\omega T \ll 1$，$1-\omega^2 T^2 \approx 1$，此时

$$L(\omega) = 20\lg|G(j\omega)| = 20\lg 1 \approx 0 \ (\text{dB}) \tag{5.48}$$

可见，振荡环节低频段渐近线为一条 0 dB 的水平线，即表示对数幅频特性在低频段近似为止于点（ω_n，0）的水平直线。

（2）高频段：当 $\omega \gg \omega_n = 1/T$ 时，$\omega T \gg 1$，$1-\omega^2 T^2 \approx -\omega^2 T^2$，此时

$$L(\omega) = 20\lg|G(j\omega)| \approx -20\lg\sqrt{(T^2\omega^2)[T^2\omega^2+(2\xi)^2]} \ (\text{dB})$$

当 $\omega \gg 1/T$，且 $0<\xi<1$ 时，显然 $T\omega \gg 2\xi$，则 $T^2\omega^2+(2\xi)^2 \approx T^2\omega^2$。于是

$$L(\omega) = 20\lg|G(j\omega)| \approx -20\lg\sqrt{(T^2\omega^2)^2} = -40\lg T\omega \tag{5.49}$$

由式（5.49）可见，振荡环节对数幅频特性的高频段是一条始于点（ω_n，0），斜率为 -40 dB/dec 下降的直线，它通过横轴上的 $\omega = \omega_n = 1/T$ 处。

（3）交接频率：当 $\omega = \omega_n = \frac{1}{T}$ 时，幅频特性的高频和低频 $L(\omega)$ 的渐近线均为零，两直线在 $\omega = \omega_n$ 处相交，ω_n 为低频渐近线与高频渐近线交点处的频率，称为转角频率，也称为交接频率。

（4）修正量。

当 $\omega = \omega_n = \frac{1}{T}$ 时，

$$L(\omega) = -20\lg\sqrt{(2\xi)^2} = -20\lg(2\xi) \tag{5.50}$$

由式（5.50）可见，在 $\omega = \omega_n = \frac{1}{T}$ 时，$L(\omega)$ 的实际值与阻尼系数有关。即振荡环节的对数幅频特性曲线渐近线与实际曲线之间的误差，不仅与 ω 有关，而且还与 ξ 有关。$L(\omega)$ 在 $\omega = \omega_n = \frac{1}{T}$ 时的实际值，可按式（5.50）来计算，其结果见表 5.2。

表 5.2　$\omega = 1/T$ 时振荡环节最大误差与 ξ 之间的关系

ξ	0.1	0.15	0.2	0.25	0.3	0.4	0.5	0.6	0.7	0.8	1.0
最大误差/dB	+14.0	+10.4	+8	+6	+4.4	+2.0	0	−1.6	−3.0	−4.0	−6.0

由表 5.2 可知，当 $0.4<\xi<0.7$ 时，误差小于 3 dB，这时可以允许不对渐近线进行修正。但当 $\xi<0.4$ 或 $\xi>0.7$ 时，误差都比较大，需要进行修正。具体曲线参见图 5.23。

2）对数相频特性 $\varphi(\omega)$

（1）低频段：当 $\omega = 0$ 或 $\omega \ll 1/T$ 时

$$\varphi(\omega) = -\arctan T\omega \frac{2\xi T\omega}{1 - T^2\omega^2} = 0$$

（2）高频段：当 $\omega \to \infty$ 或 $\omega \gg 1/T$ 时，$\dfrac{2\xi T\omega}{T^2\omega^2 - 1} \to 0$，此时 $\varphi(\omega) \to -\pi$。

交接频率处的 $\varphi(\omega)$：当 $\omega = 1/T$ 时，$\dfrac{2\xi T\omega}{1 - T^2\omega^2} \to -\infty$，因此 $\varphi(\omega) \to -90°$。振荡环节的对数坐标图，如图 5.23 所示。

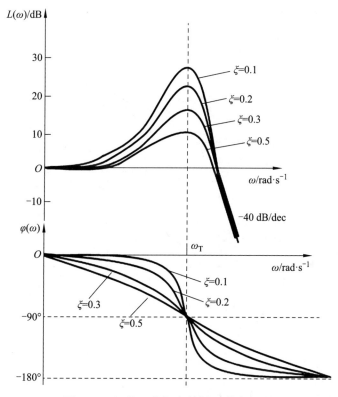

图 5.23　振荡环节频率特性对数坐标图

7. 二阶微分环节 $\left(j\dfrac{\omega}{\omega_n} \right)^2 + j2\xi\dfrac{\omega}{\omega_n} + 1$

对数幅频特性为

$$L(\omega) = 20\lg|G(j\omega)| = 20\lg\sqrt{\left(1 - \frac{\omega^2}{\omega_n^2}\right)^2 + \left(2\xi\frac{\omega}{\omega_n}\right)^2} \tag{5.51}$$

对数相频特性为

$$\varphi(\omega) = \angle G(j\omega) = \begin{cases} \arctan \dfrac{2\xi \dfrac{\omega}{\omega_n}}{1 - \dfrac{\omega^2}{\omega_n^2}}, \ 0 \leqslant \omega \leqslant \omega_n \\[4ex] \pi + \arctan \dfrac{2\xi \dfrac{\omega}{\omega_n}}{1 - \dfrac{\omega^2}{\omega_n^2}}, \ \omega > \omega_n \end{cases} \quad (5.52)$$

二阶微分环节的传递函数为振荡环节的导数。与振荡环节对数幅频特性和对数相频特性相比，仅差一个符号。故二阶微分环节的对数幅频特性与振荡环节的对数幅频特性曲线对称于 0 dB 线，对数相频特性对称于 0°线，如图 5.24 所示。

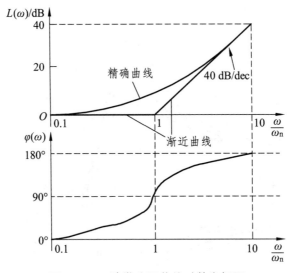

图 5.24　二阶微分环节的对数坐标图

8. 延时环节 $e^{-j\omega\tau}$

频率特性为

$$G(j\omega) = e^{-j\omega\tau} = \cos \omega\tau - j\sin \omega\tau$$

对数幅频特性为

$$L(\omega) = 20\lg|G(j\omega)| = 20\lg 1 = 0$$

对数相频特性为

$$\varphi(\omega) = \angle (j\omega) = \arctan \frac{-\sin \omega\tau}{\cos \omega\tau} = -\omega\tau$$

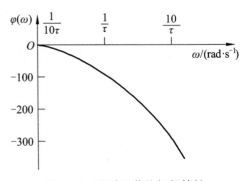

图 5.25　延时环节的相频特性

其对数幅频特性曲线为 0 dB 线。对数相频特性如图 5.25 所示。

综上所述，某些典型环节的对数幅频特性及其渐近线和对数相频特性具有如下特点。

（1）就对数幅频特性（注意横坐标是 lg ω 还是 lg(ω/ω_n)）而言：积分环节为过点（1，0）、斜率为 – 20 dB/dec 的直线；微分环节为过点（1，0）、斜率为 20 dB/dec 的直线；惯性环节的低频渐近线为 0 dB，高频渐近线为始于点（ω_T，0）、斜率为 – 20 dB/dec 的直线；一阶微分环节的低频渐近线为 0 dB，高频渐近线为始于（ω_T，0）、斜率为 20 dB/dec 的直线；振荡环节的低频渐近线为 0 dB，高频渐近线为始于 0 点（1，0）、斜率为 – 40 dB/dec 的直线；二阶微分环节的低频渐近线为 0 dB，高频渐近线为始于（1，0）、斜率为 40 dB/dec 的直线。

（2）就对数相频特性而言：积分环节为过 – 90°的水平线；微分环节为过 90°的水平线；惯性环节为在 0°～ – 90°变化的对称于点（ω_T， – 45°）的曲线；一阶微分环节为在 0°～90°变化的对称于点（ω_T，45°）的曲线；振荡环节为在 0°～ – 180°变化的对称于点（ω_n， – 90°）的曲线；二阶微分环节为在 0°～180°范围内变化的对称于点（ω_n，90°）的曲线。

5.3.3 系统开环频率特性对数坐标图的一般画法

控制系统一般是由若干个典型环节所组成，因此，任意系统的对数频率特性图可由其所包含的典型环节所对应的曲线进行叠加来获得。我们熟悉了典型环节的对数坐标图后，绘制系统的对数坐标图，特别是按渐近线绘制对数坐标图就非常方便了。

设开环系统传递函数由 n 个环节串联组成，这些环节的传递函数分别为 $G_1(s)$、$G_2(s)$、$G_3(s)$、…、$G_n(s)$，则系统开环传递函数为

$$G(s) = G_1(s)G_2(s)G_3(s)\cdots G_n(s) = \prod_{i=1}^{n} G_i(s) \tag{5.53}$$

系统的开环频率特性为

$$\begin{aligned} G(j\omega) &= G_1(j\omega)G_2(j\omega)G_3(j\omega)\cdots G_n(j\omega) \\ &= A_1(\omega)e^{j\varphi_1(\omega)}A_2(\omega)e^{j\varphi_2(\omega)}A_3(\omega)e^{j\varphi_3(\omega)}\cdots A_n(\omega)e^{j\varphi_n(\omega)} \\ &= A_1(\omega)A_2(\omega)A_3(\omega)\cdots A_n(\omega)e^{j[\varphi_1(\omega)+\varphi_2(\omega)+\varphi_3(\omega)+\cdots+\varphi_n(\omega)]} \\ &= \prod_{i=1}^{n} A_i(\omega)e^{j\sum_{i=1}^{n}\varphi_i(\omega)} \end{aligned} \tag{5.54}$$

幅频特性为

$$|G(j\omega)| = A(\omega) = \prod_{i=1}^{n} A_i(\omega) \tag{5.55}$$

对数频率特性为

$$\begin{cases} L(\omega) = 20\lg A(\omega) = 20\lg \prod_{i=1}^{n} A_i(\omega) = L_1(\omega) + L_2(\omega) + \cdots + L_n(\omega) \\ \varphi(\omega) = \varphi_1(\omega) + \varphi_2(\omega) + \cdots + \varphi_n(\omega) \end{cases} \tag{5.56}$$

对数幅频特性为

$$L(\omega) = 20\lg A(\omega)$$
$$= 20\lg \prod_{i=1}^{n} A_i(\omega)$$
$$= \sum_{i=1}^{n} 20\lg A_i(\omega)$$
$$= L_1(\omega) + L_2(\omega) + \cdots + L_n(\omega) \quad (5.57)$$

对数相频特性为

$$\angle G(\mathrm{j}\omega) = \varphi(\omega) = \varphi_1(\omega) + \varphi_2(\omega) + \cdots + \varphi_n(\omega) = \sum_{i=1}^{n} \varphi_i(\omega) \quad (5.58)$$

式中，$L_i(\omega)$ 和 $\varphi_i(\omega)$ 分别为各个典型环节的对数幅频特性和相频特性。由以上分析可知，由 n 个典型环节串联组成的开环系统的对数幅频特性曲线、对数相频特性曲线，可由各典型环节相应的对数频率特性曲线叠加得到。

这样，掌握了以上规律，就可以直接绘制出由典型环节串联组成系统的总的渐近对数频率特性。

综上所述，绘制对数频率特性的一般步骤如下：

（1）将系统的开环传递函数写成典型环节乘积（即串联）的形式；由传递函数 $G(s)$ 求出频率特性 $G(\mathrm{j}\omega)$，并将 $G(\mathrm{j}\omega)$ 转化为若干个标准形式的典型环节频率特性相乘的形式。

（2）计算各环节的交接频率（即转角频率 ω_T），并在 ω 轴上标出交接频率 ω_T 的坐标位置。

（3）根据系统开环增益 K，计算 $20\lg K$。

（4）在对数幅频特性图上，找到横坐标 $\omega = 1$、$L(\omega) = 20\lg K$ 的点，过该点作斜率为 $-20\nu\,\mathrm{dB/dec}$ 的斜线，其中 ν 为积分环节的数目。

（5）分别画出各典型环节的对数幅频特性的渐近线。

（6）将各个环节的对数幅频特性曲线的渐近线进行叠加（不包括系统总的增益 K）。从低频段开始，随着 ω 的增加，每遇到一个典型环节的交接频率，就按下列原则依次改变 $L(\omega)$ 的斜率：若遇到惯性环节的交接频率，斜率减去 20 dB/dec；若遇到一阶微分环节的交接频率，斜率增加 20 dB/dec；若遇到振荡环节的交接频率，斜率减去 40 dB/dec。

（7）将叠加后的曲线垂直移动 $20\lg K$，得到系统的对数幅频特性。

（8）修正误差，以获得较精确的对数幅频特性曲线。

（9）画出各串联典型环节的相频特性，将它们叠加后得到系统开环相频特性。

【例 5.6】 试画出图 5.26 所示系统的开环频率特性的对数坐标图。

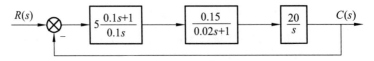

图 5.26　例 5.6 系统的函数方框图

解： 由系统方框图可得该系统的开环传递函数为

$$G(s) = 5 \frac{0.1s+1}{0.1s} \times \frac{0.15}{0.02s+1} \times \frac{20}{s}$$

$$= 150 \times \frac{1}{s^2} \times \frac{1}{0.02s+1} \times (0.1s+1)$$

由上式可见，该系统的开环频率特性是由一个比例环节、两个积分环节、一个惯性环节和一个一阶微分环节串联而组成。

（1）对数幅频特性。

① 低频段。

因为 $K = 150$，所以 $L(\omega)$ 在 $\omega = 1$ 处的高度为

$$20\lg K = 20\lg 150 = 43.5 \text{ (dB)}$$

因有两个积分环节，其低频段斜率为

$$2 \times (-20 \text{ dB/dec}) = -40 \text{ (dB/dec)}$$

② 中、高频段。

一阶微分环节的交接频率

$$\omega_1 = \frac{1}{\tau} = \frac{1}{0.1} = 10 \text{ (rad/s)}$$

惯性环节交接频率

$$\omega_2 = \frac{1}{T} = \frac{1}{0.02} = 50 \text{ (rad/s)}$$

因此，在低频段斜率等于 -40 dB/dec 的斜线，经 $\omega_1 = 10$ 处，遇到一阶微分环节，斜率增加 20 dB/dec，成为斜率等于 -20 dB/dec 的直线；再经 $\omega_2 = 50$ 处，又遇到惯性环节，则斜率应降低 20 dB/dec，又成为斜率等于 -40 dB/dec 的斜线。因此该系统的开环对数幅频特性曲线如图 5.27 所示。

（2）对数相频特性。

比例环节：为 $\varphi_1(\omega) = 0$ 的水平直线，如图 5.27 中直线①所示。

两个积分环节：为 $\varphi_2(\omega) = -180°$ 的水平直线，如图 5.27 中直线②所示。

一阶微分环节：为 $\varphi_3(\omega) = \arctan 0.1\omega$，如图 5.27 中曲线③所示，其低频渐近线为 $\varphi_3(\omega) = 0$，高频渐近线为 $\varphi_3(\omega) = 90°$，在 $\omega = 10$ rad/s 处，$\varphi_3(\omega) = 45°$。

惯性环节：为 $\varphi_4(\omega) = -\arctan 0.02\omega$，如图 5.27 中曲线④所示，其低频渐近线为 $\varphi_4(\omega) = 0$，高频渐近线为 $\varphi_4(\omega) = -90°$，在 $\omega = 50$ rad/s 处，$\varphi_3(\omega) = -45°$。

该系统的对数相频特性 $\varphi(\omega)$，则为 4 条曲线的叠加。即

$$\varphi(\omega) = \varphi_1(\omega) + \varphi_2(\omega) + \varphi_3(\omega) + \varphi_4(\omega)$$

对数相频特性曲线如图 5.27 所示。

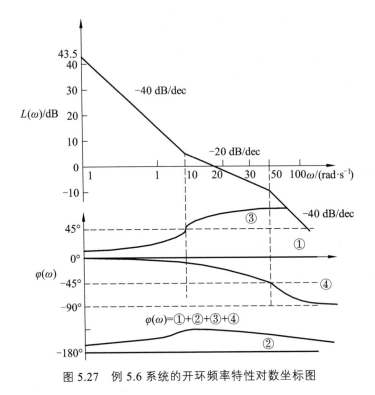

图 5.27　例 5.6 系统的开环频率特性对数坐标图

5.4　频率特性与传递函数

频率特性与传递函数之间存在着密切的关系：若系统或元件的传递函数为 $G(s)$，则其频率特性为 $G(j\omega)$。这就是说只需将传递函数中的复变量 s 用纯虚数 $j\omega$ 代替，就可以得到系统的频率特性。因此，频率特性又称为频率传递函数。实际上，频率特性是传递函数的一种特殊形式。由拉氏变换可知，传递函数中的复变量 $s=\sigma+j\omega$。若 $\sigma=0$，则 $s=j\omega$。所以，$G(j\omega)=G(s)\big|_{s=j\omega}$。

反之，传递函数是频率特性的一般化情形。具体关系见本章 5.1 频率响应求取过程。

根据频率特性与传递函数之间的这种关系，可以很方便地由传递函数求得系统的频率特性，也可以由频率特性求得其相应的传递函数。

在现实中，往往存在着对一些系统或部件的数学模型不清楚的情况，在这种情况下，可以先直接利用频率特性测试仪器来测得其频率特性，再由频率特性求取传递函数数学模型（只对最小相位系统）。

最小相位系统还具有一个特点：它的对数相频特性和对数幅频特性间存在着确定的对应关系，即一条对数幅频特性曲线 $L(\omega)$，只能有一条对数相频特性 $\varphi(\omega)$ 与之对应。因而利用频率特性对数坐标图对系统进行分析时，对最小相位系统往往只画出它的对数幅频特性曲线就够了。或者，对于最小相位系统，只需根据其对数幅频特性就能写出其传递函数。

由频率特性求取传递函数的一般规则：

（1）由低频段的斜率为 $v\times(-20\text{ dB/dec})$，可推知系统所含积分环节个数 v。

（2）由低频段在 $\omega=1$ 处的高度 $L(\omega)|_{\omega=1}=20\lg K$ （或由低频斜线或其延伸线与零分贝线的交点）来求得增益 K。

（3）由低频到高频，每增加一个 $+20\,\mathrm{dB/dec}$，即包含一个一阶微分环节；每增加一个 $-20\,\mathrm{dB/dec}$，即包含一个惯性环节；若增加一个 $-40\,\mathrm{dB/dec}$，则包含一个振荡环节 $\dfrac{1}{T^2s^2+2\xi Ts+1}$，再由峰值偏离渐近线的偏差可求得阻尼比 ξ。

实际上，由频率特性对数坐标图求传递函数，是由传递函数求频率特性对数坐标图的逆过程。

【例 5.7】 求图 5.28 所示三个系统的传递函数。图中曲线斜率分别为 $-20\,\mathrm{dB/dec}$、$-40\,\mathrm{dB/dec}$、$-60\,\mathrm{dB/dec}$，它们与零分贝线的交点均为 ω_1。

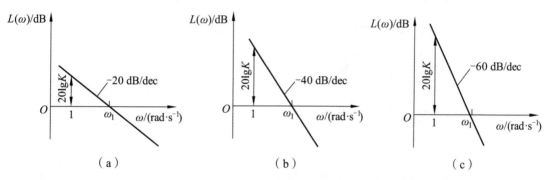

（a） （b） （c）

图 5.28 例 5.7 三个系统的开环频率特性对数幅频坐标图

解：（1）由图 5.28（a）可知，这为一个积分环节组成，其传递函数

$$G(s)=\frac{K}{s}$$

对数频率特性为

$$L(\omega)=20\lg|G(\mathrm{j}\omega)|=20\lg\frac{K}{\omega}\bigg|_{\omega=\omega_1}=0$$

得 $\qquad K=\omega_1$

因此其传递函数为

$$G(s)=\frac{K}{s}=\frac{\omega_1}{s}$$

结论：积分环节的幅频特性 $L(\omega)$ 过 0 dB 线的频率 $\omega_1=K$。

（2）由图 5.28（b）可知，它由两个积分环节组成，其传递函数

$$G(s)=\frac{K}{s^2}$$

对数幅频特性为

$$L(\omega)=20\lg|G(\mathrm{j}\omega)|=20\lg\left|\frac{K}{\omega^2}\right|$$

式中的 K 可由几何图形的直线斜率求得，即

$$\frac{0-20\lg K}{\lg \omega_1 - \lg 1} = -40$$

得　　　　　　　　$K = \omega_1^2$

其传递函数为

$$G(s) = \frac{K}{s^2} = \frac{\omega_1^2}{s^2}$$

结论：两个积分环节的对数幅频特性 $L(\omega)$ 过 0 dB 线的频率 $\omega_1 = \sqrt{K}$ 。

（3）由图 5.28（c）可知，这为 3 个积分环节组成，其传递函数为

$$G(s) = \frac{K}{s^3}$$

式中的 K 可由几何图形的斜率求得

$$\frac{0-20\lg K}{\lg \omega_1 - \lg 1} = -60$$

得　　　　　　　　$\omega_1 = \sqrt[3]{K}$

结论：3 个积分环节的对数幅频特性 $L(\omega)$ 过 0 dB 直线的频率 $\omega_1 = \sqrt[3]{K}$ ，其传递函数为

$$G(s) = \frac{K}{s^3} = \frac{\omega_1^3}{s^3}$$

【例 5.8】　已知系统的开环传递函数为

$$G(s)H(s) = K\frac{1}{T_1 s + 1}\frac{1}{T_2 s + 1} \quad (T_1 > T_2)$$

试绘制系统的伯德图。

解：（1）该系统由比例环节和两个惯性环节组成，系统的开环频率特性为

$$G(s)H(s) = K\frac{1}{jT_1 \omega + 1}\frac{1}{jT_2 \omega + 1}$$

对数幅频特性和对数相频特性分别为

$$L(\omega) = L_1(\omega) + L_2(\omega) + L_3(\omega)$$

$$\varphi(\omega) = \varphi_1(\omega) + \varphi_2(\omega) + \varphi_3(\omega) = 0° - \arctan T_1 \omega - \arctan T_2 \omega$$

（2）各环节的转角频率为 ωT

惯性环节 $\dfrac{1}{jT_1 \omega + 1}$ 的转角频率为 $\omega_{T_1} = \dfrac{1}{T_1}$ ；

惯性环节 $\dfrac{1}{jT_2\omega+1}$ 的转角频率为 $\omega_{T_2}=\dfrac{1}{T_2}$。

（3）画出各典型环节的对数幅频特性如图 5.29 所示。

（4）将各个环节的对数幅频特性曲线的渐近线进行叠加得 L（见图 5.29 中折线 $ABCD$）。

（5）对曲线进行修正，得到较为精确的对数幅频特性（$AEFHID$）。

（6）将各个环节的对数相频特性曲线叠加，得到系统的对数相频特性曲线，如图 5.29 所示。

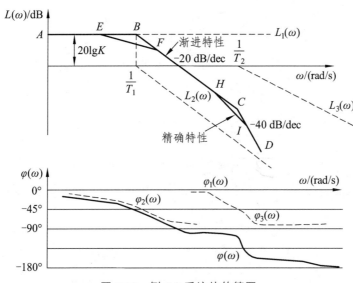

图 5.29 例 5.8 系统的伯德图

【例 5.9】 作开环传递函数 $G(s)=\dfrac{24(0.25s+0.5)}{(5s+2)(0.05s+2)}$ 的系统的伯德图。

解：（1）将传递函数 $G(s)$ 中各环节化为标准形式得

$$G(s)=\frac{3(0.5s+1)}{(2.5s+1)(0.025s+1)}$$

该开环传递函数包含比例环节、两个惯性环节和微分环节，其频率特性为

$$G(j\omega)=\frac{3(j0.5\omega+1)}{(j2.5\omega+)(j0.025\omega+1)}$$

（2）确定各环节的转角频率 ω_T

惯性环节 $\dfrac{1}{j2.5\omega+1}$ 的转角频率 $\omega_{T_1}=\dfrac{1}{2.5}=0.4$；

惯性环节 $\dfrac{1}{j0.025\omega+1}$ 的转角频率 $\omega_{T_2}=\dfrac{1}{0.025}=40$；

微分环节 $j0.5\omega+1$ 的转角频率 $\omega_{T_3}=\dfrac{1}{0.5}=2$。

（3）分别画出各典型环节的对数幅频特性的渐近线，如图 5.30 所示。

（4）将各个环节的对数幅频特性曲线的渐近线进行叠加（不包括系统总的增益 3）得 L'。

（5）将叠加后的曲线 L' 垂直上移 9.5 dB（也就是系统总的增益的分贝数 20lg3），得到系统的对数幅频特性 L。

（6）将各个环节的对数相频特性曲线叠加，得到系统的对数相频特性曲线，如图 5.30（a）所示。

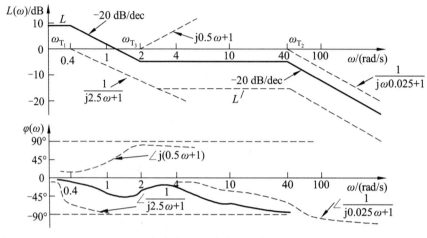

（a）例 5.9 系统的伯德图

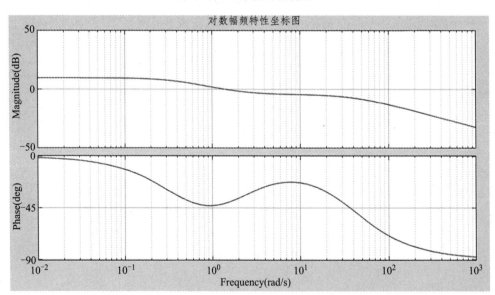

（b）MATLAB 绘制的伯德图

图 5.30　例 5.9 系统的伯德图

采用 MATLAB 绘制系统的伯德图，将传递函数写成多项式形式

$$G(s) = \frac{6s+12}{0.25s^2 + 10.1s + 4}$$

程序为

```
num = [6,12];den = [0.25,10.1,4];
bode(num,den);grid on
```

如图 5.30（b）所示，图中曲线为系统伯德图的精确曲线。

由前面分析可知，若系统的频率特性为

$$G(j\omega) = \frac{K(1+j\tau_1\omega)(1+j\tau_2\omega)\cdots(1+j\tau_m\omega)}{(j\omega)^v(1+jT_1\omega)(1+jT_1\omega)\cdots(1+jT_{n-v}\omega)} \quad (n>m)$$

可以看出，系统的对数坐标图具有如下特点：

（1）系统在低频段的频率特性为 $G(j\omega) = \dfrac{K}{(j\omega)^v}$，因此，其对应的对数幅频特性在低频段表现为过点（1，20 lg$K$）斜率为 $-20v$ dB/dec 的直线。

（2）在各环节的转角频率处，对数幅频渐近线的斜率发生变化，其变化量等于相应的典型环节在其转角频率处斜率的变化量（即其高频渐近线的斜率）。

【例 5.10】　已知最小相位系统开环对数幅频特性如图 5.31 所示。图中虚线为修正后的精确曲线，试确定其开环传递函数。

解：由对数幅频特性确定最小相位系统开环传递函数时，应由 $L(\omega)$ 的起始段开始，逐步由各段的斜率确定对应环节类型，由各转折频率确定各环节时间常数，而开环增益则由起始段位置计算。若某频率处的 $L(\omega)$ 斜率改变 ± 40 dB/dec，须由修正曲线方可确定对应环节的 ξ 值。

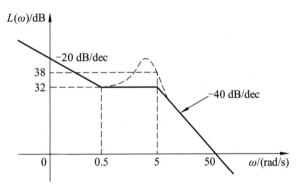

图 5.31　例 5.10 最小相位系统的对数幅频特性

（1）$L(\omega)$ 起始段（$0<\xi<0.5$）的斜率为 -20 dB/dec，说明传递函数中包含一个积分环节，即 $v=1$。当 $\omega=0.5$ 时，纵坐标为 32 dB。则

$$20\lg\frac{K}{0.5} = 32$$

解得　　　　　$K = 20$

即

$$G_1(s) = \frac{20}{s}$$

（2）在 $0.5 \leqslant \omega < 5$ 频段上，$L(\omega)$ 的斜率由 -20 dB/dec 改变为 0 dB/dec，说明开环传递函数中包含一阶微分环节 $\tau s + 1$，由于转折频率为 $\omega_{T_1} = 0.5$，则

$$\tau = \frac{1}{\omega_{T_1}} = \frac{1}{0.5} = 2$$

即

$$G_2(s) = 2s + 1$$

（3）在 $\omega = 5$ 时，$L(\omega)$ 的斜率由 0 dB/dec 改变为 -40 dB/dec，可知系统包含一个转折频率为 $\omega_{T_2} = 5$ 的振荡环节，$T = \frac{1}{\omega_{T_2}} = \frac{1}{5} = 0.2$，即

$$G_3(s) = \frac{1}{T^2 s^2 + 2T\xi s + 1} = \frac{1}{0.04 s^2 + 0.4\xi s + 1}$$

（4）由修正曲线可确定 ξ 值。

由图 5.31 可知

$$38 - 32 = 20\lg \frac{1}{\sqrt{(1 - 0.04 \times 25)^2 + (0.4 \times 5\xi)^2}} = 20\lg \frac{1}{2\xi}$$

可得 $\xi = 0.25$

即

$$G_3(s) = \frac{1}{0.04 s^2 + 0.1s + 1}$$

故 $L(\omega)$ 对应的最小相位系统的传递函数为

$$G(s) = G_1(s)G_2(s)G_3(s) = \frac{20(2s+1)}{s(0.04 s^2 + 0.1s + 1)}$$

在 MATLAB 工具箱中，也有绘制系统伯德图的函数："bode"，其格式为

[mag,phase,w] = bode(num,den)

[mag,phase,w] = bode(num,den,w)

其中，bode（num，den）可以绘制传递函数为 $G(s) = \frac{num(s)}{den(s)}$ 时系统的伯德图。bode（num，den，w）可以利用指定频率值 ω 绘制系统的伯德图。

当带输出变量引用时，可以得到系统伯德图相应的幅值、相角及频率。其中，$mag = |G(j\omega)|$，$phase = |\angle G(j\omega)|$。

【例 5.11】 已知二阶系统的开环传递函数为

$$G(s) = \frac{1}{s^2 + 0.2s + 1}$$

试绘制系统的伯德图。

解： 在 MATLAB 命令窗口输入下列命令：

num = 1;den = [1,0.2,1];

bode(num,den);grid on

得到结果如图 5.32 所示，自动确定的频率范围是 0.1 ~ 10 rad/s。

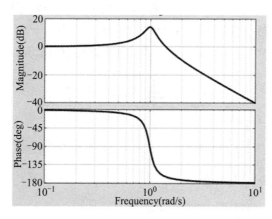

图 5.32 例 5.11 的伯德图

【例 5.12】 已知某系统的对数坐标图如图 5.33 所示，试确定该系统的传递函数。

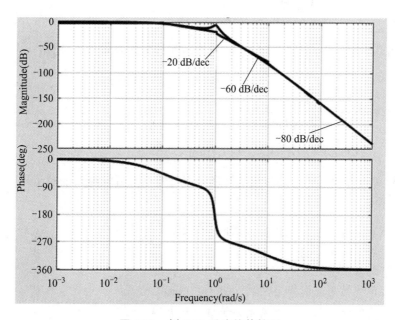

图 5.33 例 5.12 系统的伯德图

解： 由图可知，该系统的传递函数为

$$G(s) = \frac{1}{(0.1s+1)(10s+1)(s^2+0.2s+1)}$$

5.5 闭环系统频率特性

前面讨论了系统的开环频率特性 $G(j\omega)$，在自动控制系统电路的分析中，也常用到系统的闭环频率特性，控制系统的闭环频率特性是 $s = j\omega$ 情况下的闭环传递函数，所以闭环频率特性也是系统数学模型的一种表达形式，它同样可以描述系统所具有的特性。不过，从闭环频率特性图上不易看出系统的结构和各个环节的作用，所以工程上较少绘制闭环频率特性图。本节主要介绍典型单位负反馈控制系统闭环频率特性的求解方法。

图 5.34 所示的系统，为典型的单位负反馈系统，现以此为例来求取该系统的闭环频率特性。

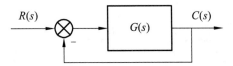

图 5.34 典型单位负反馈控制系统方框图

首先求得该系统的闭环传递函数

$$\varPhi(s) = \frac{G(s)}{1 + G(s)} \tag{5.59}$$

令 $s = j\omega$，代入式（5.59），可得该系统的闭环频率特性

$$\varPhi(j\omega) = \frac{G(j\omega)}{1 + G(j\omega)} \tag{5.60}$$

根据系统闭环频率特性表达式（5.60），可求得系统的闭环幅频特性 $|\varPhi(j\omega)|$，闭环相频特性 $\angle\varPhi(j\omega)$。

$$|\varPhi(j\omega)| = \frac{|G(j\omega)|}{|1 + G(j\omega)|} \tag{5.61}$$

$$\angle\varPhi(j\omega) = \angle G(j\omega) - \angle[1 + G(j\omega)] \tag{5.62}$$

由上述求解过程可知，若已知系统的开环频率特性，就可求得系统的闭环频率特性。

练 习 题

1. 什么是系统的频率响应？
2. 系统的频率特性是怎么样定义的？它由哪两部分组成？
3. 如何由系统的开环频率特性确定系统的闭环频率特性？
4. 试述绘制系统的奈奎斯特图和伯德图的一般方法和主要步骤。
5. 设单位负反馈控制系统的开环传递函数为 $G(s)H(s) = \dfrac{4}{s(s+3)}$，当系统作用于以下输入信号时，试求系统的稳态输出。

（1）$r(t) = \sin(t + 30°)$

（2）$r(t) = 2\cos(4t + 45°)$

（3）$r(t) = \sin(4t + 30°) - 2\cos(t + 30°)$

6. 用分贝数（dB）表达下列各量。

（1）2　　　　　　　　　　（2）5

（3）10　　　　　　　　　　（4）40

（5）100　　　　　　　　　（6）0.01

（7）1　　　　　　　　　　（8）0

7. 当频率 $\omega_1 = 2\,\text{rad/s}$ 和 $\omega_2 = 20\,\text{rad/s}$ 时，试确定下列传递函数的幅值和相位角。

（1）$G_1(s) = \dfrac{10}{s}$

（2）$G_2(s) = \dfrac{1}{s(0.1s + 1)}$

8. 试求下列函数的幅频特性 $A(\omega)$、相频特性 $\varphi(\omega)$、实频特性 $U(\omega)$ 和虚频特性 $V(\omega)$。

（1）$G_1(s) = \dfrac{5}{30s + 1}$

（2）$G_2(s) = \dfrac{1}{s(0.1s + 1)}$

9. 试画出下列传递函数的频率特性极坐标图。

（1）$G(s) = \dfrac{20}{s(0.5s + 1)(0.1s + 1)}$

（2）$G(s) = \dfrac{2s^2}{(0.4s + 1)(0.04s + 1)}$

（3）$G(s) = \dfrac{50(0.6s + 1)}{s^2(4s + 1)}$

（4）$G(s) = \dfrac{7.5(0.2s + 1)(s + 1)}{s(s^2 + 16s + 100)}$

10. 试画出下列传递函数的频率特性对数坐标图。

（1）$G(s) = \dfrac{1}{(s + 1)(2s + 1)}$

（2）$G(s) = \dfrac{1}{s^2(s + 1)(2s + 1)}$

（3）$G(s) = \dfrac{(0.2s + 1)(0.025s + 1)}{s^2(0.005s + 1)(0.001s + 1)}$

11. 系统的开环传递函数为 $G(s)H(s) = \dfrac{K(T_a s + 1)(T_b s + 1)}{s(T_1 s + 1)}$，$K>0$，试画出下列两种情况的奈奎斯特图。

（1）$T_a > T_1 > 0$，$T_b > T_1 > 0$

（2）$T_1 > T_a > 0$，$T_1 > T_b > 0$

12. 某系统的微分方程为

$$T \frac{dc(t)}{dt} + c(t) = \tau \frac{dr(t)}{dt} + r(t)$$

其中，$T > \tau > 0$，$r(t)$ 为输入量，$c(t)$ 为输出量。试画出其对数幅频特性，并在图中标出各转角频率。

13. 下面各传递函数能否在图 5.35 找到相应的极坐标图曲线，其中 $K>0$。

（1）$G(s) = \dfrac{0.2(4s+1)}{s^2(0.4s+1)}$ （2）$G(s) = \dfrac{0.14(9s^2+5s+1)}{s^3(0.3s+1)}$

（3）$G(s) = \dfrac{K(0.1s+1)}{s(s+1)}$ （4）$G(s) = \dfrac{K}{(s+1)(s+2)(s+3)}$

（5）$G(s) = \dfrac{K}{s(s+1)(0.5s+1)}$ （6）$G(s) = \dfrac{K}{(s+1)(s+2)}$

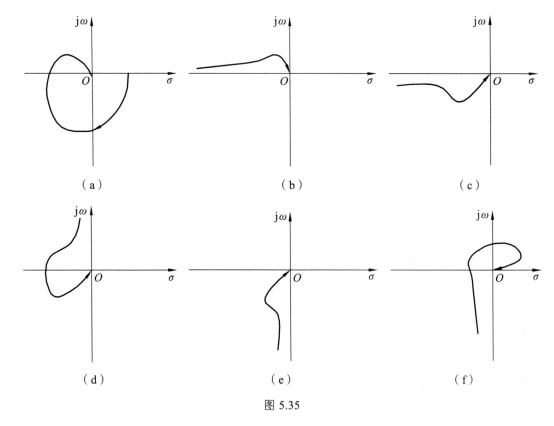

（a）   （b）   （c）

（d）   （e）   （f）

图 5.35

14. 某系统的传递函数为 $G(s) = \dfrac{K}{Ts+1}$，现测得其频率响应，当 $\omega = 1$ rad/s 时，幅频特性 $A(\omega)$ 为 $12\sqrt{2}$，相频特性 $\varphi(\omega)$ 为 $-\dfrac{\pi}{4}$，求系统的增益 K 与时间常数 T 分别为多少？

15. 已知最小相位系统的幅频渐近线如图 5.36 所示，试求取各系统的传递函数，并作出相应的相频特性曲线。

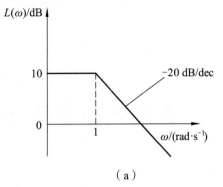

（a）

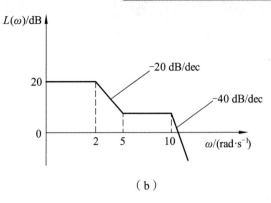

（b）

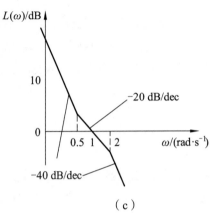

（c）

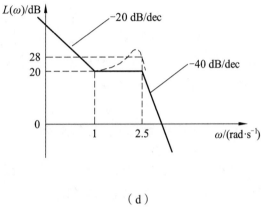

（d）

图 5.36

16. 某控制系统如图 5.37 所示，从 $t = 0$ 开始。

（1）输入 $r(t) = 3\cos 0.4t$ ，求系统的稳态响应。

（2）$r(t) = 3\cos 2.9t$ ，求系统的稳态响应。

（3）$r(t) = 3\cos 10t$ ，重复（2）的计算。

（4）在（1）、（2）、（3）中输入的振幅均相同，为什么响应的振幅却不一样？

（5）求系统的谐振频率 ω_r 。

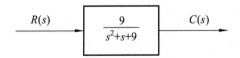

图 5.37　控制系统方框图

第6章
系统的稳定性分析

通常对控制系统的基本要求是快速、稳定和准确。对系统稳定性分析是设计控制系统的重要内容，稳定性是系统能否正常工作的首要条件。控制理论提供了多种判别一个线性定常系统是否稳定的方法，如代数判据（Routh 与 Hurwitz 稳定性判据）、几何判据（Nyquist 稳定性判据）和 Bode 稳定性判据等。

6.1 系统稳定性的基本概念

如果一个控制系统受到扰动作用时，就会偏离原来的平衡状态，当扰动消失之后，经过充分长的时间，该系统又能恢复到原来的平衡状态，则该系统是稳定的；否则，该系统是不稳定的。

为了更好地理解系统稳定性的概念，可观察图 6.1 所示的小球 M 所在位置的示意图。在图 6.1（a）中，小球 M 在没有外力作用情况下处于平衡位置 A_0 处，即只受到地球引力和绳拉力的作用而处于垂直位置，如果有外力作用，小球 M 将偏离平衡位置 A_0 点而在 A' 和 A'' 点之间来回摆动。当外力取消后，由于空气阻力和机械摩擦力的作用，小球 M 围绕 A_0 点反复振荡，经过一段时间之后，小球 M 就回到了原始的平衡位置 A_0 点。这样的平衡点 A_0 就称为稳定的平衡点。对于图 6.1（b）所示的系统，当小球 M 受到外力作用离开平衡位置 A 后，不会再回到原来的平衡位置 A 点，这称之为不稳定的平衡点。对于图 6.1（c）所示的小球 M 所在的凹面，小球 M 的初始位置 A 点是一个平衡位置，只要外力作用不使小球 M 脱离凹面，小球总会回到平衡位置 A 点，这称之为条件稳定的平衡点。

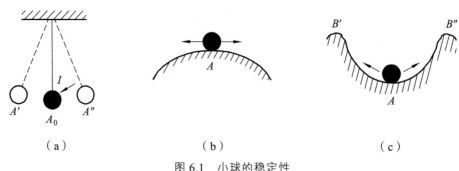

| （a） | （b） | （c） |

图 6.1　小球的稳定性

上述实例说明线性定常系统的稳定性反映在扰动消失之后过渡过程的性质上。当扰动消失时，系统与平衡状态的偏差看作是系统的初始偏差。因此，线性定常系统的稳定性可以这样来定义：若系统在任何足够小的初始偏差的作用下，其过渡过程将随着时间的推移，逐渐衰减并趋向于零，具有恢复到原来平衡状态的性能，则称该系统是稳定的；反之，该系统是不稳定的。

6.2 系统稳定的充要条件

6.2.1 系统稳定性与单位脉冲响应

设线性定常系统的闭环传递函数为

$$\phi(s) = \frac{C(s)}{R(s)} = \frac{b_m s^m + b_{m-1} s^{m-1} + \cdots + b_1 s + b_0}{a_n s^n + a_{n-1} s^{n-1} + \cdots + a_1 s + a_0} \tag{6.1}$$

则系统输出的拉普拉斯变换 $C(s)$ 为

$$C(s) = \phi(s)R(s) = \frac{b_m s^m + b_{m-1} s^{m-1} + \cdots + b_1 s + b_0}{a_n s^n + a_{n-1} s^{n-1} + \cdots + a_1 s + a_0} R(s) \tag{6.2}$$

如果线性定常系统处于零初始状态，对该系统输入一个理想的单位脉冲信号 $\delta(t)$，则该系统的输出即为单位脉冲响应函数 $c(t)$

$$C(s) = \Phi(s)R(s) \xrightarrow{\delta(s) = L[\delta(t)]^{-1}} \Rightarrow C(s) = \Phi(s) \Rightarrow c(t) = \phi(t)$$

依据系统稳定性的定义，这相当于系统在扰动作用下，输出量偏离系统平衡状态。当扰动作用取消后，随着时间推移而趋于无穷大时，系统收敛于原平衡点，该系统的单位脉冲响应 $c(t)$ 趋于零，即 $\lim\limits_{t \to \infty} c(t) = 0$，则系统稳定。

6.2.2 系统稳定性与特征根类型

观察表达式（6.2），当输入为单位脉冲函数 $\delta(t)$ 时，将其改写为

$$C(s) = \phi(s) = \frac{M(s)}{D(s)} = \frac{b_m s^m + b_{m-1} s^{m-1} + \cdots + b_1 s + b_0}{a_n s^n + a_{n-1} s^{n-1} + \cdots + a_1 s + a_0} \tag{6.3}$$

则闭环系统传递函数的特征方程式为

$$D(s) = a_n s^n + a_{n-1} s^{n-1} + \cdots + a_1 s + a_0 = 0$$

该特征方程 $D(s) = 0$ 的特征根表示为 $s = p_i \ (i = 1, 2, \cdots, n)$，依照其不同形式，可分情况讨论闭环系统稳定的条件。

（1）若闭环系统传递函数的特征方程 $D(s) = 0$ 的特征根 $s = p_i \ (i = 1, 2, \cdots, n)$，是互不相等的实数根，则表达式（6.3）可以分解为部分分式的形式

$$C(s) = \phi(s) = \frac{M(s)}{D(s)} = \sum_{i=1}^{n} \frac{c_i}{s - p_i} \tag{6.4}$$

式中

$$c_i = \lim_{s \to 0}(s - p_i)\phi(s)\big|_{s=p_i}$$

对式（6.4）进行拉普拉斯反变换，可得闭环系统的单位脉冲响应为

$$c(t) = \sum_{i=1}^{n} c_i \mathrm{e}^{p_i t} \tag{6.5}$$

考察式（6.5），欲使其满足系统稳定的条件 $\lim_{t \to \infty} c(t) = 0$，必须使得式（6.5）中的各个分量在时间趋向于无穷大时都趋于零。但是表达式（6.5）中 c_i 为常数，且不等于零，故满足系统稳定的条件只能是系统的全部特征根 p_i 都是负值，即

$$\lim_{t \to \infty} c(t) = \lim_{t \to \infty} \sum_{i=1}^{n} c_i \mathrm{e}^{p_i t} \begin{cases} 0, p_i < 0 \\ \sum_{i=1}^{n} c_i = C, p_i = 0 \\ \infty, p_i > 0 \end{cases} \tag{6.6}$$

由式（6.6）可知，闭环系统的稳定性只取决于特征根 p_i 的性质，即全部特征根 p_i 都是负值，它们都位于 $[s]$ 平面的左半平面。

（2）若闭环系统传递函数的特征方程 $D(s) = 0$ 的特征根 $s = p_i\ (i=1,2,\cdots,n)$，是互不相等的共轭复数根，$p_i = \sigma_i + \mathrm{j}\omega$，$p_{i+1} = \sigma_i - \mathrm{j}\omega\ (i=1,2,\cdots,n/2)$，则表达式（6.3）可以改写为

$$C(s) = \phi(s) = \frac{M(s)}{D(s)} = \frac{b_m s^m + b_{m-1} s^{m-1} + \cdots + b_1 s + b_0}{a_n s^n + a_{n-1} s^{n-1} + \cdots + a_1 s + a_0} = \sum_{i=1}^{n/2}\left(\frac{c_i}{s-p_i} + \frac{c_{i+1}}{s-p_{i+1}}\right)$$

对上式进行拉普拉斯反变换，可得式（6.7）

$$c(t) = \sum_{i=1}^{n/2}(c_i \mathrm{e}^{p_i t} + c_{i+1}\mathrm{e}^{p_{i+1} t}) = \sum_{i=1}^{n/2}(c_i \mathrm{e}^{(\sigma_i + \mathrm{j}\omega_i)t} + c_{i+1}\mathrm{e}^{(\sigma_{i+1} - \mathrm{j}\omega_i)t}) \tag{6.7}$$

考察式（6.7），欲使其满足系统稳定的条件 $\lim_{t \to \infty} c(t) = 0$，必须使得式（6.7）中的各个分量在时间趋向于无穷大时都趋于零，即

$$\lim_{t \to \infty} c(t) = \lim_{t \to \infty} \sum_{i=1}^{n/2}(c_i \mathrm{e}^{(\sigma_i + \mathrm{j}\omega_i)t} + c_{i+1}\mathrm{e}^{(\sigma_{i+1} - \mathrm{j}\omega_i)t}) = \lim_{t \to \infty} \sum_{i=1}^{n/2} \mathrm{e}^{\mathrm{j}\omega_i}(c_i \mathrm{e}^{\mathrm{j}\omega_i} + c_{i+1}\mathrm{e}^{-\mathrm{j}\omega_i}) = 0$$

由欧拉公式：$\mathrm{e}^{\mathrm{j}\theta} = \cos\theta + \mathrm{j}\sin\theta$，可将上式转换为

$$\lim_{t \to \infty} c(t) = \lim_{t \to \infty} \sum_{i=1}^{n/2} \mathrm{e}^{\mathrm{j}\omega_i}[(c_i + c_{i+1})\cos\omega\xi + \mathrm{j}(c_i + c_{i+1})\sin\omega\xi] = 0 \tag{6.8}$$

运用三角函数恒等变换公式：$\sin(\alpha+\beta) = \sin\alpha\cos\beta + \cos\alpha\sin\beta$，将式（6.8）变化为

$$\lim_{t \to \infty} c(t) = \lim_{t \to \infty} \sum_{i=1}^{n/2} C_i \mathrm{e}^{\sigma_i t}\sin(\omega_i t + \varphi_i) = 0 \tag{6.9}$$

其中， $C_i = \sqrt{(c_i + c_{i+1})^2 + [j(c_i - c_{i+1})]^2} = 2\sqrt{c_i c_{i+1}}$ ， $\varphi_i = \arctan\dfrac{c_i + c_{i+1}}{c_i - c_{i+1}}$

考察式（6.9），各个分量在时间趋向于无穷大时都趋于零的条件是全部复数根的实部为负值，即

$$\lim_{t \to \infty} c(t) = \lim_{t \to \infty} \sum_{i=1}^{n/2} C_i e^{\sigma_i t} \sin(\omega_i t + \varphi_i) = \begin{cases} 0, \sigma_i < 0 \\ \lim_{t \to \infty} \sum_{i=1}^{n/2} C_i \sin(\omega_i t + \varphi_i), \sigma_i = 0 \\ \infty, \sigma_i > 0 \end{cases} \quad (6.10)$$

由式（6.10）可知，闭环系统稳定的条件是全部特征根 p_i 都具有负实部，它们都位于[s]平面的左半平面。

（3）若闭环系统传递函数的特征方程 $D(s) = 0$ 的特征根 $s = p_i$ $(i = 1, 2, \cdots, n)$ 中，有 K 个互不相等的实数根 $s = p_i$ $(i = 1, 2, \cdots, K)$ ，有 R 个互不相等的共轭复数根 $p_r = \sigma_r + j\omega_r$ ， $p_{r+1} = \sigma_r - j\omega_r$ $(r = 1, 2, \cdots, R/2)$ ，且 $n = K + R$ ，则表达式（6.3）可以改写为

$$C(s) = \Phi(s) = \frac{M(s)}{D(s)} = \frac{b_m s^m + b_{m-1} s^{m-1} + \cdots + b_1 s + b_0}{a_n s^n + a_{n-1} s^{n-1} + \cdots + a_1 s + a_0}$$
$$= \sum_{i=1}^{k} \frac{c_i}{s - p_i} + \sum_{i=1}^{R/2} \left(\frac{c_r}{s - p_r} + \frac{c_{r-H}}{s - p_{r-H}} \right)$$

对上式进行拉普拉斯反变换，可得

$$c(t) = \sum_{k=1}^{k} c_k e^{p_k t} + \sum_{r=1}^{R/2} C_r e^{p_k t} \sin(\omega_r t + \varphi_r) \quad (6.11)$$

考察式（6.11），在时间趋向于无穷大时，各个分量都趋于零的条件是 K 个互不相等的实数根是负值， $p_i < 0$ $(k = 1, 2, \cdots, K)$ ； R 个互不相等的复数根均具有负实部， $\sigma_i < 0$ $(r = 1, 2, \cdots, R)$ 。对表达式（6.11）求极限，则

$$\lim_{i \to \infty} c(t) = \lim_{i \to \infty} \sum_{k=1}^{k} c_k e^{p_k t} + \lim_{i \to \infty} \sum_{r=1}^{R/2} C_r e^{p_k t} \sin(\omega_r t + \varphi_r)$$
$$= \begin{cases} 0, p_k < 0, \sigma_r < 0 \\ \sum_{k=1}^{k} c_k + \lim_{i \to \infty} \sum_{r=1}^{R/2} C_r \sin(\omega_r t + \varphi_r), p_k = 0, \sigma_r = 0 \\ \infty, p_k > 0, \sigma_r > 0 \end{cases} \quad (6.12)$$

由式（6.12）可知，闭环系统稳定的条件是 K 个互不相等的实数根都是负值， R 个互不相等的复数根均具有负实部，它们都位于[s]平面的左半平面。

（4）若闭环系统传递函数的特征方程 $D(s) = 0$ 的特征根 $s = p_i$ $(i = 1, 2, \cdots, n)$ 全部是实数根，其中有 K 个重根 p_l ，则表达式（6.3）可以改写为

$$C(s) = \Phi(s) = \frac{M(s)}{D(s)} = \frac{b_m s^m + b_{m-1} s^{m-1} + \cdots + b_1 s + b_0}{a_n s^n + a_{n-1} s^{n-1} + \cdots + a_1 s + a_0} = \sum_{i=1}^{k} \frac{c_{1i}}{(s - p_1)^i} + \sum_{r=\xi-H}^{n-k} \frac{c_r}{s - p_r}$$

对上式进行拉普拉斯反变换，可得式（6.13）：

$$c(t) = \mathrm{e}^{p_k t}\left(c_{l1} + c_{l2}t + c_{l3}\frac{t^2}{2!} + c_{l4}\frac{t^3}{3!} + \cdots + c_{lk}\frac{t^{k-1}}{(K-1)!}\right) + \sum_{r=1}^{n-K} c_r \mathrm{e}^{p_k t} \tag{6.13}$$

考察式（6.13），在时间趋向于无穷大时各个分量都趋于零的条件是 K 个重根 $p_l < 0$，其余 $(n-K)$ 个互不相等的实数根也都是负值。对表达式（6.13）求极限，则

$$\begin{aligned}
\lim_{i\to\infty} c(t) &= \lim_{i\to\infty}\left[\mathrm{e}^{p_k t}\left(c_{l1} + c_{l2}t + c_{l3}\frac{t^2}{2!} + c_{l4}\frac{t^3}{3!} + \cdots + c_{lk}\frac{t^{k-1}}{(K-1)!}\right)\right] + \lim_{i\to\infty}\sum_{r=1}^{n-K} c_r \mathrm{e}^{p_k t} \\
&= \begin{cases} 0, & p_1 < 0, \sigma_r < 0 \\ \displaystyle\lim_{i\to\infty}\sum_{k=1}^{K}\left(c_{lk}\frac{t^{K-1}}{(K-1)!}\right) + \sum_{r=1}^{n-K} c_r, & p_1 = 0, p_r = 0 \\ \infty, & p_1 > 0, p_r > 0 \end{cases}
\end{aligned} \tag{6.14}$$

由式（6.14）可知，闭环系统稳定的条件是全部特征根都是负值，它们都位于 $[s]$ 平面的左半平面。

（5）若闭环系统传递函数的特征方程 $D(s) = 0$ 的特征根 $s = p_i$ $(i = 1, 2, \cdots, n)$，中存在一对 r 重共轭复数根，$p_1 = \sigma_1 + \mathrm{j}\omega_1$，$p_2 = \sigma_1 - \mathrm{j}\omega_1$，其余特征根为实数根，则表达式（6.3）可以改写为

$$C(s) = \Phi(s) = \frac{M(s)}{D(s)} = \frac{b_m s^m + b_{m-1}s^{m-1} + \cdots + b_1 s + b_0}{a_n s^n + a_{n-1}s^{n-1} + \cdots + a_1 s + a_0} = \sum_{i=1}^{r}\left[\frac{c_{1i}}{(s-p_1)^i} + \frac{c_{2i}}{(s-p_2)^i}\right] + \sum_{i=2r-H}^{n-2r}\frac{c_r}{s-p_t}$$

对上式进行拉普拉斯反变换，可得表达式（6.15）

$$\begin{aligned}
c(t) = &\mathrm{e}^{(p_k t + \mathrm{j}\omega_i)^i}\left(c_{11} + c_{12}t + c_{13}\frac{t^2}{2!} + c_{14}\frac{t^3}{3!} + \cdots + c_{1r}\frac{t^{r-1}}{(r-1)!}\right) + \\
&\mathrm{e}^{(p_k t + \mathrm{j}\omega_i)^i}\left(c_{21} + c_{22}t + c_{23}\frac{t^2}{2!} + c_{24}\frac{t^3}{3!} + \cdots + c_{2r}\frac{t^{r-1}}{(r-1)!}\right) + \sum_{i=2r+1}^{n-2r} c_r \mathrm{e}^{p_k t}
\end{aligned} \tag{6.15}$$

改写表达式（6.15）为

$$\begin{aligned}
c(t) = &\mathrm{e}^{(p_k t + \mathrm{j}\omega_i)^i}(a_1 + a_2 t + a_3 t^3 + a_4 t^3 + \cdots + a_r t^{r-1}) + \\
&\mathrm{e}^{(p_k t + \mathrm{j}\omega_i)^i}(b_1 + b_2 t + b_3 t^3 + b_4 t^3 + \cdots + b_r t^{t-1}) + \sum_{i=2r+1}^{n-2r} c_r \mathrm{e}^{p_k t} \\
= &\mathrm{e}^{p_k t}[(g_1 + g_2 t + g_3 t^2 + g_4 t^3 + \cdots + g_r t^{r-1})\cos\omega_1 t + \\
&(h_1 + h_2 t + h_3 t^2 + h_4 t^3 + \cdots + h_r t^{r-1})\sin\omega_1 t] + \sum_{i=2r+1}^{n-2r} c_r \mathrm{e}^{p_k t}
\end{aligned}$$

其中，$g_1 = a_i + b_i$，$h_1 = \mathrm{j}(a_i - b_i)$，继续改写上式，可得

$$\begin{aligned}
c(t) = &\mathrm{e}^{p_k t}[(g_1 + g_2 t + g_3 t^2 + g_4 t^3 + \cdots + g_r t^{r-1})\cos\omega_1 t + \\
&(h_1 + h_2 t + h_3 t^2 + h_4 t^3 + \cdots + h_r t^{r-1})\sin\omega_1 t] + \sum_{i=2r+1}^{n-2r} c_r \mathrm{e}^{p_k t} \\
= &\mathrm{e}^{p_k t}\sum_{k=1}^{r}\sqrt{g_k^2 + h_k^2}\, t^{k-1}\sin(\omega_1 t + \varphi_k) + \sum_{i=2r+1}^{n-2r} c_r \mathrm{e}^{p_k t}
\end{aligned} \tag{6.16}$$

式中，$\varphi_k = \arctan(g_k / h_k)$ $(k = 1, 2, \cdots, r)$。

考察式（6.16），在时间趋向于无穷大时各个分量都趋于零的条件是一对 r 重共轭复数根的实部 $\sigma_l < 0$，其余实数根 $p_l < 0$ $(l=1,2,\cdots,n-2r)$。对表达式（6.16）求极限，则

$$\lim_{i \to \infty} c(t) = \lim_{i \to \infty}[\mathrm{e}^{p_k t}\sum_{k=1}^{r}\sqrt{g_k^2+h_k^2 t^{k-1}}\sin(\omega_l t+\varphi_k)] + \lim_{i \to \infty}\sum_{i=2r+1}^{n-2r}c_r \mathrm{e}^{p_k t}$$

$$=\begin{cases}0,\sigma_1<0,p_i<0\\ \lim_{i\to\infty}[\sum_{k=1}^{r}\sqrt{g_k^2+h_k^2 t^{k-1}}\sin(\omega_l t+\varphi_k)]+\sum_{i=2r+1}^{n-2r}c_i,\sigma_1=0,p_i=0\\ \infty,\sigma_1>0,p_i>0\end{cases} \quad (6.17)$$

由式（6.17）可知，闭环系统稳定的条件是一对 r 重共轭复数根的实部为负值，其余实数根为负值，它们都位于 $[s]$ 平面的左半平面。

综上所述，闭环系统稳定性与特征根的不同类型有关，闭环系统稳定的充要条件是：所有特征根均具有负实部，或者说，闭环系统的极点均处于 $[s]$ 平面的左半平面。

上述判断系统稳定的充分必要条件是根据系统特征根实部的符号（正负或零）加以判断的，这意味着判定系统稳定性需要求解系统特征方程的所有特征根，这对于高次的特征方程而言，求解所有特征根是不现实的。对此，科学研究者提出，不求解系统特征方程的特征根，而判定系统稳定的分析方法。

6.3 代数稳定性判据

代数稳定性判据是由劳斯（Routh）在 1877 年提出的，他根据系统特征方程的特征根与系数之间的关系来判断系统的稳定性。

6.3.1 系统稳定的必要条件

设系统特征方程的一般形式为

$$D(s)=a_0 s^n + a_1 s^{n-1}+a_2 s^{n-2}+\cdots+a_{n-1}s+a_n$$
$$=a_0\left(s^n+\frac{a_1}{a_0}s^{n-1}+\frac{a_2}{a_0}s^{n-2}+\cdots+\frac{a_{n-1}}{a_0}s+\frac{a_n}{a_0}\right) \quad (6.18)$$
$$=a_0(s-s_1)(s-s_2)(s-s_3)\cdots(s-s_n)=0$$

其中 $a_0>0$。若将式（6.18）中的因式展开，则由对应项系数相等，可求得特征根与系数的关系为

$$\frac{a_1}{a_0}=-(s_1+s_2+\cdots+s_n)$$
$$\frac{a_2}{a_0}=+(s_1 s_2+s_1 s_3+\cdots+s_{n-1}s_n)$$
$$\frac{a_3}{a_0}=-(s_1 s_2 s_3+s_1 s_2 s_4+\cdots+s_{n-2}s_{n-1}s_n) \quad (6.19)$$
$$\cdots$$
$$\frac{a_n}{a_0}=(-1)^n(s_1 s_2 s_3 s_4\cdots s_{n-2}s_{n-1}s_n)$$

分析式（6.19）中系统的特征根与系数之间的关系可知，要使全部特征根 $s_1, s_2, \cdots, s_n$ 均具有负实部，就必须要满足：

（1）特征方程中各项系数 $a_i\,(i=0,1,2,\cdots,n)$ 都不等于零。因为若有一项等于零，则必然会出现实部为零的特征根，或实部有正有负的特征根，此时系统为临界稳定（根在虚轴上），或不稳定（根的实部为正）。

（2）特征方程的各项系数 $a_i\,(i=0,1,2,\cdots,n)$ 的符号都相同（一般情形下 $a_i>0$），才能满足式（6.19）。

上述两个条件可归结为系统稳定的必要条件：特征方程的各项系数均为正，且不缺项。但是，上述条件并不充分，对于一个系统，即使满足了必要条件，系统也可能不稳定。

6.3.2　系统稳定的充分必要条件

如前所述，一个系统即使满足了必要条件，仍旧可能不稳定。要使一个系统稳定，除了满足必要条件：

（1）特征方程的各项系数 $a_i\,(i=0,1,2,\cdots,n)$ 都不等于零。

（2）特征方程的各项系数 $a_i\,(i=0,1,2,\cdots,n)$ 的符号都相同。

尚需满足劳斯阵列表中第一列所有元素均为正的充分条件，这时系统一定稳定。

1. 劳斯阵列表的构造

依据特征方程式（6.18）的系数，劳斯阵列表的第一行（s^n 行）由特征方程式中的第一、三、五…项的系数组成，第二行（s^{n-1} 行）由第二、四、六…项的系数组成，其余各行依据规则进行计算。劳斯阵列表如下：

$$
\begin{array}{c|cccccc}
s^n & a_0 & a_2 & a_4 & a_6 & a_8 & \cdots \\
s^{n-1} & a_1 & a_3 & a_5 & a_7 & a_9 & \cdots \\
s^{n-2} & b_1 & b_2 & b_3 & b_4 & b_5 & \cdots \\
s^{n-3} & c_1 & c_2 & c_3 & c_4 & c_5 & \cdots \\
\vdots & \vdots & \vdots & \vdots & \vdots & \vdots \\
s^2 & u_1 & u_2 \\
s^1 & v_1 \\
s^0 & w_1
\end{array}
$$

其中第三行（s^{n-2} 行）各元素 b_i 按下式计算，直到其余的 b_i 值等于零为止：

$$
b_1=-\frac{1}{a_1}\begin{vmatrix}a_0&a_2\\a_1&a_3\end{vmatrix};\quad b_2=-\frac{1}{a_1}\begin{vmatrix}a_0&a_4\\a_1&a_5\end{vmatrix};\quad b_3=-\frac{1}{a_1}\begin{vmatrix}a_0&a_6\\a_1&a_7\end{vmatrix};\quad \cdots\cdots
$$

其中第四行（s^{n-3} 行）各元素 c_i 由下式计算，直到其余 c_i 值等于零为止：

$$
c_1=-\frac{1}{b_1}\begin{vmatrix}a_1&a_3\\b_1&b_2\end{vmatrix};\quad c_2=-\frac{1}{b_1}\begin{vmatrix}a_1&a_5\\b_1&b_3\end{vmatrix};\quad c_3=-\frac{1}{b_1}\begin{vmatrix}a_1&a_7\\b_1&b_4\end{vmatrix};\quad \cdots\cdots
$$

用同样的方法，递推计算第五行及以后各行，一直进行到最后一行（s^0 行）为止。

2. 劳斯稳定判据

依据劳斯阵列表的特点，系统稳定的充分必要条件是：劳斯阵列表中第一列元素全部为正；若出现负值，则系统不稳定，且第一列元素符号改变的次数等于系统特征方程具有正实部特征根的个数。

【例 6.1】 设控制系统的特征方程为

$$s^4 + 8s^3 + 17s^2 + 16s + 5 = 0$$

试用劳斯稳定判据判断系统的稳定性。

解： 观察特征方程式的系数均为正，可知系统满足稳定的必要条件。计算劳斯阵列表。

$$
\begin{array}{lll}
s^4 & 1 & 17 \quad 5 \\
s^3 & 8 & 16 \\
s^2 & 15 & 5 \\
s^1 & 40/3 \\
s^0 & 5
\end{array}
$$

由劳斯阵列表第一列的元素值全为正可知，该控制系统是稳定的。

【例 6.2】 设控制系统的特征方程为

$$s^4 + 2s^3 + 3s^2 + 4s + 3 = 0$$

试用劳斯稳定判据判断系统的稳定性。

解： 观察特征方程式的系数均为正，可知系统满足稳定的必要条件。计算劳斯阵列表。

$$
\begin{array}{lll}
s^4 & 1 & 3 \quad 3 \\
s^3 & 2 & 4 \\
s^2 & 1 & 3 \\
s^1 & -2 \\
s^0 & 3
\end{array}
$$

由劳斯阵列表的计算值可知，第一列的系数符号不全为正，符号从正（＋1）变为负（－2），又变为正（＋3），表明该闭环控制系统有两个正实部的特征根，即在[s]右半平面有两个闭环极点，说明该控制系统不稳定。

【例 6.3】 设控制系统的特征方程为

$$D(s) = s^4 + s^3 - 19s^2 + 11s + 30 = 0$$

试用劳斯稳定判据判断系统的稳定性。

解： 首先观察特征方程式的系数符号不全为正，不满足系统稳定的必要条件，表明该系统不稳定。计算劳斯阵列表。

$$
\begin{array}{lll}
s^4 & 1 & -19 \quad 30 \\
s^3 & 1 & 11 \\
s^2 & -30 & 30 \\
s^1 & 12 \\
s^0 & 30
\end{array}
$$

由劳斯阵列表的计算值可知，第一列的元素符号不全为正，符号从正（＋1）变为负（－30），又从（－30）变为正（＋12），表明该闭环控制系统有两个正实部的特征根，即在[s]右半平面有两个闭环极点，该控制系统是不稳定的。

3. 劳斯判据的特殊情况

（1）劳斯阵列表中某一行的第一个元素为零，其他各元素不为零，或不全为零，则在计算下一行第一个元素时，该元素会趋向于无穷，这时劳斯阵列表的计算将无法进行。此时，可用一个任意小的正数 ε 代替第一列等于零的元素，然后继续劳斯阵列表的计算并进行判断。

【例 6.4】 设控制系统的特征方程为

$$D(s) = s^4 + 3s^3 + 14s^2 + 12s + 16 = 0$$

试用劳斯稳定判据判断系统的稳定性。

解：首先观察特征方程式的系数符号全为正，满足系统稳定的必要条件。计算劳斯阵列表。

$$
\begin{array}{c|ccc}
s^4 & 1 & 4 & 16 \\
s^3 & 3 & 12 & \\
s^2 & 0 \to \varepsilon & 16 & \\
s^1 & \dfrac{12\varepsilon - 48}{\varepsilon} & & \\
s^0 & 16 & &
\end{array}
$$

由于第一列元素符号改变两次，由正$(+\varepsilon)$到负$\left(\dfrac{12\varepsilon-48}{\varepsilon}\right)$，再由负$\left(\dfrac{12\varepsilon-48}{\varepsilon}\right)$变为正（＋16），表明该系统有两个正实部的特征根，系统不稳定。

（2）劳斯阵列表中第 k 行元素全为零，系统必然是不稳定的。在这种情况下，可用 $(k-1)$ 行元素构成一个辅助多项式，并利用该辅助多项式的导数的系数组成劳斯阵列表中的下一行元素，然后继续完成劳斯阵列表的构造。

【例 6.5】 设控制系统的特征方程为

$$s^5 + 3s^4 + 3s^3 + 9s - 4s - 12 = 0$$

试用劳斯稳定判据判断系统的稳定性。

解：观察可知，特征方程式的系数符号不全为正，不满足系统稳定的必要条件，表明该系统不稳定。计算劳斯阵列表为

$$
\begin{array}{c|ccc}
s^5 & 1 & 3 & -4 \\
s^4 & 3 & 9 & -12 \\
s^3 & 0 \to 12 & 0 \to 18 & \\
s^2 & 9/2 & -12 & \\
s^1 & 50 & & \\
s^0 & -12 & &
\end{array}
$$

因劳斯表第三行全为零，由 $(k-1)$ 行，即第二行的元素构成辅助多项式：

$$F(s) = 3s^4 + 9s^2 - 12$$

并对 $F(s)$ 求导，可得

$$\frac{\mathrm{d}F(s)}{\mathrm{d}s} = 12s^3 + 18s$$

将上式的系数作为劳斯阵列表中第三行的元素，然后继续完成劳斯表的计算。因劳斯阵列表中第一列符号改变一次，有一个正实部的特征根，该系统不稳定。

4. 劳斯稳定判据的应用

1）检验系统的稳定程度

图 6.2 所示是一个稳定系统，若将 [s] 平面的虚轴左移一个常数 σ，即用新的变量 $z = s + \sigma$ 代入原来的特征方程，得到一个以 z 为变量的特征多项式。应用劳斯稳定判据，如果劳斯阵列表中第一列元素全都大于零，则表明所有的特征根均在 $s = \sigma$ 垂线之左，它说明系统具有 σ 的稳定裕量；如果劳斯阵列表中第一列元素不全大于零，则表明有特征根位于 $s = \sigma$ 垂线之右，它说明系统的稳定裕量不足 σ 值。

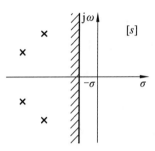

图 6.2　系统的稳定程度判定

【例 6.6】　设控制系统的特征方程式为

$$2s^3 + 10s^2 + 13s + 4 = 0$$

试用劳斯稳定判据判定该系统是否有特征根在 [s] 右半平面，并检验有几个特征根在直线 $s = -1$ 的右边。

解： 观察特征方程式系数不为零，且符号全为正，满足系统稳定的必要条件，计算劳斯阵列表为

$$
\begin{array}{lll}
s^3 & 2 & 13 \\
s^2 & 10 & 4 \\
s^1 & 12.2 & \\
s^0 & 4 &
\end{array}
$$

从劳斯阵列表中可以看出，第一列元素无符号改变，所以该系统的特征根均位于 [s] 右半平面。

令 $s = z - 1$，代入特征方程式，得

$$2(z-1)^3 + 10(z-1)^2 + 13(z-1) + 4 = 0$$

合并化简可得新的特征方程式

$$2z^3 + 4z^2 - z - 1 = 0$$

计算新的劳斯阵列表

$$z^3 \quad 2 \quad -1$$
$$z^2 \quad 4 \quad -1$$
$$z^1 \quad -0.5$$
$$z^0 \quad -1$$

观察新的劳斯阵列表，第一列元素符号改变一次，从正（＋4）到负（－0.5），所以有一个特征根在直线 $s = -1$（即新坐标虚轴）的右侧，新系统的稳定裕量不足 1。

2）确定系统稳定的参数变动范围

应用劳斯稳定判据还可以确定使系统稳定的一个或两个参数的变化范围，所以，适当选择系统参数不仅可以使系统稳定，而且还可以使系统获得一定的稳定裕量。

【例 6.7】 设一单位负反馈控制系统的动态结构如图 6.3 所示，试确定使该系统稳定的 K 的取值范围。

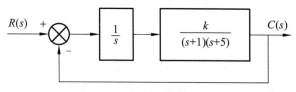

图 6.3 控制系统的结构图

解：根据系统的动态结构图，求得该系统的传递函数为

$$\varPhi(s) = \frac{C(s)}{R(s)} = \frac{K}{s(s+1)(s+5)+K}$$

系统的特征方程为

$$s^3 + 6s^2 + 5s + K = 0$$

计算劳斯阵列表

$$s^3 \quad 1 \quad 5$$
$$s^2 \quad 6 \quad K$$
$$s^1 \quad \frac{30-K}{6}$$
$$s^0 \quad K$$

若要使该系统稳定，其充要条件是劳斯阵列表中的第一列首先均为正数，即

$$\begin{cases} k > 0 \\ 30 - k > 0 \end{cases}$$

求得

$$9 < k < 30$$

该系统稳定的临界值为 $K = 30$。

6.4　奈奎斯特稳定性判据

前面介绍的劳斯判据是一种根据闭环系统特征方程的系数与其特征根分布的关系，来判断控制系统稳定性的简便方法，是在 $[s]$ 平面中进行的。这里介绍的是一种基于控制系统开环频率特性图来给出的判断系统稳定性的频域判据，称之为奈奎斯特稳定判据（nyquist's stablility criterion）。奈奎斯特稳定性判据是由 H. Nyquist 于 1932 年提出的，它是利用开环系统的极坐标图来判定系统闭环后的稳定性，是一种几何判据，它无须已知闭环系统的确切数学模型和求取闭环系统的特征根，就可以解决代数稳定性判据不能解决的延时系统（包含延迟环节）的稳定性问题。奈奎斯特稳定性判据不仅能判别闭环系统的绝对稳定性，还能定量描述系统的相对稳定性（幅值裕度和相位裕度），而且能用于讨论闭环系统的瞬态性能，指出进一步改善和提高系统稳定性和其他性能的方法，提供设计控制系统的依据。如若系统不定，奈奎斯特判据还能指出系统不稳定的闭环极点的个数，即具有正实部的特征根的个数，因此它在控制理论中占有非常重要的地位，并获得广泛应用。

6.4.1　奈奎斯特稳定判据的基本原理

采用开环频率特性图判断系统的稳定性，最关键的是要理解和掌握奈奎斯特稳定判据的基本原理。这里首先要理解几个重要概念。

奈奎斯特稳定判据是依据闭环系统的开环频率特性图的相位角变化来确定其特征根的分布的分析方法。该方法的基础就是复变函数中的幅角原理（mapping theorem）。假设复变函数 $F(s)$ 为单值函数，并且除了 $[s]$ 平面上有限个奇点外，处处都连续，也就是说 $F(s)$ 在 $[s]$ 平面上除奇点外处处解析，那么，对于 $[s]$ 平面上的每一个解析点，在 $[F]$ 平面上必有一点（称为映射点）与之对应。

例如，当复变函数为

$$F(s) = 1 + G(s)H(s) = \frac{s^2 + s + 1}{s(s+1)}$$

若在 $[s]$ 平面上取任意一个解析点：$s_1 = 1 + j2$，则在 $[F]$ 平面上必有一个映射点与之对应，如图 6.4 所示，其对应关系由复变函数 $F(s)$ 决定，即

$$F(s_1) = \frac{(1+j2)^2 + (1+j2) + 1}{(1+j2)(1+j2+1)} = 0.95 - j0.15$$

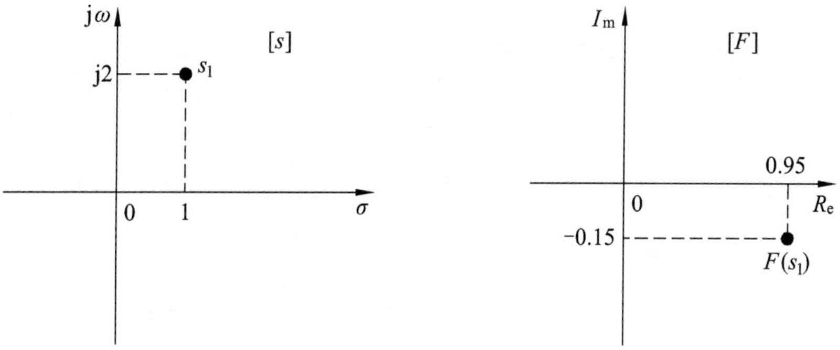

图 6.4　$[s]$ 平面上的点与 $[F]$ 平面上的点之间的映射关系

设复变函数 $F(s)$ 形式如式（6.20）

$$F(s) = \frac{K(s-z_1)(s-z_2)(s-z_3)\cdots(s-z_m)}{(s-p_1)(s-p_2)(s-p_3)\cdots(s-p_n)}, (n \geqslant m) \qquad (6.20)$$

其中，m 个零点和 n 个极点的分布在 $[s]$ 平面上，如图 6.5（a）所示。

若在 $[s]$ 平面上任选一封闭曲线 L_s，并使该曲线不经过复变函数 $F(s)$ 的 m 个零点和 n 个极点（可包围若干零点和极点），则 $[s]$ 平面上的封闭曲线 L_s 映射到 $[F]$ 平面上也是一条封闭曲线 L_F，如图 6.5（b）所示。

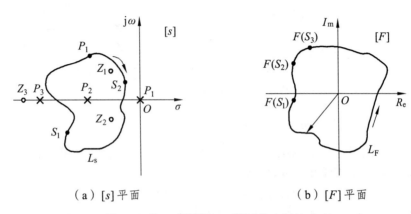

（a）$[s]$ 平面 　　　　　　　　　　（b）$[F]$ 平面

图 6.5　从 $[s]$ 平面到 $[F]$ 平面的映射关系

假设由式（6.20）表示的复变函数 $F(s)$ 的 m 个零点和 n 个极点在 $[s]$ 平面上的分布如图 6.6（a）所示，构造封闭曲线 L_s，L_s 内只包围了 $F(s)$ 的一个零点 z_i，并将封闭曲线 L_s 包围的零点 z_i 与封闭曲线 L_s 上的动点 s 相连，构成有向线段 $\overrightarrow{z_i s}$，当线段端点 s 沿着封闭曲线 L_s 顺时针转动一周，则线段 $\overrightarrow{z_i s}$ 围绕零点 z_i 转动 -2π（约定顺时针方向为负）；封闭曲线 L_s 外的零点、极点与动点 s 构成的线段，围绕各自的零点或极点的转动角度增量均为 0（如线段 $\overrightarrow{p_1 s}$ 围绕极点 p_1，先顺时针转动，后逆时针转动，转动角度增量为 0）。即向量 $F(s)$ 的相位角变化为 -2π，或者说 $F(s)$ 在 $[F]$ 平面上沿 L_F 绕原点顺时针转动了一周，如图 6.6 所示。

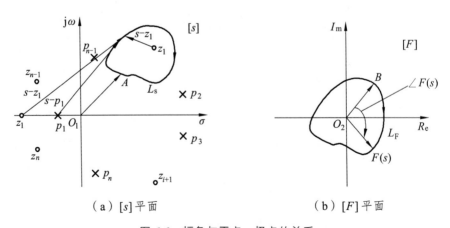

（a）$[s]$ 平面 　　　　　　　　　　（b）$[F]$ 平面

图 6.6　幅角与零点、极点的关系

若将图 6.6（a）中的有向线段 $\overrightarrow{z_i s}$ 映射到平面 $[F]$ 上，零点 z_i 的映射点是 $[F]$ 平面的原点 O_2，L_s 曲线上的动点 s 的映射点为封闭曲线 L_F 上的动点 $F(s)$，则当动点 s 沿着封闭曲线 L_s 顺时针运动一周时，依据复变函数 $F(s)$ 的幅角计算式

$$\angle F(s) = \sum_{j=1}^{m} \angle (s - z_j) - \sum_{i=1}^{n} \angle (s - p_i) \tag{6.21}$$

动点 $F(s)$ 沿着曲线 L_F 顺时针转动的幅角增量为

$$\Delta \angle F(s) = -\angle (s - z_j) = -2\pi$$

同理，若曲线 L_s 包围了一个极点 p_i，极点 p_i 的映射点是 $[F]$ 平面的无穷远点 O_∞，曲线 L_s 上的动点 s 的映射点为 $F(s)$，则当动点 s 沿着曲线 L_s 顺时针运动一周时，动点 $F(s)$ 沿着曲线 L_F 顺时针转动的幅角增量为

$$\Delta \angle F(s) = \angle (s - p_i) = 2\pi$$

进一步推广，若曲线 L_s 包围了 P 个极点和 Z 个零点，则当封闭曲线 L_s 上的动点 s 沿着曲线 L_s 顺时针运动一周时，封闭曲线 L_F 上的动点 $F(s)$ 沿着曲线 L_F 顺时针转动的幅角增量为

$$\Delta \angle F(s) = -Z\angle (s - z_j) + P\angle (s - p_i) = -2\pi Z + 2\pi P = 2\pi (P - Z)$$

简言之，若封闭曲线 L_s 包围了 Z 个零点和 P 个极点，当动点 s 按顺时针方向沿 $[s]$ 平面上的封闭曲线 L_s 变化一周时，平面 $[F]$ 上的动点 $F(s)$ 沿着封闭曲线 L_F 逆时针转动的幅角增量即为 $2\pi (P - Z)$，折算为包围原点的圈数 N，则

$$N = P - Z \tag{6.22}$$

也就是说，逆时针包围 $[F(s)]$ 平面原点的圈数 N，等于 $[s]$ 平面上封闭曲线 L_s 内包围的复变函数 $F(s)$ 的极点数 P 与零点数 Z 之差。

总结以上讨论，依据 $[s]$ 平面上封闭曲线 L_s 内包围的复变函数 $F(s)$ 的极点个数 P 与零点个数 Z 的大小，可分为三种情形：

（1）若封闭曲线 L_s 包围的复变函数 $F(s)$ 的极点个数 P 大于零点个数 Z，即 $P > Z$，则封闭曲线 L_F 按逆时针方向包围 $[F(s)]$ 平面的坐标原点 N 周，即 $N > 0$；

（2）若封闭曲线 L_s 包围的复变函数 $F(s)$ 的极点个数 P 小于零点个数 Z，即 $P < Z$，则封闭曲线 L_F 按顺时针方向包围 $[F(s)]$ 平面的坐标原点 N 周，$N < 0$；

（3）若封闭曲线 L_s 包围的复变函数 $F(s)$ 的极点个数 P 等于零点个数 Z，即 $P = Z$，则封闭曲线 L_F 不包围 $[F(s)]$ 平面的坐标原点，$N = 0$。

6.4.2　系统特征函数 $F(s)$ 的零点与极点

若反馈控制系统的方框图如图 6.7 所示，则该系统的开环传递函数的一般形式为

$$G(s)H(s) = \frac{K \prod\limits_{i=1}^{m} (s - z_i)}{s^{v} \prod\limits_{i=1}^{n-v} (s - p_i)} = \frac{M_k(s)}{D_k(s)} \tag{6.23}$$

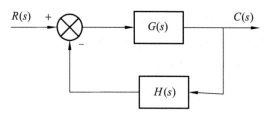

图 6.7　闭环系统方框图

该系统的闭环传递函数描述为

$$\phi(s)=\frac{C(s)}{R(s)}=\frac{G(s)}{1+G(s)H(s)}=\frac{G(s)s^{\nu}\prod_{i=1}^{n}(s-p_i)}{K'\prod_{i=1}^{n}(s-s_i)}=\frac{M_{\mathrm{B}}(s)}{D_{\mathrm{B}}(s)} \tag{6.24}$$

式（6.24）等号右边的分母$1+G(s)H(s)$被定义为特征函数$F(s)$。依据式（6.23）和式（6.24）各自的特征多项式$D_k(s)$和$D_{\mathrm{B}}(s)$，引入特征函数$F(s)$：

$$F(s)=1+G(s)H(s)=\frac{K'\prod_{i=1}^{n}(s-s_i)}{s^{\nu}\prod_{i=1}^{n-\nu}(s-p_i)}=\frac{D_{\mathrm{B}}(s)}{D_k(s)} \tag{6.25}$$

对照分析式（6.23）~式（6.25），可获得特征函数$F(s)$的零极点与反馈控制系统的闭环传递函数的零极点、开环传递函数的零极点之间的关系：

（1）特征函数$F(s)$的n个零点恰好是反馈控制系统的闭环传递函数的极点；特征函数$F(s)$的n个极点是反馈控制系统的开环传递函数极点。

（2）特征函数$F(s)$的零点、极点个数相同（均为n个）。

（3）特征函数$F(s)$与开环传递函数$G(s)H(s)$只相差单位常量 1，故$[F]$平面的坐标原点是$[GH]$平面的$(-1,\mathrm{j}0)$点。图 6.8 所示为$[s]$平面、$[F]$平面和$[GH]$平面的关系。

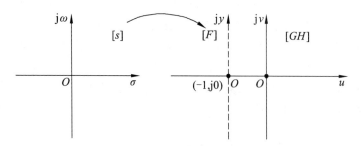

图 6.8　$[s]$平面、$[F]$平面、$[GH]$平面之间的映射示意

6.4.3　奈奎斯特稳定性判据及其应用

依据闭环控制系统的稳定条件，系统闭环传递函数$\varPhi(s)$的所有极点应位于$[s]$平面的左半平面，与之相对应的特征函数$F(s)$的所有零点z_i（闭环传递函数的极点）必须分布在$[s]$平面的左半平面，这意味着这时特征函数$F(s)$在$[s]$右半平面上无零点，即$Z=0$。

由幅角原理的表达式 $N = P - Z$ 可知，稳定系统的 $N = P$，这表明 $[F(s)]$ 平面上的封闭曲线 L_F 逆时针包围原点的圈数等于开环传递函数 $G(s)H(s)$ 的封闭奈奎斯特曲线逆时针包围点 $(-1, j0)$ 的圈数，也等于开环传递函数 $G(s)H(s)$ 在 $[s]$ 右半平面的极点个数 P。由此可将奈奎斯特稳定性判据表述为：当系统的开环传递函数 $G(s)H(s)$ 的封闭奈奎斯特曲线逆时针包围点 $(-1, j0)$ 的圈数 N 等于开环传递函数 $G(s)H(s)$ 在 $[s]$ 右半平面的极点个数 P 时，则闭环系统稳定；否则不稳定。

应用奈奎斯特稳定性判据分析系统稳定性时，需要注意下列几点：

（1）由开环传递函数 $G(s)H(s)$ 得到的开环频率特性函数 $G(j\omega)H(j\omega)$，当 ω 从 0 增长到 $+\infty$ 时，得到的奈奎斯特曲线是不封闭的，相应地令 ω 从 $-\infty \to 0$ 时得到与 ω 从 $0 \to +\infty$ 时的奈奎斯特曲线是关于实轴对称的另一部分奈奎斯特曲线，二者构成对应 $\omega = -\infty \to +\infty$ 封闭的奈奎斯特曲线，如图 6.9 所示。

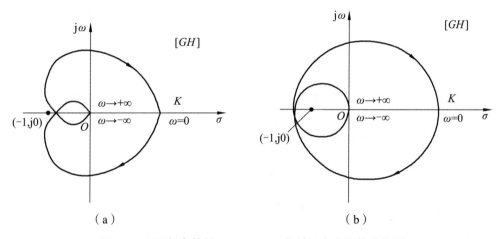

图 6.9 开环频率特性 $G(j\omega)H(j\omega)$ 的封闭奈奎斯特曲线图

（2）当系统的开环传递函数 $G(s)H(s)$ 的所有极点都位于 $[s]$ 左半平面，即 $[s]$ 右半平面的极点个数 $P = 0$ 时，如果对应 $\omega = -\infty \to +\infty$ 封闭的开环奈奎斯特曲线 L_{GH} 不包围 $[GH]$ 平面上的点 $(-1, j0)$，即 $N = 0$，此时 $Z = P - N = 0$，则闭环系统是稳定的；否则是不稳定的。此外，在特殊情况下，对应 $\omega = -\infty \to +\infty$ 封闭的开环奈奎斯特曲线 L_{GH} 恰好通过 $[GH]$ 平面上的点 $(-1, j0)$，则系统闭环后处于临界稳定状态。

（3）当系统的开环传递函 $G(s)H(s)$ 具有 P 个位于 $[s]$ 右半平面的极点时，如果对应 $\omega = -\infty \to +\infty$ 封闭的开环奈奎斯特曲线 L_{GH} 逆时针包围 $[GH]$ 平面上的点 $(-1, j0)$ 的周数 N 等于开环传递函数 $G(s)H(s)$ 位于 $[s]$ 右半平面的极点个数 P，即 $N = P$，则系统闭环后是稳定的；否则是不稳定的。

（4）当系统的开环传递函数 $G(s)H(s)$ 具有位于 $[s]$ 平面原点处的极点时，对应 $\omega = -\infty \to +\infty$ 的开环奈奎斯特曲线是不封闭的。为使其封闭，采用以 $[s]$ 平面的原点为圆心，无穷小半径逆时针作圆，可以使得 L_s 曲线绕过位于 $[s]$ 平面原点处的极点，那么 $[s]$ 平面上的无穷小圆弧映射到 $[GH]$ 平面上，为顺时针旋转的无穷大圆弧，旋转的弧度为

$$v \times \frac{\pi}{2}$$

如图 6.10 所示，描述了 v 取不同值时的开环奈奎斯特曲线，图 6.10（a）表示系统的开环传递函数具有 1 个零极点的情形；图 6.10（b）表示系统的开环传递函数具有 2 个零极点的情形；图 6.10（c）表示系统的开环传递函数具有 3 个零极点的情形。三种情形描述的系统在闭环后都是稳定的。

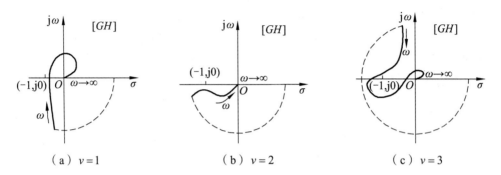

（a）$v = 1$　　　　　　（b）$v = 2$　　　　　　（c）$v = 3$

图 6.10　$v \neq 0$ 时开环传递函数在 $[GH]$ 平面上的奈奎斯特曲线

（5）如果对应 $\omega = -\infty \to +\infty$ 封闭的开环奈奎斯特曲线 L_{GH} 顺时针包围 $[GH]$ 平面上的点 $(-1, j0)$，此时 $N < 0$，$Z = P - N > 0$，则系统闭环后是不稳定的。

【例 6.8】　某反馈控制系统的开环传递函数为

$$G(s)H(s) = \frac{K}{s(0.1s+1)(0.05s+1)}$$

当 K 为不同值时的奈奎斯特曲线，如图 6.11 所示，试判别该系统的稳定性。

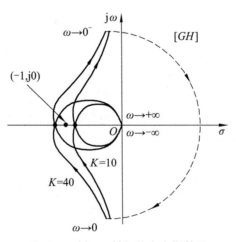

图 6.11　例 6.8 封闭的奈奎斯特图

解：因为开环传递函数 $G(s)H(s)$ 的两个极点 $s = 10$，$s = 20$ 位于 $[s]$ 左半平面，一个极点 $s = 0$ 位于 $[s]$ 平面的原点，$[s]$ 的右半平面无极点，即其 $P = 0$，所以系统闭环后稳定的条件应为封闭的奈奎斯特曲线 L_{GH} 不包围 $[GH]$ 平面上的点 $(-1, j0)$，即 $N = 0$。

观察图 6.11 所示的开环传递函数的封闭奈奎斯特曲线，对于 $K=10$，封闭的奈奎斯特曲线经过点 $(-1,\mathrm{j}0)$ 的右侧，不包围点 $(-1,\mathrm{j}0)$，即 $N=0$，系统闭环后稳定；对于 $K=40$，封闭的奈奎斯特曲线经过点 $(-1,\mathrm{j}0)$ 的左侧，包围点 $(-1,\mathrm{j}0)$，即 $N=-2$，系统闭环后不稳定。

【例 6.9】 如图 6.12 所示的开环奈奎斯特曲线，开环传递函数为

$$G(s)H(s)=\frac{K(s+3)}{s(s-1)}$$

试分析系统的稳定性。

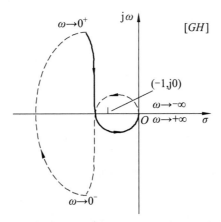

图 6.12　例 6.9 系统的开环奈奎斯特图

解： 因该开环传递函数在 $[s]$ 平面的右半平面有一个极点为 $s=1$，故 $P=1$；图 6.12 所示的开环传递函数的奈奎斯特曲线逆时针包围点 $(-1,\mathrm{j}0)$ 1 圈，故 $N=1$；此时 $N=P=1$，$Z=0$，该闭环系统是稳定的。显然，此时的开环系统是非最小相位系统。

需要注意：在本例中，在 $[s]$ 平面上，当 $\omega=-\infty\to+\infty$，经过原点 $\omega=0$ 时，由于 $G(s)H(s)$ 的分母中含有一个积分环节，所以，映射到 $[GH]$ 平面就是半径为 ∞ 的半圆。

【例 6.10】 某控制系统的开环传递函数为

$$G(s)H(s)=\frac{K}{s(T^2s^2+2\xi Ts+1)},(0<\xi<1)$$

试运用奈奎斯特稳定性判据分析系统的稳定性。

解：（1）绘制系统的开环奈奎斯特曲线。

开环频率特性函数：$G(\mathrm{j}\omega)H(\mathrm{j}\omega)=\dfrac{K}{(\mathrm{j}\omega)(1-T^2\omega^2+\mathrm{j}2\xi T\omega)},(0<\xi<1)$

幅频特性函数：$A(\omega)=\dfrac{K}{\omega\sqrt{(1-T^2\omega^2)^2+(2\xi T\omega)^2}}$

相频特性函数：$\varphi(\omega)=-90°-\arctan\dfrac{2\xi T\omega}{1-T^2\omega^2}$

当 $\omega=0$ 时，$A(\omega)=\infty$，$\varphi(\omega)=-90°$；

当 $\omega\to\infty$ 时，$A(\omega)=0$，$\varphi(\omega)=-270°$。

据此，可绘出系统的开环奈奎斯特曲线，如图 6.13 所示。

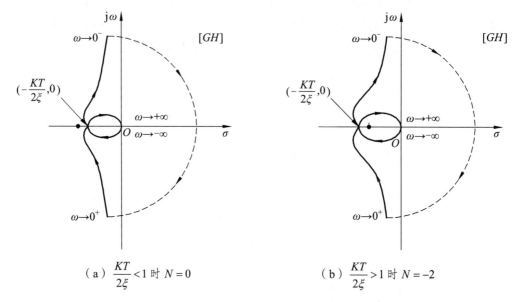

（a）$\dfrac{KT}{2\xi} < 1$ 时 $N = 0$　　　　　　（b）$\dfrac{KT}{2\xi} > 1$ 时 $N = -2$

图 6.13　例 6.10 系统的开环奈奎斯特图

（2）系统的稳定性分析。

系统的开环传递函数在 $[s]$ 平面的右半平面无极点，即 $P = 0$。

在图 6.13（a）所示中，奈奎斯特曲线与实轴负半轴的交点坐标为 $\left(-\dfrac{KT}{2\xi}, 0\right)$，此时 $-\dfrac{KT}{2\xi} > -1$，奈奎斯特曲线不包围 $(-1, \mathrm{j}0)$ 点，$N = 0$，$Z = P - N = 0$，所以闭环系统稳定。

在图 6.13（b）所示中，奈奎斯特曲线与实轴负半轴的交点坐标为 $\left(-\dfrac{KT}{2\xi}, 0\right)$，此时 $-\dfrac{KT}{2\xi} < -1$，奈奎斯特曲线顺时针包围 $(-1, \mathrm{j}0)$ 点 2 圈，$N = -2$，$Z = P - N = 2$，所以闭环系统不稳定；当 $-\dfrac{KT}{2\xi} = -1$ 时，系统的开环奈奎斯特特曲线经过点 $(-1, \mathrm{j}0)$，系统临界稳定。

【例 6.11】　某控制系统的开环传递函数为

$$G(s)H(s) = \frac{K}{s(T_1 s + 1)(T_2 s + 1)}, (K > 0, T_1 > T_2 > 0)$$

试运用奈奎斯特稳定性判据分析系统的稳定性。

解：（1）绘制系统的开环奈奎斯特曲线。

开环频率特性函数为

$$G(\mathrm{j}\omega)H(\mathrm{j}\omega) = \frac{K}{\mathrm{j}\omega(\mathrm{j}T_1\omega + 1)(\mathrm{j}T_2\omega + 1)}, (K > 0, T_1 > T_2 > 0)$$

幅频特性函数：$A(\omega) = \dfrac{K}{\omega\sqrt{1+(T_1\omega)^2}\,\sqrt{1+(T_2\omega)^2}}$

相频特性函数：$\varphi(\omega) = -90° - \arctan T_1\omega - \arctan T_2\omega$

当 $\omega = 0$ 时，$A(\omega) = \infty$，$\varphi(\omega) = -90°$；

当 $\omega \to \infty$ 时，$A(\omega) = 0$，$\varphi(\omega) = -270°$。

据此，可绘出系统的开环奈奎斯特曲线，如图 6.14 所示。

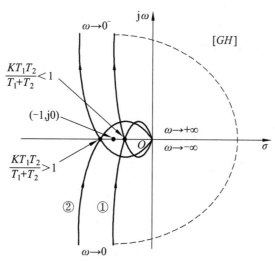

图 6.14　例 6.11 系统的开环奈奎斯特图

（2）系统的稳定性分析。

系统的开环传递函数在 $[s]$ 平面的右半平面无极点，即 $P = 0$。

在图 6.14 中，曲线①所示的系统开环奈奎斯特曲线与实轴负半轴的交点坐标为 $\left(-\dfrac{KT_1T_2}{T_1+T_2},0\right)$，

此时 $-\dfrac{KT_1T_2}{T_1+T_2} > -1$，奈奎斯特曲线不包围 $(-1,\mathrm{j}0)$ 点，$N = 0$，$Z = P - N = 0$，所以闭环系统稳定。

在图 6.14 中，曲线②所示的系统开环奈奎斯特曲线与实轴负半轴的交点坐标为 $\left(-\dfrac{KT_1T_2}{T_1+T_2},0\right)$，

此时 $-\dfrac{KT_1T_2}{T_1+T_2} < -1$，奈奎斯特曲线顺时针包围点 $(-1,\mathrm{j}0)$ 2 圈，$N = -2$，$Z = P - N = 2$，所以闭环

系统不稳定；当 $-\dfrac{KT_1T_2}{T_1+T_2} = -1$ 时，系统的开环奈奎斯特曲线经过点 $(-1,\mathrm{j}0)$，系统临界稳定。

【例 6.12】　某控制系统的开环传递函数为

$$G(s)H(s) = \frac{K(T_2s+1)}{s^2(T_1s+1)}$$

试运用奈奎斯特稳定性判据分析系统的稳定性。

解：（1）绘制系统的开环奈奎斯特曲线。

开环频率特性函数：$G(j\omega)H(j\omega) = \dfrac{K(jT_2\omega + 1)}{(j\omega)^2(jT_1\omega + 1)}$

幅频特性函数：$A(\omega) = \dfrac{K\sqrt{1 + (T_2\omega)^2}}{\omega^2\sqrt{1 + (T_1\omega)^2}}$

相频特性函数：$\varphi(\omega) = \arctan T_2\omega - 180° - \arctan T_1\omega$

当 $\omega = 0$ 时，$A(\omega) = \infty$，$\varphi(\omega) = -180°$；

当 $\omega \to \infty$ 时，$A(\omega) = 0$，$\varphi(\omega) = -180°$。

据此，可绘出系统的开环奈奎斯特曲线，如图 6.15 所示。

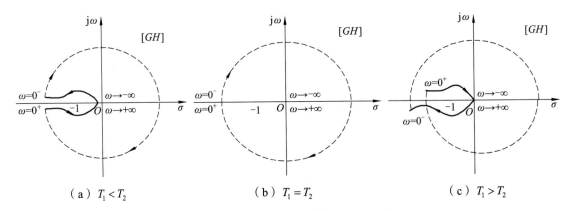

（a）$T_1 < T_2$ （b）$T_1 = T_2$ （c）$T_1 > T_2$

图 6.15 例 6.12 系统的开环奈奎斯特图

（2）系统的稳定性分析。

系统的开环传递函数在 [s] 平面的右半平面无极点，即 $P = 0$。在图 6.15 所示的系统开环奈奎斯特曲线，对于 $T_1 < T_2$ 的情形，系统的开环奈奎斯特曲线不包围 $(-1, j0)$ 点，$N = 0$，$Z = P - N = 0$，闭环系统稳定；对于 $T_1 = T_2$ 的情形，系统的开环奈奎斯特曲线经过 $(-1, j0)$ 点，系统临界稳定；对于 $T_1 > T_2$ 的情形，系统的开环奈奎斯特曲线顺时针包围 $(-1, j0)$ 点，$N = -2$，$Z = P - N = 2$，闭环系统不稳定。

6.5 伯德稳定性判据

由伯德图判断系统的稳定性，实际上是奈奎斯特稳定判据的另一种形式，即利用开环系统的伯德图来判别闭环系统的稳定性，而伯德图又可以通过试验获得，在工程上具有更广泛的应用。

6.5.1 奈奎斯特图与伯德图的映射关系

若一个反馈控制系统的开环传递函数 $G(s)H(s)$ 的极点均位于 [s] 平面的左半平面，即 $P = 0$，闭环系统稳定的充分必要条件是封闭的开环奈奎斯特曲线不包围 $(-1, j0)$ 点，即 $N = 0$。

与图 6.16 所示的系统频率特性 $G(j\omega)H(j\omega)$ 曲线①对应的闭环系统是稳定的，而与曲线②对应的闭环系统是不稳定的。

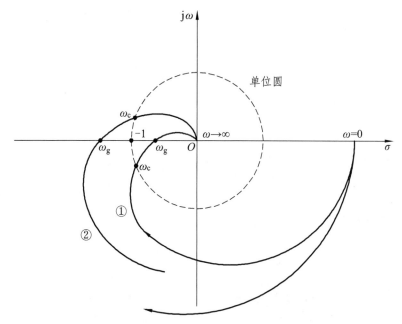

图 6.16　奈奎斯特曲线剪切频率点 ω_c 与相位穿越点 ω_g 和系统稳定性的关系

在图 6.16 中，系统的开环奈奎斯特曲线与单位圆的交点频率即为剪切频率 ω_c，其与负实轴的交点即为相位穿越频率 ω_g。如果将图 6.16 所示的系统奈奎斯特图转换为系统伯德图，二者之间的映射关系有什么特征？奈奎斯特图中定义的剪切频率 ω_c 与相位穿越频率 ω_g 在伯德图中又是如何表示的？

图 6.17 描述了系统奈奎斯特图与伯德图之间的映射关系。图 6.17（a）中的单位圆相当于伯德图中对数幅频特性为 0 dB 线；单位圆内 $A(\omega)<1$ 的奈奎斯特曲线部分对应于伯德图中对数幅频特性 0 dB 线以下部分，即 $L(\omega)<0\,\mathrm{dB}$；单位圆外 $A(\omega)>1$ 的奈奎斯特曲线部分，对应于伯德图中对数幅频特性 0 dB 线以上部分，即 $L(\omega)>0\,\mathrm{dB}$。图 6.17（a）中相位穿越频率 ω_g 相当于伯德图中对数相频特性的 $-\pi$ 轴。

由此可见，奈奎斯特图中定义的剪切频率 ω_c 在伯德图中是对数幅频特性曲线与 0 dB 线的交点，相位穿越频率 ω_g 是对数相频特性曲线与 $-\pi$ 轴的交点。在图 6.17（b）中，对数相频特性曲线与 $-\pi$ 轴的交点有多个，而且穿越的方向不同，对此，需要定义对数相频特性曲线穿越 $-\pi$ 线的方向。

在所有 $L(\omega)\geqslant0\,\mathrm{dB}$ 的频率范围内，当奈奎斯特曲线从大于 $-\pi$ 的第三象限穿过负实轴到第二象限时，称之为负穿越；当奈奎斯特曲线随频率 ω 的增加，逆时针从第二象限穿过负实轴到第三象限时，称之为正穿越；当 $\omega=0$ 时，相位 $\varphi(\omega)=-\pi$，奈奎斯特曲线向第三象限延伸时，称之为半次正穿越，而向第二象限延伸时，称之为半次负穿越。正负穿越次数反映了反馈控制系统的稳定性。

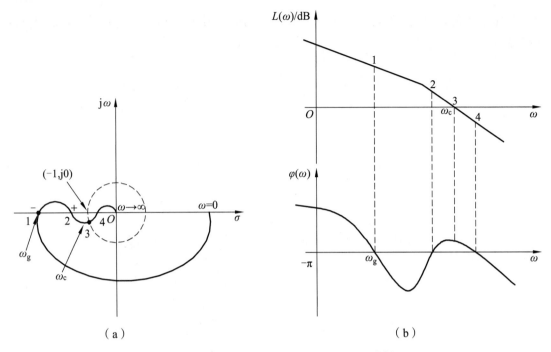

（a）　　　　　　　　　　　　　（b）

图 6.17　系统的奈奎斯特图与伯德图之间的映射关系

6.5.2　伯德稳定性判据

若一个反馈控制系统，在伯德图 $L(\omega) \geqslant 0$ dB 的频率范围内，其开环传递函数 $G(s)H(s)$ 的极点均位于 $[s]$ 平面的左半平面，且相角范围都大于 $-\pi$ 线，那么闭环系统是稳定的；若开环传递函数 $G(s)H(s)$ 具有 P 个极点位于 $[s]$ 平面的右半平面，开环对数相频特性曲线越过 $-\pi$ 线的正负穿越次数之差为 $P/2$ 时，闭环系统稳定；若开环传递函数 $G(s)H(s)$ 中有 ν 个零极点，也就是存在 ν 个积分环节，则在 $\omega = 0$ 处作垂直于横坐标的虚直线与相频特性曲线相连接，再计算正负穿越次数，以此来判断系统稳定性。

【**例 6.13**】　如图 6.18 所示为 4 种开环对数幅相频特性，试判断其闭环系统的稳定性。

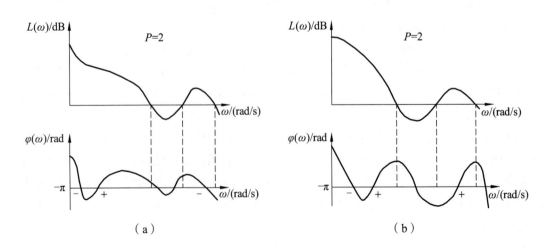

（a）　　　　　　　　　　　　　（b）

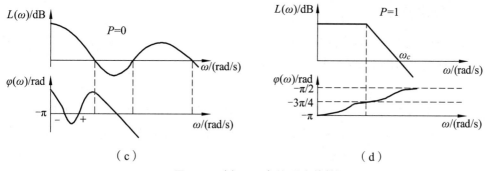

（c）   （d）

图 6.18 例 6.13 中的系统伯德图

解：（1）在图 6.18（a）中，已知 $P=2$，即开环传递函数 $G(s)H(s)$ 的具有 2 个极点位于 $[s]$ 平面的右半平面，在 $L(\omega) \geqslant 0$ dB 的频率范围内，正负穿越次数之差为 $1-2=-1 \neq P/2$，因为 $P=2$，说明闭环系统是不稳定的。

（2）在图 6.18（b）中，已知 $P=2$，即开环传递函数 $G(s)H(s)$ 具有 2 个极点位于 $[s]$ 平面的右半平面，在 $L(\omega) \geqslant 0$ dB 的频率范围内，正负穿越次数之差为 $2-1=1=2/2$，则闭环系统是稳定的。

（3）从图 6.18（c）可知，正负穿越次数的差为 $1-1=0=P/2$，因为 $P=0$，所以这个系统在闭环状态下是稳定的。

（4）在图 6.18（d）中，已知 $P=1$，即开环传递函数 $G(s)H(s)$ 具有 1 个极点位于 $[s]$ 平面的右半平面，在 $L(\omega) \geqslant 0$ dB 的频率范围内，只有半次正穿越，$1/2-0=1/2=P/2$，即闭环系统是稳定的。

6.6 系统的相对稳定性

从系统状态而言，系统的相对稳定性就是指系统的稳定状态距离不稳定（或临界稳定）状态的程度。从奈奎斯特稳定判据可知，若系统开环传递函数在 $[s]$ 平面的右半平面上没有极点，则闭环系统是稳定的，那么开环奈奎斯特曲线距离点 $(-1, j0)$ 越远，则闭环的稳定性就越好，如图 6.19（a）所示；开环奈奎斯特曲线距离点 $(-1, j0)$ 越近，则闭环的稳定性越差，如图 6.19（b）所示。反映这种稳定程度的指标就是稳定裕度，可用相位裕度 γ 和幅值裕度 K_g 来度量。

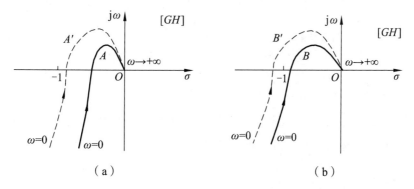

（a）   （b）

图 6.19 系统的相对稳定性

6.6.1　相位裕度

对于系统的开环频率特性 $G(j\omega)H(j\omega)$ 曲线，当 ω 等于剪切频率 ω_c 时，相频特性曲线距离 $-\pi$ 线的相位差称之为相位裕度 γ，其表达式为

$$\gamma = 180° + \varphi(\omega_c)$$

在图 6.20（a）和（c）中，相位裕度 $\gamma > 0$，系统稳定，相对稳定性较高；在图 6.20（b）和（d）中，相位裕度 $\gamma < 0$，系统不稳定，相对稳定性较差。对于稳定的系统，相频曲线位于伯德图 $-\pi$ 线以上，具有正相位裕度，如图 6.20（c）所示；对于不稳定的系统，相频曲线位于伯德图 $-\pi$ 线以下，具有负相位裕度，如图 6.20（d）所示。

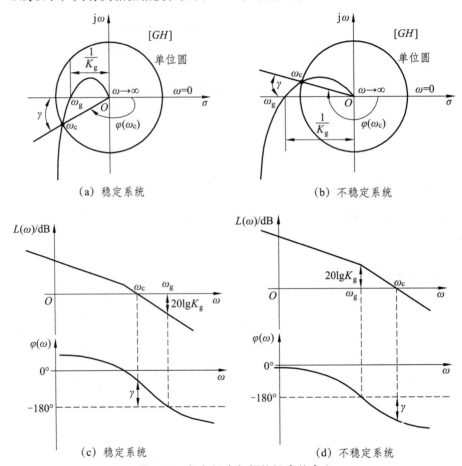

（a）稳定系统　　　　　　　　　　（b）不稳定系统

（c）稳定系统　　　　　　　　　　（d）不稳定系统

图 6.20　相角裕度与幅值裕度的定义

6.6.2　幅值裕度

对于系统的开环对数相频特性曲线，当 ω 等于相位穿越频率 ω_g 时，其幅频特性曲线 $|G(j\omega_g)H(j\omega_g)|$ 的倒数称之为幅值裕度 K_g，其表达式为

$$K_g = \frac{1}{|G(j\omega_g)H(j\omega_g)|}$$

在伯德图上,幅值裕度表示为分贝(dB)数,即

$$20\lg K_{\mathrm{g}} = 20\lg \frac{1}{\left|G(\mathrm{j}\omega_{\mathrm{g}})H(\mathrm{j}\omega_{\mathrm{g}})\right|} = -20\lg\left|G(\mathrm{j}\omega_{\mathrm{g}})H(\mathrm{j}\omega_{\mathrm{g}})\right| \qquad (6.26)$$

在图 6.20(a)中,幅值裕度 $K_{\mathrm{g}} > 1$,系统稳定,相对稳定性较高;在图 6.20(b)中,幅值裕度 $K_{\mathrm{g}} < 1$,系统不稳定,相对稳定性较差。

综合衡量系统相对稳定性的相位裕度 γ 和幅值裕度 K_{g} 指标:当相位裕度 $\gamma > 0$ 和幅值裕度 $K_{\mathrm{g}} < 1$ 时,系统稳定;当相位裕度 $\gamma < 0$ 和幅值裕度 $K_{\mathrm{g}} < 1$ 时,系统不稳定。相位裕度 γ 和幅值裕度 K_{g} 越大,系统相对稳定性越好。

但是在工程实践中,仅用单一的相位裕度 γ 或幅值裕度 K_{g} 指标判断系统相对稳定性会得出不合实际的结论。例如,图 6.21 所示的情形均体现了两个指标相差悬殊的问题,对于图 6.21(a)所示的系统,若仅以相位裕度 γ 判断系统相对稳定性会得出系统稳定性低的结论,同理对于图 6.21(b)所示系统,仅以幅值裕度 K_{g} 判断系统的相对稳定性,会得出系统稳定性低的结论。事实上,图 6.21(a)和图 6.21(b)所示的系统稳定性均较高而不是低。因此,要根据相位裕度 γ 和幅值裕度 K_{g} 全面评价系统相对稳定性。一般情况下,可使相位裕度 $\gamma = 30° \sim 70°$,幅值裕度 $K_{\mathrm{g}} = 2 \sim 3$,$K_{\mathrm{g}}(\mathrm{dB}) = 6 \sim 10$。

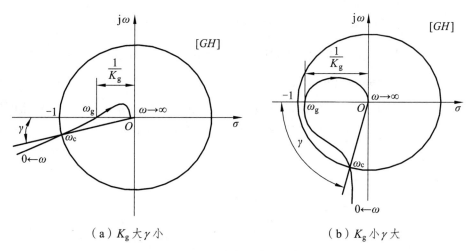

(a) K_{g} 大 γ 小   (b) K_{g} 小 γ 大

图 6.21 稳定裕度的比较

【例 6.14】 设某单位反馈控制系统具有如下的开环传递函数

$$G(s)H(s) = \frac{K}{s(s+1)(s+5)}$$

试分别求当 $K = 10$ 和 $K = 100$ 时相位裕度 γ 和幅值裕度 $K_{\mathrm{g}}(\mathrm{dB})$。

解:依据题意,系统的开环幅频特性为

$$G(\mathrm{j}\omega)H(\mathrm{j}\omega) = \frac{K}{\mathrm{j}\omega(\mathrm{j}\omega+1)(\mathrm{j}\omega+5)}$$

与之相应的开环对数幅频特性和对数相频特性如图 6.22 所示，其开环对数幅频特性和对数相频特性的表达式分别为

$$L(\omega) = 20\lg|G(\mathrm{j}\omega)H(\mathrm{j}\omega)| = 20\lg K - 20\lg\omega - 20\lg\sqrt{\omega^2+1} - 20\lg\sqrt{\omega^2+5^2}$$

$$\varphi(\omega) = -90° - \arctan\omega - \arctan 0.2\omega$$

（1）若取 $K = 10$，由对数相频特性计算相位穿越频率 ω_g

$$\varphi(\omega_g) = -90° - \arctan\omega_g - \arctan 0.2\omega_g = -180° \Rightarrow \omega_g \approx 2.2$$

则由开环对数幅频特性可计算幅值裕度 K_g（dB）为

$$20\lg K_g = -20\lg 10 + 20\lg\omega_g + 20\lg\sqrt{\omega_g^2+1} + 20\lg\sqrt{\omega_g^2+5^2} \Rightarrow K_g(\mathrm{dB}) \approx 8\ \mathrm{dB}$$

由开环对数幅频特性计算剪切频率 ω_c

$$L(\omega) = 20\lg 10 - 20\lg\omega - 20\lg\sqrt{\omega^2+1} - 20\lg\sqrt{\omega^2+5^2} = 0 \Rightarrow \omega_c \approx 1.5$$

由开环对数相频特性可计算相位裕度 γ 为

$$\gamma = 180° + \varphi(\omega_c) = 180° - 90° - \arctan\omega_c - \arctan 0.2\omega_c \Rightarrow \gamma = 21°$$

（2）同理，若取 $K = 100$，相位裕度 γ 和幅值裕度 K_g（dB）分别为

$$20\lg K_g = -20\lg 100 + 20\lg\omega_g + 20\lg\sqrt{\omega_g^2+1} + 20\lg\sqrt{\omega_g^2+5^2} \Rightarrow K_g(\mathrm{dB}) \approx -12\ \mathrm{dB}$$

$$\gamma = 180° + \varphi(\omega_c) = 180° - 90° - \arctan\omega_c - \arctan 0.2\omega_c \Rightarrow \gamma = -30°$$

由上述计算结果和图 6.22 的伯德图可知，当 $K = 10$ 时，闭环系统稳定，幅值裕度较大，相位裕度小于 30°；当 $K = 100$ 时，幅值和裕度小，闭环系统不稳定。

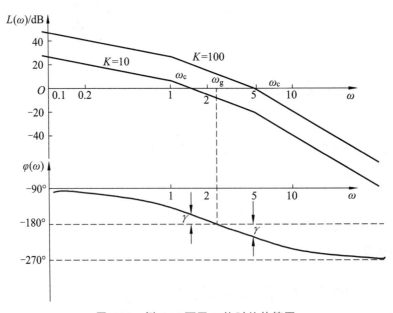

图 6.22　例 6.14 不同 K 值时的伯德图

6.7　系统的稳态误差分析

控制系统的性能由动态性能和稳态性能两部分组成。稳态性能是用系统的稳态误差表示的，它是系统控制精度的度量。一个符合工程要求的系统，其稳态误差必须控制在允许的范围内。但是不同的系统结构，不同的输入信号以及外在干扰信号作用，使系统的输出稳态值可能偏离期望值而产生误差。此外，由于系统中存在摩擦、间隙、死区等因素，也会造成系统的稳态误差，故稳态误差表征了系统的精度及抗干扰能力。

6.7.1　稳态误差的基本概念

如图 6.23 所示为典型的参考输入 $R(s)$ 和干扰输入 $N(s)$ 共同作用下的线性反馈控制系统方框图，系统的稳态误差由参考输入 $R(s)$ 和干扰输入 $N(s)$ 叠加而成。

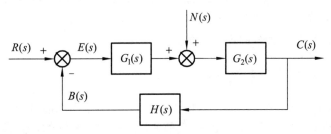

图 6.23　典型的线性反馈控制系统

1. 系统的偏差 $\varepsilon(t)$

系统的偏差信号 $\varepsilon(t)$ 是以系统的输入端为基准来定义的，是参考输入信号 $r(t)$ 和反馈信号 $b(t)$ 比较后的信号，即

$$\varepsilon(t) = r(t) - b(t)$$

其拉氏变换式 $E(s)$ 为

$$E(s) = R(s) - B(s) = R(s) - H(s)C(s) \tag{6.27}$$

2. 系统的误差 $e(t)$

系统的误差信号 $e(t)$ 是以系统的输出端为基准来定义的，是系统的输出期望值 $c_d(t)$ 和输出实际值 $c(t)$ 之差，即

$$e(t) = c_d(t) - c(t)$$

其拉氏变换式 $E_1(s)$ 为

$$E_1(s) = C_d(s) - C(s) \tag{6.28}$$

3. 系统的偏差 $\varepsilon(t)$ 与误差 $e(t)$ 之间的关系

由控制系统的调节原理知，当偏差 $E(s)$ 等于零时，系统将不进行调节。此时输出量的实际值与期望值相等。由式（6.27）、式（6.28）得到输出量的期望值 $C_d(s)$ 为

$$C(s) = C_{\mathrm{d}}(s) = \frac{1}{H(s)} R(s) \qquad (6.29)$$

将式（6.29）代入式（6.28）求得误差 $E_1(s)$ 为

$$E_1(s) = C_{\mathrm{d}}(s) - C(s) = \frac{1}{H(s)} R(s) - C(s) \qquad (6.30)$$

由式（6.27）和式（6.30）可得误差与偏差之间的关系为

$$E_1(s) = \frac{1}{H(s)} E(s) \qquad (6.31)$$

式（6.31）表明，一般情况下，偏差信号与误差信号并不相同，只是对于实际使用的反馈控制系统，反馈单元 $H(s)$ 往往是一个常数，偏差信号与误差信号之间存在简单的比例关系，求得了稳态偏差，也就得到了稳态误差。对于单位反馈系统 $H(s)=1$，偏差信号与误差信号相同，可直接用偏差信号表示系统的误差信号。

6.7.2 参考输入作用下系统的稳态误差

考察图 6.23 所示的典型线性反馈控制系统，若仅有参考输入信号的作用，则可将其转换为图 6.24 所示的反馈系统方框图，以此讨论参考输入作用下系统的稳态误差和稳态偏差之间的确定性关系。

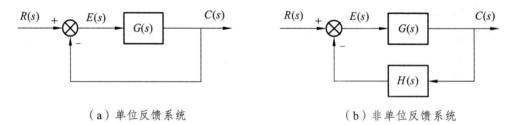

（a）单位反馈系统　　　　　　　　（b）非单位反馈系统

图 6.24　反馈系统方框图

（1）单位反馈系统：对于图 6.24（a）所描述的单位反馈控制系统，误差和偏差相等，求出偏差即可。在参考输入作用下的系统偏差信号为

$$E(s) = \frac{1}{1+G(s)} R(s) \qquad (6.32)$$

利用终值定理可求得系统的稳态偏差 $\varepsilon_{\mathrm{ss}}$ 为

$$\varepsilon_{\mathrm{ss}} = \lim_{t \to \infty} \varepsilon(t) = \lim_{s \to 0} s \cdot E(s) = \lim_{s \to 0} \frac{s}{1+G(s)} R(s) \qquad (6.33)$$

式（6.32）和式（6.33）为计算参考输入作用下的单位反馈系统稳态误差的方法，即 $e_{\mathrm{ss}} = \varepsilon_{\mathrm{ss}}$。需要注意的是终值定理仅对终值的变量有意义，如果系统不稳定，所得结果是不正确的，所以在计算系统稳态误差之前，需要判断系统的稳定性。

（2）非单位反馈系统：对于图 6.24（b）所描述的非单位反馈控制系统，在参考输入作用下的系统偏差信号为

$$E(s) = \frac{1}{1+G(s)H(s)}R(s) \tag{6.34}$$

由终值定理可求得系统的稳态偏差 ε_{ss} 为

$$\varepsilon_{ss} = \lim_{t \to \infty}\varepsilon(t) = \lim_{s \to 0}s \cdot E(s) = \lim_{s \to 0}\frac{s}{1+G(s)H(s)}R(s) \tag{6.35}$$

此时，非单位反馈系统的稳态误差 e_{ss} 为

$$e_{ss} = \lim_{t \to \infty}e(t) = \lim_{s \to 0}s \cdot E_1(s) = \lim_{s \to 0}s\frac{1}{H(s)}\frac{1}{1+G(s)H(s)}R(s) \tag{6.36}$$

显然，控制系统的稳态误差既取决于开环传递函数所描述的系统结构参数，又取决于输入信号的性质。下面分别讨论阶跃信号、斜坡信号和等加速度信号作用于反馈控制系统的稳态误差。

1. 单位阶跃信号输入

对于图 6.24（b）所描述的反馈控制系统，设其开环传递函数为

$$G(s)H(s) = \frac{K(\tau_1 s+1)(\tau_2 s+1)(\tau_3 s+1)\cdots(\tau_m s+1)}{s^{\nu}(T_1 s+1)(T_2 s+1)(T_3 s+1)\cdots(T_n s+1)}, (n \geqslant m) \tag{6.37}$$

式中，当 $\nu=0$ 时，该系统称为 0 型系统；当 $\nu=1$ 时，该系统称之为 I 型系统；当 $\nu=2$ 时，系统称之为 II 型系统，等等。

当参考输入为单位阶跃信号 $r(t)=1$，即其像函数 $R(s) = \frac{1}{s}$ 时，系统的稳态偏差为

$$\varepsilon_{ss} = \lim_{s \to 0}s \cdot E(s) = \lim_{s \to 0}\frac{s \cdot R(s)}{1+G(s)H(s)}$$
$$= \lim_{s \to 0}\frac{s \cdot \frac{1}{s}}{1+G(s)H(s)} = \lim_{s \to 0}\frac{1}{1+G(s)H(s)} = \frac{1}{1+K_p} \tag{6.38}$$

$$K_p = \lim_{s \to 0}G(s)H(s) = \lim_{s \to 0}\frac{K}{s^{\nu}}G_0(s) = \lim_{s \to 0}\frac{K}{s^{\nu}} \tag{6.39}$$

式中，K_p 定义为系统的静态位置误差系数（static position error constant）。

据此，在单位阶跃信号作用下，对于

0 型系统：$K_p = \lim_{s \to 0}\frac{K}{s^0} = K$，$\varepsilon_{ss} = \frac{1}{1+K_p}$，为有差系统（error system）；

I 型和 II 型系统：$K_p = \infty$，$\varepsilon_{ss} = 0$，为无差系统（non-error system）。

上述结果表明，0 型系统在单位阶跃信号作用下的稳态偏差（稳态误差）为有限值，K_p 越

大，系统的稳态偏差（稳态误差）越小。对于Ⅰ型和Ⅱ型系统，从控制理论上说，它们的稳态偏差（稳态误差）均为零。

2. 单位斜坡信号输入

当参考输入为单位斜坡信号 $r(t) = t$，即 $R(s) = \dfrac{1}{s^2}$ 时，系统的稳态偏差为

$$\begin{aligned}
\varepsilon_{ss} &= \lim_{s \to 0} s \cdot E(s) = \lim_{s \to 0} \frac{s \cdot R(s)}{1 + G(s)H(s)} \\
&= \lim_{s \to 0} \frac{s \cdot \dfrac{1}{s^2}}{1 + G(s)H(s)} = \lim_{s \to 0} \frac{1}{sG(s)H(s)} = \frac{1}{K_v}
\end{aligned} \tag{6.40}$$

$$K_v = \lim_{s \to 0} sG(s)H(s) = \lim_{s \to 0} s \cdot \frac{K}{s^\nu} G_0(s) = \lim_{s \to 0} \frac{K}{s^{\nu - 1}} \tag{6.41}$$

式中，K_v 定义为系统的静态速度误差系数（static velocity error constant）。据此，在单位斜坡输入作用下，对于

0 型系统：$K_v = 0$，$\varepsilon_{ss} = \infty$；

Ⅰ 型系统：$K_v = K$，$\varepsilon_{ss} = \dfrac{1}{K}$；

Ⅱ 型系统：$K_v = \infty$，$\varepsilon_{ss} = 0$。

上述结果表明，对 0 型系统而言，因稳态偏差为 ∞，系统的输出不能跟踪斜坡输入信号。Ⅰ型系统虽能跟踪斜坡输入信号，但有稳态误差存在。Ⅱ型系统在稳态时 $\varepsilon_{ss} = 0$，是无差的。

3. 单位加速度信号输入

当参考输入为加速度信号 $r(t) = \dfrac{1}{2}t^2$，即 $R(s) = \dfrac{1}{s^3}$ 时，系统的稳态偏差为

$$\begin{aligned}
\varepsilon_{ss} &= \lim_{s \to 0} s \cdot E(s) = \lim_{s \to 0} \frac{s \cdot R(s)}{1 + G(s)H(s)} \\
&= \lim_{s \to 0} \frac{s \cdot \dfrac{1}{s^3}}{1 + G(s)H(s)} = \lim_{s \to 0} \frac{1}{s^2 G(s)H(s)} = \frac{1}{K_a}
\end{aligned} \tag{6.42}$$

$$K_a = \lim_{s \to 0} s^2 G(s)H(s) = \lim_{s \to 0} s^2 \cdot \frac{K}{s^\nu} G_0(s) = \lim_{s \to 0} \frac{K}{s^{\nu - 2}} \tag{6.43}$$

式中，K_a 定义为系统的静态加速度误差系数（static acceleration error constant）。据此，在单位加速度输入作用下，对于

0 型和Ⅰ型系统：$K_a = 0$，$\varepsilon_{ss} = \infty$；

Ⅱ 型系统：$K_a = K$，$\varepsilon_{ss} = \dfrac{1}{K}$。

上述结果表明，0 型和Ⅰ型系统都不能跟踪等加速度输入信号，只有Ⅱ型系统在稳态下能

跟踪加速度输入信号，但有稳态误差存在。若要使系统在等加速度输入信号的作用下不存在稳态误差，系统的型别不得低于Ⅲ型。而在工程实践中，高于Ⅱ型的系统，稳定性差，不适宜实用。

表 6.1 概括了上述三种系统类型的静态误差系数及其在典型输入信号作用下的稳态偏差。在系统型别与静态误差系数组成的矩阵形式中，对角线上均为系统的开环静态放大倍数 K，对角线右上角的静态误差系数为零，对角线左下角的静态误差系数为无穷大；在系统型别与系统输入信号组成的矩阵形式中，对角线右上角的稳态偏差无穷大，对角线左下角的稳态偏差为零。

表 6.1　在典型输入作用下不同型次的系统中的稳态偏差

系统型次	静态误差系数			系统的输入		
				阶跃输入 r_0	斜坡输入 v_0t	加速度输入 $\frac{1}{2}a_0t^2$
	K_p	K_v	K_a	$\varepsilon_\mathrm{ss}=\dfrac{r_0}{1+K_\mathrm{p}}$	$\varepsilon_\mathrm{ss}=\dfrac{v_0}{K_\mathrm{v}}$	$\varepsilon_\mathrm{ss}=\dfrac{a_0}{K_\mathrm{a}}$
0 型系统	K	0	0	$\dfrac{r_0}{1+K}$	∞	∞
Ⅰ 型系统	∞	K	0	0	$\dfrac{v_0}{K}$	∞
Ⅱ 型系统	∞	∞	K	0	0	$\dfrac{a_0}{K}$

注：单位反馈时 $\varepsilon_\mathrm{ss}=e_\mathrm{ss}$。

【例 6.15】　某单位反馈系统如图 6.25 所示，输入信号 $r(t)=3t+t^2$，求系统的稳态误差。

解：（1）分析系统的开环传递函数。

由图 6.25 可知，系统的开环传递函数为

$$G(s)=\frac{10}{s(s+2)}=\frac{5}{s(0.5s+1)}$$

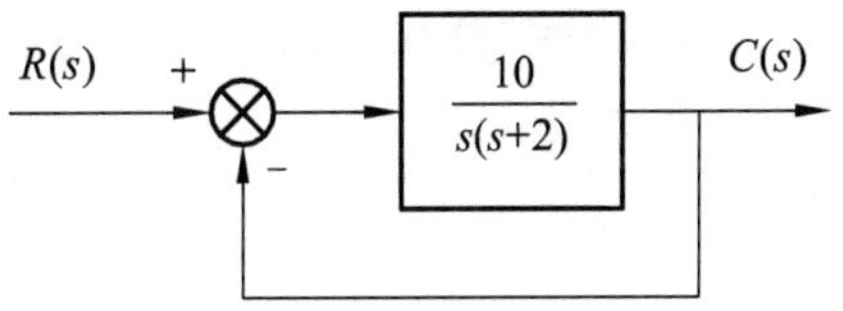

式中，$v=1$，系统为Ⅰ型系统，开环增益 $K=5$。

图 6.25　控制系统方框

（2）计算系统的稳态偏差。

当参考输入为 $r_1(t)=3t$，即速度函数输入时，系统的稳态偏差为

$$\varepsilon_{\mathrm{ss}_1}=3\times\frac{1}{K_\mathrm{v}}=3\times\frac{1}{K}=\frac{3}{5}$$

当参考输入为 $r_2(t)=t^2=2\times\frac{1}{2}t^2$，即加速度函数输入时，系统的稳态偏差为

$$\varepsilon_{\mathrm{ss}_2}=2\times\frac{1}{K_\mathrm{a}}=2\times\frac{1}{0}=\infty$$

据叠加原理，系统的稳态偏差为

$$\varepsilon_\mathrm{ss}=\varepsilon_{\mathrm{ss}_1}+\varepsilon_{\mathrm{ss}_2}=\frac{3}{5}+\infty=\infty$$

（3）计算系统的稳态误差。

因为系统为单位反馈系统，即 $H(s)=1$ ，所以，稳态误差与稳态偏差相等，即

$$e_{ss} = \varepsilon_{ss} = \infty$$

6.7.3　干扰作用下系统的稳态误差

以上讨论了系统在参考输入作用下的稳态误差。事实上，控制系统除了受到参考输入的作用外，还会受到来自系统内部和外部各种干扰的影响，如负载的变化、电源的波动等。系统在扰动作用下所引起的稳态偏差，在一定程度上反映了控制系统的抗干扰能力。

在图 6.23 所示的系统方框图中，不考虑参考输入信号 $r(t)$ 作用，即 $R(s)=0$ ，只考虑干扰信号 $N(s)$ 作用的情况。此时，图 6.23 所示的系统方框图转换为图 6.26 所示。

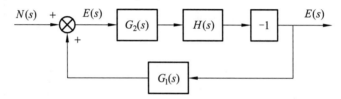

图 6.26　干扰作用下系统的稳态偏差

分析图 6.26 所示的系统方框图，以偏差为输出的系统传递函数为

$$G_{EN}(s) = -\frac{G_2(s)H(s)}{1 + G_1(s)G_2(s)H(s)}$$

则该系统在干扰作用下的输出偏差 $E_N(s)$ 为

$$E_N(s) = G_{EN}(s)N(s) = -\frac{G_2(s)H(s)}{1 + G_1(s)G_2(s)H(s)}N(s) \tag{6.44}$$

根据终值定理，可得稳态偏差

$$\varepsilon_{ss_N} = \lim_{s \to 0} s \cdot E_N(s) = -\lim_{s \to 0}\frac{sG_2(s)H(s)}{1 + G_1(s)G_2(s)H(s)}N(S) \tag{6.45}$$

依据稳态偏差和稳态误差之间的关系式，可得稳态误差

$$e_{ss_N} = \lim_{s \to 0} s \cdot E_{1N}(s) = -\lim_{s \to 0}\frac{sG_2(s)}{1 + G_1(s)G_2(s)H(s)}N(S) \tag{6.46}$$

式（6.46）表明，在干扰作用下，系统的稳态误差与开环传递函数以及干扰的作用位置有关。

综合参考输入信号和干扰信号分别作用下的系统稳态误差分析，当系统同时受到参考输入信号和干扰信号的作用时，可由叠加原理获得系统总的稳态误差，即系统总的稳态误差等于参考输入和干扰输入分别作用时的稳态误差之和。

【例 6.16】 若误差定义为 $e(t) = r(t) - c(t)$，求图 6.27 所示系统总的稳态误差。

解：（1）当 $n(t) = 0$ 时，系统的偏差。

$$E_R(s) = R(s) - C(s)$$
$$= R(s) - \frac{200}{0.5s^2 + s + 200} R(s)$$
$$= \frac{0.5s^2 + s}{0.5s^2 + s + 200} R(s)$$

根据稳态偏差定义，用终值定理可求得参考输入信号作用下系统的稳态偏差：

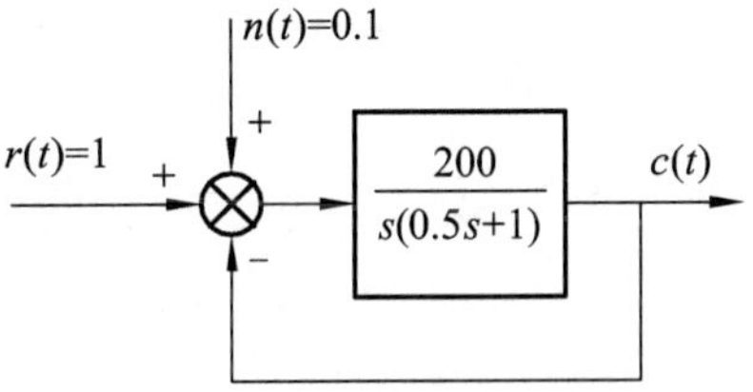

图 6.27 控制系统方框

$$\varepsilon_{ss_R} = \lim_{s \to 0} sE_R(s) = \lim_{s \to 0} s \cdot \frac{0.5s^2 + s}{0.5s^2 + s + 200} \cdot R(s)$$
$$= \lim_{s \to 0} s \cdot \frac{0.5s^2 + s}{0.5s^2 + s + 200} \cdot \frac{1}{s} = 0$$

（2）当 $r(t) = 0$ 时，系统的偏差。

$$E_N(s) = R(s) - C(s) = -\frac{200}{0.5s^2 + s + 200} N(s)$$

根据稳态偏差定义，用终值定理可求得干扰信号作用下系统的稳态偏差：

$$\varepsilon_{ss_N} = \lim_{s \to 0} sE_N(s) = \lim_{s \to 0} \left[-s \cdot \frac{200}{0.5s^2 + s + 200} \cdot N(s) \right]$$
$$= -\lim_{s \to 0} s \cdot \frac{200}{0.5s^2 + s + 200} \cdot \frac{0.1}{s} = -0.1$$

（3）系统总的稳态偏差可由叠加原理获得。

$$\varepsilon_{ss} = \varepsilon_{ss_R} + \varepsilon_{ss_N} = 0 - 0.1 = -0.1$$

（4）系统总的稳态误差计算，因为系统为单位反馈系统，$e_{ss} = \varepsilon_{ss}$，所以系统总的稳态误差为 $e_{ss} = -0.1$。

【例 6.17】 试求图 6.28 所示系统在输入 $r(t) = u(t)$ 和扰动 $n(t) = -0.2u(t)$ 同时作用下的稳态误差。

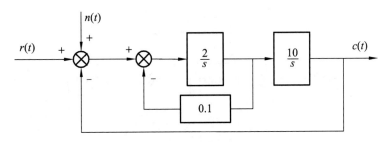

图 6.28 控制系统

解：根据图 6.28 可得系统的开环传递函数为

$$G(s) = \frac{20}{s(s+0.2)} = \frac{100}{s\left(\dfrac{1}{0.2}s+1\right)}$$

该系统为 I 型系统，且 $K_v = K = 100$。故在输入 $r(t) = u(t)$ 作用下，系统的稳态误差为

$$e_{ss_R} = \varepsilon_{ss_R} = 0$$

当考虑扰动 $n(t) = -0.2u(t)$ 作用，即 $N(s) = -\dfrac{0.2}{s}$ 时，系统的误差为

$$E_{1n}(s) = E_n(s) = G_{en}(s)N(s) = \frac{s^2 + 0.2s}{s^2 + 0.2s + 20}N(s)$$

利用终值定理可求得干扰作用下系统的稳态误差

$$e_{ss_N} = \lim_{s \to 0} sE_{1n}(s) = \lim_{s \to 0} s \cdot \frac{s^2 + 0.2s}{s^2 + 0.2s + 20} \cdot \frac{-0.2}{s} = -0.01$$

故系统在输入 $r(t) = u(t)$ 和扰动 $n(t) = -0.2u(t)$ 同时作用下的稳态误差为

$$e_{ss} = e_{ss_R} + e_{ss_N} = -0.01$$

6.7.4　提高系统稳态精度的方法

由前面的讨论可知，提高系统的开环增益和增加系统的型次是减小和消除系统稳态误差的有效办法。但是，这两种方法在其他条件不变时，一般都会影响系统的动态性能，甚至系统的稳定性。若在系统中加入前馈控制作用，就能实现既减小系统的稳态误差，又保证系统稳定性不变的目的。

1. 对扰动进行补偿

图 6.29 所示是对扰动进行补偿的系统方框图。由该图可知，系统除了原有的反馈通道外，还增加了一个由扰动通过前馈装置产生的控制作用，就是为了补偿扰动对系统产生的影响。图中 $G_N(s)$ 为待求的前馈控制装置的传递函数，$N(s)$ 为扰动作用，且可进行测量。

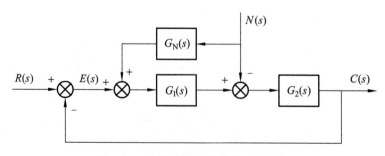

图 6.29　对扰动进行补偿的系统方框

令 $R(s)=0$ ，由图 6.29 求得扰动引起的系统的输出 $C_{\mathrm{N}}(s)$ 为

$$C_{\mathrm{N}}(s)=\frac{G_2(s)[G_1(s)G_{\mathrm{N}}(s)-1]}{1+G_1(s)G_2(s)}N(s) \tag{6.47}$$

由式（6.47）可见，引入前馈控制（feedforward control）后，系统的闭环特征多项式没有发生任何变化，即不会影响系统的稳定性。为了补偿扰动对系统输出的影响，令上式等号右边的分子为零，即有

$$G_2(s)\big[G_1(s)G_{\mathrm{N}}(s)-1\big]=0$$

$$G_{\mathrm{N}}(s)=\frac{1}{G_1(s)} \tag{6.48}$$

这就是对扰动进行全补偿的条件，由于 $G_1(s)$ 分母 s 的阶次一般比其分子 s 的阶次高，故式（6.48）的条件在工程实践中只能近似地得到满足。

2．对输入进行补偿

图 6.30 所示为对输入进行补偿的系统方框图。图中 $G_{\mathrm{R}}(s)$ 为待求前馈装置的传递函数。由于 $G_{\mathrm{R}}(s)$ 设置在系统闭环的外面，因而不会影响系统的稳定性。在设计时，一般先设计系统的闭环部分，使其有良好的动态性能，然后再设计前馈装置 $G_{\mathrm{R}}(s)$ ，以提高系统在参考输入作用下的稳态精度。

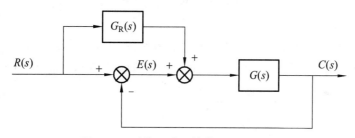

图 6.30　对输入进行补偿的系统方框

由图 6.30 得补偿后的输出 $C_0(s)$ 为

$$C_0(s)=\frac{\big[1+G_{\mathrm{R}}(s)\big]G(s)}{1+G(s)}R(s)=\frac{G(s)}{1+G(s)}R(s)+\frac{G_{\mathrm{R}}(s)G(s)}{1+G(s)}R(s) \tag{6.49}$$
$$=C(s)+C'(s)$$

上式等号右边第一项为不加前馈装置时的系统输出 $C(s)$ ；第二项是加了前馈装置后系统输出的增加部分 $C'(s)$ 。

又由式（6.28）和（6.31）可知

$$C_{\mathrm{d}}(s)=C(s)+E(s) \tag{6.50}$$

比较式（6.49）和式（6.50），若 $C'(s)=E(s)$ ，则 $C_0(s)=C_{\mathrm{d}}(s)$ 。即增加了前馈装置后系统输出的增加部分 $C'(s)$ 等于系统在不加前馈装置时的误差 $E(s)$ ，则系统校正后的实际输出 $C_0(s)$ 等于系统的期望输出值 $C_{\mathrm{d}}(s)$ 。

$$\frac{G_R(s)G(s)}{1+G(s)}R(s) = E(s) = \frac{1}{1+G(s)}R(s) \tag{6.51}$$

将式（6.51）代入式（6.49）得

$$C_d(s) = C_0(s) = R(s)$$

由式（6.51）求得相应的 $G_R(s)$ 为

$$G_R(s) = \frac{1}{G(s)} \tag{6.52}$$

该结果是理想情形，它表示在任何时刻，系统的输出量都能无误差地复现输入信号的变化规律。然而，由于 $G(s)$ 分母中 s 的阶次一般高于其分子中 s 的阶次，因此上式所示的条件在工程实践中也只能近似地给予满足。

以上两种补偿方法在具体实施的时候，还需要考虑到系统模型和参数的误差、周围环境和使用条件的变化，因而在前馈装置设计时要有一定的调节裕量，以便获得较满意的补偿效果。

练 习 题

1. 什么是系统的频率特性和稳定性？

2. 已知系统的单位阶跃响应为 $c(t) = 1 - 1.8e^{-4t} + 0.8e^{-9t}$，$t \geq 0$。试求系统的幅频特性和相频特性。

3. 设由质量、弹簧、阻尼组成的机械系统如图 6.31 所示。已知 $m = 1$ kg，k 为弹簧刚度，c 为阻尼系数。若外力 $f(t) = 2\sin 2t$(N)，由试验得到系统稳态响应为 $X_{oss} = \sin(2t - \pi/2)$，试确定 k 和 c。

4. 某控制系统如图 6.32 所示，从 $t = 0$ 开始。

（1）输入 $r(t) = 3\cos 0.4t$，求系统的稳态响应。

（2）输入 $r(t) = 3\cos 2.9t$，求系统的稳态响应。

（3）输入 $r(t) = 3\cos 10t$，求系统的稳态响应。

（4）在（1）、（2）、（3）中输入振幅均相同，为什么响应的振幅不一样？

（5）试求在（1）、（2）、（3）同时输入的情况下，系统的响应。

（6）求系统的谐振频率 ω_r。

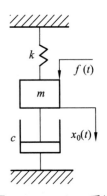

图 6.31 m、k、c 系统

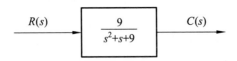

图 6.32 控制系统方框图

5. 设单位反馈控制系统的开环传递函数为 $G(s) = \dfrac{10}{s+1}$，当系统分别作用以下输入信号时，求系统的稳态输出。

（1）$r(t) = \sin(t + 30°)$　　　　　　　（2）$r(t) = 2\cos(2t - 45°)$

（3）$r(t) = \sin(t + 30°) - 2\cos(2t - 45°)$

6. 画出下列各开环传递函数的奈奎斯特图，并判别系统是否稳定。

（1）$G(s)H(s) = \dfrac{100}{(s+1)(0.1s+1)}$　　　　　　（2）$G(s)H(s) = \dfrac{100}{\left(\dfrac{s}{2}+1\right)\left(\dfrac{s}{5}+1\right)\left(\dfrac{s}{50}+1\right)}$

（3）$G(s)H(s) = \dfrac{200}{s(s+1)(0.1s+1)}$　　　　　　（4）$G(s)H(s) = \dfrac{10}{s(s+1)(2s+1)(3s+1)}$

（5）$G(s)H(s) = \dfrac{1}{1-0.01s}$　　　　　　（6）$G(s)H(s) = \dfrac{1}{s(0.1s+1)}$

（7）$G(s)H(s) = \dfrac{1}{s(0.5s+1)(0.1s+1)}$　　　　　　（8）$G(s)H(s) = \dfrac{50(0.6s+1)}{s^2(4s+1)}$

7. 设单位反馈控制系统的开环传递函数为

$$G(s)H(s) = \frac{10K(s+0.5)}{s^2(s+2)(s+10)}$$

试绘制 $G(s)H(s)$ 在 $K=1$ 和 $K=10$ 时的极坐标图。

8. 试绘制具有下列传递函数的系统的对数坐标图，并判断系统的稳定性。

（1）$G(s) = \dfrac{1}{0.2s+1}$　　　　　　（2）$G(s) = \dfrac{50}{s(s+1)(s+2)}$

（3）$G(s) = 10s+2$　　　　　　（4）$G(s) = \dfrac{2.5(s+10)}{s^2(0.2s+1)}$

（5）$G(s) = \dfrac{2.5(s+10)}{s(s^2+4s+100)}$　　　　　　（6）$G(s) = \dfrac{650s^2}{(0.04s+1)(0.4s+1)}$

（7）$G(s) = \dfrac{20(s+5)(s+40)}{s(s+0.1)(s+20)^2}$　　　　　　（8）$G(s) = \dfrac{2}{s(s+1)(s+2)}$

9. RC 网络如图 6.33 所示，其传递函数为

$$G(s) = \frac{1}{\alpha}\frac{\tau s+1}{Ts+1}$$

其中，$\alpha = \dfrac{R_2+R_1}{R_2}$，$\tau = CR$，$T = \dfrac{R_1 R_2}{R_1+R_2}$，试绘制 $\alpha=10$，$\tau=30$ 和 $T=1$ s 时的对数坐标图。

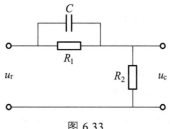

图 6.33

10. 已知最小相位系统的幅频渐近线如图 6.34 所示，试求取各系统的开环传递函数，并作出相应的相频特性曲线。

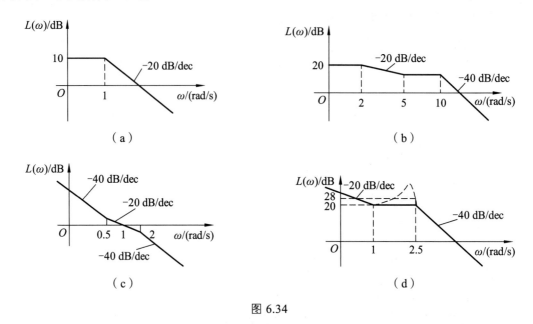

（a）

（b）

（c）

（d）

图 6.34

11. 已知开环传递函数在[s]平面的右半部无极点，试根据图 6.35 所示开环频率特性曲线分析相应的稳定性。

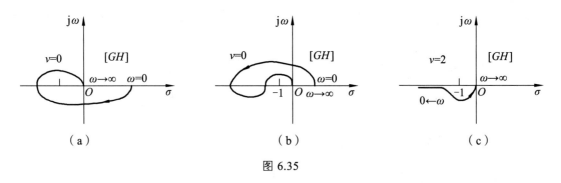

（a）

（b）

（c）

图 6.35

12. 设单位反馈控制系统的开环传递函数为

$$G(s)H(s) = \frac{Ks^2}{(0.02s+1)(0.2s+1)}$$

试绘制系统的伯德图，并确定剪切频率 $\omega_c = 5\,\text{rad/s}$ 时的 K 值。

13. 设单位反馈控制系统的开环传递函数为

$$G(s)H(s) = \frac{3500}{s(s^2+10s+70)}$$

试绘制系统的伯德图，并确定当相位裕度等于30°时系统的开环放大系数应增大或减小多少？

14. 已知单位反馈控制系统的开环传递函数为

$$G(s)H(s) = \frac{K}{(s+1)(7s+1)(3s+1)}$$

求幅值裕度为 20 dB 时的 K 值。

15. 已知系统的开环传递函数如下，用 MATLAB 绘制系统的伯德图和奈奎斯特图。

（1） $G(s)H(s) = \dfrac{8(s+1)}{s^2(s+15)(s^2+6s+10)}$

（2） $G(s)H(s) = \dfrac{7.5(s+1)(0.2s+1)}{s(s^2+16s+100)}$

16. 已知单位反馈控制系统的开环传递函数为

$$G(s)H(s) = \frac{1}{s(s+1)^2}$$

用 MATLAB 绘制系统的伯德图，确定 $L(\omega)=0$ 的频率 ω_c 和对应的相位角 $\varphi(\omega_c)$

17. 已知单位反馈系统的开环传递函数为

$$G(s)H(s) = \frac{10}{s(0.05s+1)(0.1s+1)}$$

（1）用 MATLAB 绘制系统的伯德图，计算系统的稳定裕度；
（2）试计算系统的谐振峰值 M_r、谐振频率 ω_r 和截止频率 ω_c。

18. 已知某系统的传递函数的数学模型为

$$\phi(s) = \frac{5s+1}{(0.2s+1)(s^2+2s+2)}e^{-0.5s}$$

试采用 MATLAB 绘制系统的对数幅频特性曲线与对数相频特性曲线，并分析该系统是否稳定；如果延时环节的滞后参数从 0.5 减小为 0.1，系统是否稳定？

第 7 章
系统校正及其实现方法

一个基本控制系统是由输入、系统和输出要素组成的，在已知系统的结构和参数的条件下，依据输入和输出信息对系统的稳定性、快速性和准确性进行分析，获取表征系统性能的指标。分析系统性能指标与系统参数之间的关系，是属于系统分析范畴的问题。与之相对应的是预设了系统要实现的性能指标，如何设计能够实现预设的性能指标的控制系统，此为系统综合范畴的问题。当按照预设的性能指标设计完成的控制系统，不能按照预定的性能指标进行工作，或者不能全面满足所要求的性能指标时，就要考虑增减必要的系统环节，对系统进行改进，这称之为系统校正。本章内容就是围绕系统综合和校正的问题展开，依次介绍系统校正方式、系统校正装置的传递函数及其特性、系统校正的实现方法等。

7.1 系统校正的方式

7.1.1 系统校正的概念

在现实世界中，控制对象随处可见，如追逐星辰大海的各类探测器，天地往返的航天航空器，异地运行的交通工具，十字路口的交通灯，居家生活的白色家电等。它们的功用各异，复杂程度千差万别，但是都需要最基本的控制系统，因此，系统设计要从分析控制对象的具体功用和选择具体的执行元件开始。例如，对于运动控制伺服系统，根据功率、速度、加速度、工作环境等，可选择适当的电动机、伺服马达等作为执行元件；对于温度控制系统，根据场地空间的要求，可选择电炉、空调机等作为执行元件。如果要使控制对象能够实现自动控制，就要根据控制量的性质和精度选择测量反馈元件（传感器、变送器），根据控制量传输的强弱设置必要的放大器。当一个系统的基本执行元件、测量元件、放大器已选择和设计完成，它们和控制对象就组成了一个基本的反馈（闭环）控制系统。在该系统中，选定的元器件参数基本不变，是系统的固有部分（原系统）。如果此时系统能够全面满足预设的性能指标要求，则系统设计就基本完成了，但工程实践表明，性能优良的控制系统不是一蹴而就的，原系统往往不能同时满足各项性能指标的要求，甚至反馈控制系统不能稳定。这就要求系统设计者要在原系统的基础上，增加一些基本的元件或装置去补偿和提高系统的性能，以便满足性能指标要求。这些额外加入的元件或装置称为校正元件（或校正装置），也可称为补偿元件（或补偿装置）。为了区别于原系统，把加入了校正装置的系统称为校正系统，如图 7.1 所示。

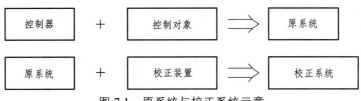

图 7.1　原系统与校正系统示意

7.1.2　系统校正的基本方式

考察图 7.1 中校正装置与原系统的连接方式，系统校正的基本方式可分为串联校正（series correction）、反馈校正（feedback correction）和复合校正（recombination correction）。

串联校正装置 $G_c(s)$ 一般接在系统的前向通道中，如图 7.2 所示，具体的接入位置应视校正装置本身的物理特性和原系统的结构而定。通常，对于体积小、重量轻和容量小的校正装置，常加在系统信号容量不大、功率小的地方，即比较靠近输入信号的前向通道中。对于体积、重量和容量较大的校正装置，常串接在信号功率较大的部位上，即在比较靠近输出信号的前向通道中。

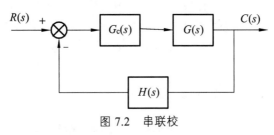

图 7.2　串联校

反馈校正装置 $G_c(s)$ 反向并连接在系统前向通道中的一个或几个环节两端，形成局部反馈回路，如图 7.3 所示。反馈校正装置的输入端信号取自原系统的输出端或原系统前向通道中某个环节的输出端，信号功率一般比较大，因此，在校正装置中不设置放大电路，达到简化校正装置的目的。此外，反馈校正还可消除参数波动对系统性能的影响。

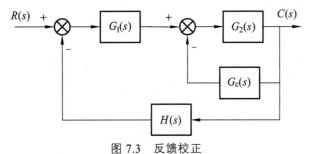

图 7.3　反馈校正

复合校正装置 $G_c(s)$ 一般是在原系统的合适位置加入前馈校正通路，如图 7.4 所示。

上述校正方式之间可以进行等效变换，即通过结构图的变换，一种连接方式可以等效转换成另一种连接方式，它们之间的等效性决定了系统校正的非唯一性。在工程应用中，究竟采用哪一种连接方式，要视具体情况而定。通常考虑的因素是原系统的物理结构、信号是否便于取出和加入、信号的性质、系统中各点功率的大小、可选用的元件，还有设计者的经验和经济条件等。

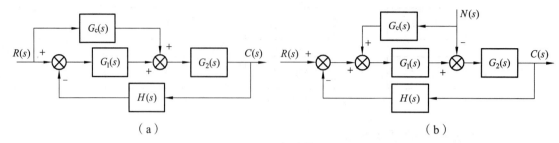

图 7.4　复合校正

一般而言，串联校正比反馈校正设计简单，也比较容易对系统信号进行变换。由于串联校正通常是由低能量向高能量部位传递信号，加上校正装置本身的能量损耗，必须进行能量补偿。因此，串联校正装置通常由有源网络或元件构成，即其中需要有放大元件。反馈校正装置的输入信号通常由系统输出端或放大器的输出级供给，信号是从高功率点向低功率点传递，一般不需要放大器，但其输入信号功率比较大，校正装置的容量和体积相应较大。另一方面，反馈校正可以消除校正回路中元件参数的变化对系统性能的影响，所以当原系统随着工作条件的变化，它的某些参数变化较大时，采用反馈校正效果会更好。

综上所述，在对控制系统进行校正时，应根据具体情况，综合考虑各种条件和要求来选择合理的校正装置和校正方式，有时还可同时采用两种或两种以上的校正方式。

7.2　常用校正装置及其特性

校正装置可以是电气的，也可以是机械的、气动的及液压的等。由于电气元件具有体积小、质量轻、调整方便等特点，在工业控制系统中占主导地位。本节主要介绍常用的校正装置及其特性，它们分别是由无源网络构成的无源校正装置和由直流运算放大器构成的有源校正装置，以及在工业过程控制系统中广泛使用的 PID 调节器。

7.2.1　无源校正装置

1. 无相移校正装置

图 7.5 所示的分压器电路，是一种较为简洁的、可实现无相移校正的电路装置。假设输入阻抗为零，输出阻抗为无限大，并且不考虑电路间的电容等因素，即在理想的情况下，该校正装置的传递函数为

$$G_c(s) = K \quad (K \leqslant 1) \tag{7.1}$$

式（7.1）中的比例系数 K 为

$$K = \frac{R_2}{R_1 + R_2} \leqslant 1$$

2. 相位超前校正装置

图 7.6 所示是一种典型的无源超前校正装置，它由阻容元件组成。其中，复阻抗 Z_1 和 Z_2 分别为

$$Z_1 = \frac{R_1}{1 + R_1 C s}$$

$$Z_2 = R_2$$

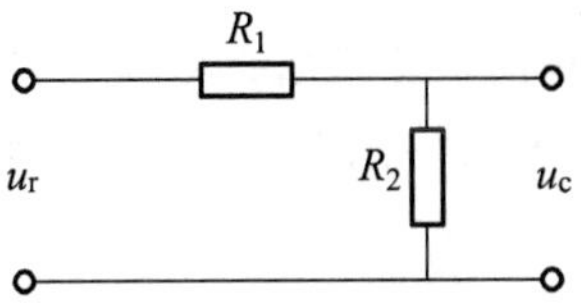

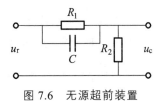

图 7.5 分压器电路

图 7.6 无源超前装置

无源超前校正装置的传递函数为

$$G(s) = \frac{Z_2}{Z_1 + Z_2} = \frac{1}{\alpha} \times \frac{1 + \alpha T s}{1 + T s} \qquad (7.2)$$

其中

$$T = \frac{R_1 R_2}{R_1 + R_2} C , \quad \alpha = \frac{R_1 + R_2}{R_2} > 1$$

从式（7.2）可知，无源超前装置具有幅值衰减的作用，衰减系数为 $1/\alpha$。如果给无源校正装置串接一个放大系数为 α 的比例放大器，便可补偿校正装置的幅值衰减作用。此时，式（7.2）表示的系统校正装置的传递函数可改写为

$$G_c(s) = \frac{1 + \alpha T s}{1 + T s} \qquad (7.3)$$

由式（7.3）可知，超前装置有一个极点 $p = -\frac{1}{T}$ 和一个零点 $z = -\frac{1}{\alpha T}$，它们在复平面上的分布如图 7.7 所示。由于 $\alpha > 1$，极点 p 位于负实轴上零点的左侧，对于复平面上的任一点 s，由零点和极点指向 s 点的向量 $\vec{zs}$ 和 $\vec{ps}$ 与实轴正方向的夹角分别是 φ_z 和 φ_p，其相位角差为

$$\varphi = \varphi_z - \varphi_p > 0$$

由此可见，超前装置具有相位超前作用，这也是超前装置名称的由来。

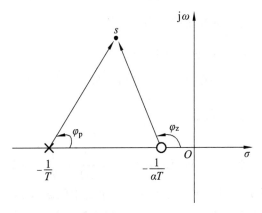

图 7.7 超前装置零、极点在 [s] 平面上的分布

将 $s = j\omega$ 代入式（7.3），则有如式（7.4）所示的频率特性表达式：

$$G_c(j\omega) = \frac{1 + j\alpha T\omega}{1 + jT\omega} \tag{7.4}$$

由式（7.4）表示的频率特性表达式，可绘制出相位超前校正装置的频率特性，如图 7.8 所示，它是位于正实轴上方的半个圆。极坐标图的起点为 1，终点位于正实轴上坐标为 α 的点上，圆周的半径为 $\dfrac{\alpha - 1}{2}$，圆心坐标位于正实轴上 $\dfrac{\alpha + 1}{2}$ 处。

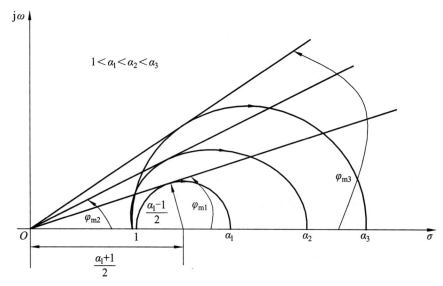

图 7.8　超前装置的极坐标图

在图 7.8 中，由坐标原点向极坐标图的圆周作切线，切线与正实轴方向的夹角 φ_m 即为相位超前校正装置的最大超前相角，最大超前相角 φ_m 为

$$\varphi_m = \arcsin \frac{\alpha - 1}{\alpha + 1} \tag{7.5}$$

对其数学证明如下：

由式（7.4）可知，相位超前校正装置的相角为

$$\varphi(\omega) = \arctan \alpha T\omega - \arctan T\omega \tag{7.6}$$

将式（7.6）对 ω 求导数，并令其为零，则可得最大超前相角所对应的频率点

$$\omega_m = \frac{1}{T\sqrt{\alpha}} = \sqrt{\omega_1 \omega_2} \tag{7.7}$$

由式（7.7）知，最大超前相角对应的频率 ω_m 是 $\dfrac{1}{\alpha T}$ 和 $\dfrac{1}{T}$ 的几何中心，它的大小取决于 α 值的大小。当 α 值趋于无穷大时，单个装置的最大超前相角 $\varphi_m = 90°$。超前装置的最大超前相角 φ_m 随 α 变化的关系如图 7.9 所示，由图可知，最大超前相角 φ_m 随 α 值的增加而增大，但并

不成比例。当最大超前相角 φ_{m} 较大（ $\varphi_{\mathrm{m}} > 60°$ ）时，若 φ_{m} 略有增加，α 值却会急剧增大，这意味着装置的幅值衰减很快。因此，在要求相位超前相角大于 60° 时，宜采用两级超前装置的串联配置来实现系统校正。此外，相位超前校正装置在本质上是高通电路，它对高频噪声的增益较大，对频率较低的控制信号的增益较小。因此，α 值过大会降低系统的信噪比，α 值较小则使校正装置的相位超前作用不明显。一般情况下，α 值的选择范围在 5～10 是比较合适的。

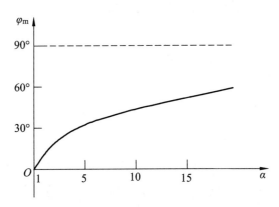

图 7.9　超前装置的 $\alpha\text{-}\varphi_{\mathrm{m}}$ 曲线

相位超前校正装置的对数频率特性如图 7.10 所示，由对数幅频特性能更清楚地看到超前装置的高通特性，其最大的幅值增益为 $20\lg\alpha$ dB。最大增益的频率范围是 $\omega > \dfrac{1}{T}$。

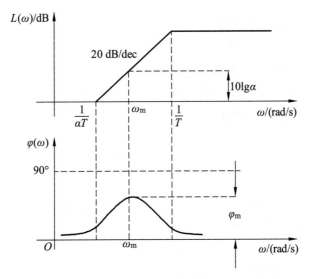

图 7.10　无源超前装置 $\dfrac{1+\alpha Ts}{1+Ts}$ 的伯德图

由图 7.10 可求出最大超前相角所对应的对数幅频值为

$$L(\omega_{\mathrm{m}}) = 20\lg\left|G_{\mathrm{c}}(\mathrm{j}\omega)\right| = 10\lg\alpha \qquad (7.8)$$

3. 相位滞后校正装置

典型的无源相位滞后校正装置如图 7.11 所示，其中复阻抗 Z_1 和 Z_2 分别为

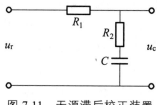

$$Z_1 = R_1 , \quad Z_2 = R_2 + \frac{1}{Cs}$$

图 7.11　无源滞后校正装置

由图 7.11 所示的相位滞后校正装置的传递函数可描述为

$$G_c(s) = \frac{Z_2}{Z_1 + Z_2} = \frac{1 + R_2 Cs}{1 + (R_1 + R_2)Cs} = \frac{1 + Ts}{1 + \beta Ts} \qquad (7.9)$$

其中，

$$T = R_2 C , \quad \beta = \frac{R_1 + R_2}{R_2} > 1$$

由式（7.9）可知，相位滞后校正装置的有一个零点 $z = -\dfrac{1}{T}$ 和一个极点 $p = -\dfrac{1}{\beta T}$，它们在 [s] 平面上的分布如图 7.12 所示。由于 $\beta > 1$，零点位于负实轴上极点的左侧，对于复平面上的任一点 s，向量 $\overrightarrow{zs}$ 和 $\overrightarrow{ps}$ 与实轴正方向的夹角差值为 $\varphi = \varphi_z - \varphi_p < 0$。这表明相位滞后校正装置具有相角滞后的特性。

将 $s = j\omega$ 代入式（7.9），相位滞后校正装置的频率特性表达式为

$$G_c(j\omega) = \frac{1 + jT\omega}{1 + j\beta T\omega} \qquad (7.10)$$

依据式（7.10）所示的频率特性表达式，可绘制出相位滞后校正装置的极坐标图，如图 7.13 所示，它是正实轴下方的半圆。极坐标的起点为 1，终点位于实轴上 $1/\beta$ 的点上。圆的半径为 $\dfrac{\beta - 1}{2}$，圆心位于正实轴上 $\dfrac{\beta + 1}{2}$ 处。

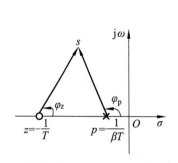

图 7.12　滞后装置零、极点在 [s] 平面上的分布

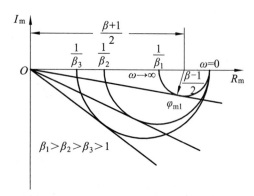

图 7.13　滞后装置的极坐标图

在图 7.13 中，由坐标原点向圆周作切线，便可得到最大滞后相角为

$$\varphi_{\mathrm{m}} = \arcsin \frac{\beta - 1}{\beta + 1} \qquad (7.11)$$

由式（7.11）可知，相位滞后校正装置的最大滞后相角 φ_{m} 与 β 值有关。当 β 值趋于零时，最大滞后相角为 $90°$；当 $\beta = 1$ 时，校正装置实际是一个比例环节，最大滞后相角为 $\varphi_{\mathrm{m}} = 0$。此外，相位滞后校正装置是一个低通滤波网络，它对高频噪声有一定的衰减作用，图 7.14 所示为对数频率特性图，从该图可以清楚地看到，最大的幅值衰减为 $20\lg\beta$，频率范围是 $\omega > \dfrac{1}{T}$。由相频特性曲线可求出最大相位滞后相角所对应的频率是

$$\omega_{\mathrm{m}} = \frac{1}{T\sqrt{\beta}} \qquad (7.12)$$

在实际应用中，通常取 $\beta = 10$。

4. 滞后-超前校正装置

典型的阻容滞后-超前校正装置如图 7.15 所示。

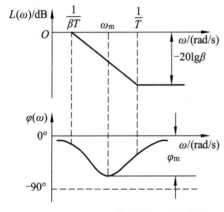

图 7.14　无源滞后装置的伯德图

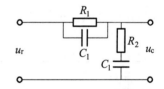

图 7.15　无源滞后-超前装置

其传递函数为

$$G_{\mathrm{c}}(s) = \frac{T_1 s + 1}{\alpha T_1 s + 1} \cdot \frac{T_2 s + 1}{\dfrac{T_2}{\alpha} s + 1} \qquad (7.13)$$

其中，

$$T_1 = R_1 C_1, \quad T_2 = R_2 C_2, \quad 且 \ T_1 > T_2$$

$$R_1 C_1 + R_2 C_2 + R_1 C_2 = \alpha T_1 + \frac{T_2}{\alpha}, \quad 且 \ \alpha > 1$$

式（7.13）中，$\dfrac{T_1 s + 1}{\alpha T_1 s + 1}$ 为滞后部分，$\dfrac{T_2 s + 1}{\dfrac{T_2}{\alpha} s + 1}$ 为超前部分，它们分别与滞后校正装置和超前校

正装置的传递函数形式相同，故具有滞后-超前的作用。对应的伯德图如图 7.16 所示。图中 ω_0 是由滞后作用过渡到超前作用的临界频率，它的大小由式（7.14）求出。

$$\omega_0 = \frac{1}{\sqrt{T_1 T_2}} \qquad\qquad (7.14)$$

在 $\omega < \omega_0$ 的频段，校正装置具有相位滞后特性；在 $\omega > \omega_0$ 的频段，校正装置具有相位超前特性。由图 7.16 可知，只要确定 ω_a、ω_b 和 α，或者 T_1、T_2 和 α 三个独立的变量，图 7.16 的形状即可确定。滞后-超前校正装置的零、极点分布如图 7.17 所示。

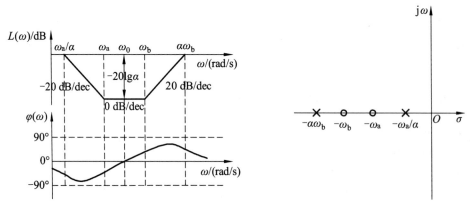

图 7.16　滞后-超前装置的伯德图　　　　图 7.17　滞后-超前装置的零极点分布图

其他常用的无源校正装置的电路图、传递函数和对数幅相频率特性见表 7.1。

表 7.1　常用无源校正装置

电路图	传递函数	对数幅频渐进特性
	$\dfrac{T_2 s}{T_1 s + 1}$ $T_1 = (R_1 + R_2)C$ $T_2 = R_2 C$	
	$G_1 \dfrac{T_1 s + 1}{T_2 s + 1}$ $G_1 = R_3/(R_1 + R_2)$ $T_1 = R_2 C$ $T_2 = \dfrac{R_1 R_2}{R_1 + R_2} C$	

电路图	传递函数	对数幅频渐进特性
C_1、C_2、R_1、R_2 电路	$\dfrac{T_1 T_2 s^2}{T_1 T_2 s^2 + (T_1 + T_2 + R_1 C_2)s + 1}$ $\approx \dfrac{T_1 T_2 s^2}{(T_1 s + 1)(T_2 s + 1)}(R_1 C_2 \text{可忽略时})$ $T_1 = R_1 C_1$ $T_2 = R_2 C_2$	$L(\omega)$，$\dfrac{1}{T_1}$，$\dfrac{1}{T_2}$，20 dB/dec，40 dB/dec
R_1、R_2、R_3、C 电路	$G_0 \dfrac{T_2 s + 1}{T_1 s + 1}$ $G_0 = R_3/(R_1 + R_3)$ $T_1 = \left(R_2 + \dfrac{R_1 R_3}{R_1 + R_3} \right)C$ $T_2 = R_2 C$	$L(\omega)$，$\dfrac{1}{T_1}$，$\dfrac{1}{T_2}$，$20\lg G_0$，-20 dB/dec，$-20\lg\left(1 + \dfrac{R_1}{R_2} + \dfrac{R_1}{R_3}\right)$
R_1、R_2、C_1、C_2 电路	$\dfrac{1}{T_1 T_2 s^2 + \left[T_2\left(1 + \dfrac{R_1}{R_2}\right) + T_1 \right]s + 1}$ $T_1 = R_1 C_1$ $T_2 = R_2 C_2$	$L(\omega)$，$\dfrac{1}{T_1}$，$\dfrac{1}{T_2}$，-20 dB/dec，-40 dB/dec
R_1、R_2、R_3、R_4、C 电路	$\dfrac{1}{G_0} \times \dfrac{T_2 s + 1}{T_1 s + 1}$ $G_0 = 1 + \dfrac{R_1}{R_2 + R_3} + \dfrac{R_1}{R_4}$ $T_2 = \left(\dfrac{R_1 R_3}{R_2} + R_3 \right)C$ $T_1 = \dfrac{1 + \dfrac{R_1}{R_2} + \dfrac{R_1}{R_4}}{1 + \dfrac{R_1}{R_2 + R_3} + \dfrac{R_1}{R_4}}T_2$	$L(\omega)$，$\dfrac{1}{T_1}$，$\dfrac{1}{T_2}$，$20\lg G_0$，-20 dB/dec，$-20\lg\left(1 + \dfrac{R_1}{R_2} + \dfrac{R_3}{R_4}\right)$
R_1、C_1、R_2、C_2 电路	$\dfrac{(T_1 s + 1)(T_2 s + 1)}{T_1 T_2 s^2 + (T_1 + T_2 + T_{12})s + 1}$ $T_1 = R_1 C_1$ $T_2 = R_2 C_2$ $T_{12} = R_1 C_2$	$L(\omega)$，$\dfrac{1}{T_1}$，$\dfrac{1}{T_2}$，-20 dB/dec，20 dB/dec，$20\lg\left(\dfrac{T_1 + T_2}{T_1 + T_2 + T_{12}/2}\right)$

电路图	传递函数	对数幅频渐进特性
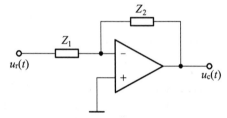	$\dfrac{T_1T_2s^2+T_2s+1}{T_1T_2s^2+\left[T\left(1+\dfrac{R_2}{R_1}\right)_1+T_2\right]s+1}$ $T_1=\dfrac{R_1R_2}{R_1+R_2}C_2$ $T_2=(R_1+R_2)C_1$	$\omega=\dfrac{1}{\sqrt{T_1+T_2}}$ −20 dB/dec 20 dB/dec $K_g=20\lg\left[\dfrac{T_2}{T_1}\left(1+\dfrac{R_2}{R_1}\right)+1\right]$

7.2.2 有源校正装置

常用的有源校正装置是由运算放大器和阻容元件构成，根据连接方式的不同，可分为 P 控制器、PI 控制器、PD 控制器和 PID 控制器等。

运算放大器的一般形式如图 7.18 所示。图中放大器具有放大系数大、输入阻抗高的特点。通常在分析它的传输特性时，都假设放大系数 $K\to\infty$，输入电流为零，则运算放大器的传递函数为

$$G(s)=-\frac{Z_2(s)}{Z_1(s)} \qquad (7.15)$$

图 7.18 有源校正装置

在组成负反馈线路时，一般都由反相端输入，式中的负号表示输入和输出的极性相反。改变 $Z_1(s)$ 和 $Z_2(s)$ 就可得到不同的传递函数，放大器的性能也不同。常用的有源校正装置的电路图、传递函数和对数幅相频特性见表 7.2 所示。

表 7.2 常用有源校正装置

类别	电路图	传递函数	对数频率特性曲线
比例（P）		$G(s)=K$ $K=\dfrac{R_2}{R_1}$	$20\lg K$
微分（D）		$G(s)=K_t s$ K_t 为测速发电机输出斜率	20 dB/dec, 90°, 0°, $\dfrac{1}{K_1}$

续表

类别	电 路 图	传 递 函 数	对数频率特性曲线
积分（I）		$G(s) = \dfrac{1}{Ts}$ $T = R_1 C$	
比例-微分 （PD）		$G(s) = K(1 + \tau s)$ $K = \dfrac{R_2 + R_3}{R_1}$ $\tau = \dfrac{R_2 R_3}{R_2 + R_3} C$	
比例-积分 （PI）		$G(s) = \dfrac{K}{T}\left(\dfrac{1 + Ts}{s}\right)$ $K = \dfrac{R_2}{R_1}$ $T = R_2 C$	
比例-积分 -微分 （PID）		$G(s) = K\dfrac{(1 + Ts)(1 + \tau s)}{Ts}$ $K = \dfrac{R_2}{R_1}$ $T = R_2 C_2$ $\tau = R_1 C_1$	

7.3　串联校正

　　串联校正装置在控制系统中应用最多，其设计也较为简单，通行的方法是利用系统的频率特性设计系统的校正装置。在频域中设计校正装置，实质是一种配置系统滤波特性的方法。

依据的指标不是时域参量，而是频域参量，如相位裕度 γ 或谐振峰值 M_r，闭环系统带宽 ω_b 或开环对数幅频特性的剪切频率 ω_c，以及系统的开环增益 K。

频率特性法设计校正装置主要是通过伯德图进行的。设计时需要根据给定的性能指标大致确定所期望的开环对数幅频特性（即伯德曲线），使所期望的频率特性在低频段的增益能满足稳态误差的要求；期望的频率特性在中频段的斜率一般应为 -20 dB/dec，并且具有所要求的剪切频率 ω_c；期望的频率特性在高频段应尽可能迅速衰减，以抑制噪声的不良影响。用伯德图设计校正装置后，需要检验性能指标是否满足要求。

串联校正按校正环节 $G_c(s)$ 性能可分为：增益调整（gain adjustment）、相位超前校正（lead compensation）、相位滞后校正（lag compensation）和相位滞后-超前校正（lag-lead compensation）等。

7.3.1 控制系统的增益调整

调整增益是改进控制系统不可缺少的一步，由于系统的稳态精度主要是由开环增益 K 决定的，多数情况可以用稳态精度性能指标来求出所要求的增益。

【例 7.1】 某一位置控制系统的开环传递函数为

$$G_0(s) = \frac{180}{s(0.1s+1)}$$

试改变系统增益，使系统具有 $45°$ 的相位裕度。

解：首先作出该系统开环频率特性的对数坐标图，如图 7.19 所示。

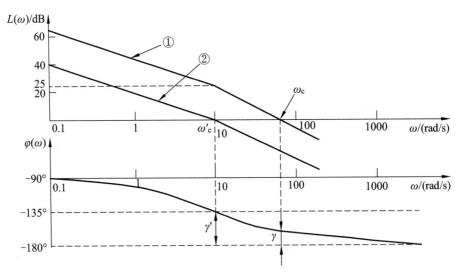

图 7.19　例 7.1 校正前后的伯德图

由图 7.19 中的曲线①可知，校正前系统的幅值穿越频率 $\omega_c \approx 50$ rad/s，系统的相位裕度 $\gamma \approx 11°$，显然小于要求的 $45°$ 的相位裕度。由相频特性曲线可知，在 $\omega = 10$ 处，该系统的相位角为 $-135°$，如果能使该频率作为系统的幅值穿越频率，那么系统的相位裕度就能达到要求。但是系统在校正之前，在 $\omega = 10$ rad/s 处的幅值为 $20\lg|G_0(j\omega)|\big\|_{\omega=10} = 25$ dB，相当于幅频特性的

幅值 $\left.|G_0(\mathrm{j}\omega)|\right\|_{\omega=10}=18$。如果能使该系统的幅频特性的幅值 $\left.|G_0(\mathrm{j}\omega)|\right\|_{\omega=10}=1$，则需要将原系统的增益减小到 1/18，才能满足相位裕度 $\gamma=45°$ 的要求。因此，校正之后的系统传递函数应为

$$G(\mathrm{j}\omega)=G_0(\mathrm{j}\omega)\cdot\frac{1}{18}=\frac{10}{s(1+s/10)}$$

此时，对数幅频特性由曲线①转变为曲线为②，满足了 $\gamma=45°$ 的要求。本方法使得校正后系统的稳态精度下降了。因此，当增益调整不满足系统的性能要求时，需要采用其他的校正方法。

7.3.2　相位超前校正

如前文所述，增加系统的开环增益可以提高系统的响应速度。这是因为，提高开环增益会使系统的开环频率特性 $G(\mathrm{j}\omega)$ 的剪切频率 ω_c 增大，其结果是加大了系统的带宽 ω_b，而带宽大的系统，响应速度就快。但是，增加增益又会使相位裕度减小，从而使系统的稳定性下降。所以，要与预先在剪切频率 ω_c 的附近和比它还要高的频率范围内使相位提前一些，这样相位裕度增大了，再增加增益就不会降低稳定性。基于此，为了既能提高系统的响应速度，又能保证系统的其他特性不变，就需要对系统进行相位超前校正。

相位超前校正的基本原理就是利用超前校正装置的相位超前特性，去增大系统的相位裕度，以改善系统的暂态响应。只要正确地将超前装置的转折频率 $\frac{1}{\alpha T}$ 和 $\frac{1}{T}$ 选在待校正系统剪切频率的两旁，并适当选择参数 α 和 T，就可以使已校正系统的剪切频率和相位裕度满足性能指标的要求，从而改善闭环系统的动态性能。

闭环系统的稳态性能要求，可以通过选择已校正系统的开环增益来保证。

用频率特性法设计无源相位超前校正装置的步骤如下：

（1）根据系统稳态误差要求，确定开环增益 K。

（2）利用已确定的开环增益，画出原系统的伯德图，确定原系统的剪切频率 ω_c'、相位裕度 γ 和幅值裕度 K_g（dB）。

（3）根据校正后系统的剪切频率 ω_c'' 的要求，计算超前校正装置的参数 α 和 T。在本步骤中，关键是选择最大超前角对应的频率 ω_m 等于要求的系统剪切频率 ω_c''，即 $\omega_m=\omega_c''$，以保证系统的响应速度，并充分利用校正装置的相角超前特性。显然，当 $\omega_m=\omega_c''$ 时，必有

$$-L'(\omega_c'')=L_c(\omega_m)=10\lg\alpha \tag{7.16}$$

根据式（7.16）不难求出 α 值，然后由

$$T=\frac{1}{\omega_m\sqrt{\alpha}} \tag{7.17}$$

确定 T 值。

（4）验算已校正系统的相位裕度 γ''。由于超前装置的参数是根据满足系统的剪切频率要求选择的，因此相位裕度是否满足要求，必须验算。验算时，由已知的 α 值，根据式（7.5）求得 φ_m 值，再由已知的 ω_c'' 算出原系统在 ω_c'' 时的相位裕度 $\gamma(\omega_c'')$。如果原系统为非最小相位系

统，则 $\gamma(\omega_c'')$ 由作图法确定。最后，按式（7.18）算出

$$\gamma'' = \varphi_m + \gamma(\omega_c'') \tag{7.18}$$

当验算结果 γ'' 不满足指标要求时，需重选 ω_m 值，一般使 $\omega_m(=\omega_c'')$ 值增大，然后重复以上计算步骤，直到已校正系统满足全部性能指标为止。

【例 7.2】 图 7.20 为单位负反馈控制系统，采用相位超前校正实现以下给定的性能指标：单位斜坡输入时的稳态误差 $e_{ss} = 0.05$，相位裕度 $\gamma \geqslant 50°$，幅值裕度 $20\lg K_g \geqslant 10$（dB）。

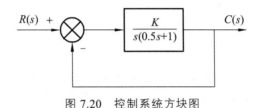

图 7.20 控制系统方块图

解：（1）根据稳态误差确定开环增益 K，因为该系统为 I 型系统，所以

$$K = \frac{1}{e_{ss}} = \frac{1}{0.05} = 20$$

则原系统系统的开环传递函数为

$$G(s) = \frac{20}{s(0.5s+1)}$$

（2）作开环频率特性的伯德图，并找出原系统的相位裕度 γ 和幅值裕度 K_g。

开环频率特性的伯德图如图 7.21 所示。由图可知，原系统的相位裕度为 17°，幅值裕度为无穷大，因此系统是稳定的。但因相位裕度小于 50°，故相对稳定性不满足要求。为了在不减小幅值裕度的前提下，将相位裕度从 17° 提高到 50°，需要采用相位超前校正环节。

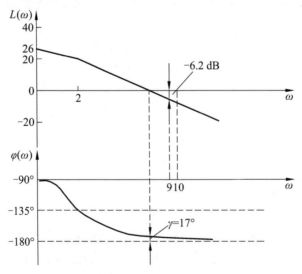

图 7.21 例题 7.2 原系统的伯德图

（3）确定在系统上需要增加的相位超前角 φ_m。

由于串联了相位超前校正环节会使系统的幅值穿越频率 ω_c 在对数幅频特性的坐标轴上向右移，因此在考虑相位超前量时，要增加 5°左右，以补偿这一移动，因而相位超前角为

$$\varphi_m = 50° - 17° + 5° = 38°$$

相位超前校正环节应能产生这一相位超前值，才能使校正后的系统满足设计要求。

（4）利用式（7.5）确定系数 α。

由

$$\varphi_m = \arcsin \frac{\alpha - 1}{\alpha + 1} = 38°$$

可计算得到

$$\alpha = 4.17$$

由式（7.7）可知，φ_m 发生在 $\omega_m = \dfrac{1}{T\sqrt{\alpha}}$ 的点上。在这点上超前环节的幅值为 $10\lg\alpha = 6.2\,(dB)$，这就是超前校正环节在 ω_m 点上造成的对数幅频特性的上移量。

从图 7.22 上可以找到幅值为 $-6.2\,(dB)$ 时，频率约为 $\omega = 9\,rad/s$，这一频率就是校正后系统的幅值穿越频率 ω'_c：

$$\omega'_c = \omega_m = \frac{1}{T\sqrt{\alpha}} = 9\ (rad/s)$$

故 $T = 0.055(s)$，$\alpha T = 0.23(s)$，由此得相位超前校正环节的频率特性为

$$G_c(j\omega) = \frac{1}{\alpha} \cdot \frac{1 + j\alpha T\omega}{1 + jT\omega} = \frac{1}{4.17} \times \frac{1 + j0.23\omega}{1 + j0.055\omega}$$

为了补偿超前校正所造成的幅值衰减，原开环增益要加大 K_1 倍，使 $\dfrac{K_1}{\alpha} = 1$，所以

$$K_1 = 4.17$$

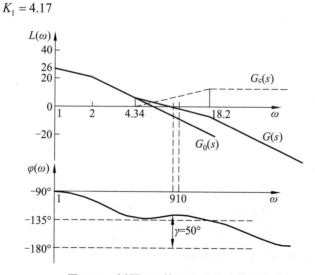

图 7.22 例题 7.2 校正后系统的伯德

校正后系统的开环传递函数为

$$G(s) = G_c(s)G_0(s) = \frac{20(1+0.23s)}{s(1+0.5s)(1+0.055s)}$$

图 7.22 是校正后系统的频率特性 $G(j\omega)$ 的伯德图。比较图 7.21 与图 7.22 可以看出，校正后系统的带宽增加，相位裕度从 17° 增加到 50°，幅值裕度也足够。

综上所述，串联超前校正环节增大了相位裕度，加大了带宽，这就意味着提高了系统的相对稳定性，加快了系统的响应速度，使过渡过程得到显著改善。但由于系统的增益和型次都未变，所以稳态精度变化不大。

MATLAB 软件程序包及其编程语句为控制系统校正提供了方便，改变校正装置的参数，可清楚地观察到校正装置对系统性能的影响。

【例 7.3】　单位负反馈系统的开环传递函数为

$$G(s) = \frac{K}{s(2s+1)}$$

试确定串联校正装置的特性，使系统满足在斜坡信号作用下的稳态误差小于 0.1，相位裕度 $\gamma \geqslant 45°$ 的要求。

解：根据系统稳态精度的要求，选择开环增益 $K=12$，求原系统的相位裕度。

```
>> num = 12;den = [2,1,0];
[gm,pm,wcg,wcp] = margin(num,den)
[gm,pm,wcg,wcp]
margin(num,den)
den =
    2    1    0
gm =
    Inf
pm =
11.6548
wcg =
Inf
wcp =
    2.4240
ans =
        Inf    11.6548      Inf    2.4240
```

调用 MATLAB 语句，即可得知原系统在相位裕度为 $\gamma=11.7°$，剪切频率为 $\omega_c=2.4$ rad/s 时，不满足系统性能指标的要求，原系统频率特性的伯德图如图 7.23 所示。考虑采用串联超前校正装置，以增加系统的相位裕度。

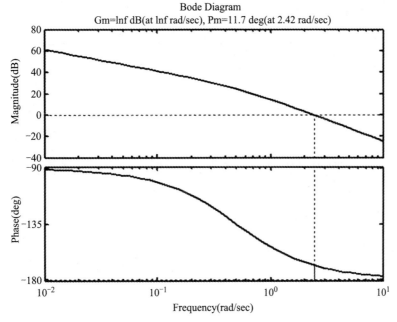

图 7.23 原系统的伯德图

选择超前校正装置的最大超前相角 $\varphi_m = 40°$ ，则有

$$\alpha = \frac{1+\sin\varphi_m}{1-\sin\varphi_m} = 4.60$$

为使超前校正装置的相角补偿作用最大，选择校正后系统的剪切频率在最大超前相角发生的频率上。观察图 7.23 表示的系统频率特性曲线可知，当幅值为 $-10\lg\alpha = -10\lg 4.60 = -6.63\,(\text{dB})$ 时，相应的频率为 3.6 rad/s。选择此频率作为校正后系统的剪切频率

$$\omega_m = \omega_c'' = 3.6\ (\text{rad/s})$$

由式 $\omega_m = \dfrac{1}{T\sqrt{\alpha}}$ 确定参数 T

$$T = \frac{1}{\omega_m\sqrt{\alpha}} = \frac{1}{3.6\sqrt{4.60}} = 0.129\ (\text{s})$$

初选校正装置的传递函数为

$$G_c(s) = \frac{0.6s+1}{0.129s+1}$$

校正后系统的传递函数为

$$G(s) = G_0(s)G_c(s) = \frac{12(0.6s+1)}{s(2s+1)(0.129s+1)}$$

校正后系统的伯德图如图 7.24 所示。由图可知，校正后系统的相位裕度为 48.2°，满足系统的性能指标要求，故该超前校正装置即为所求。

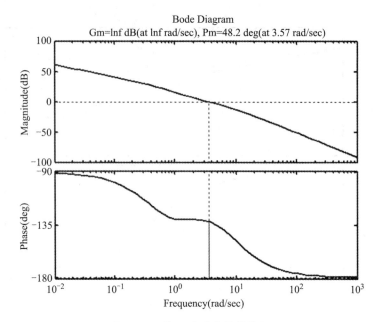

图 7.24 校正后系统的伯德图

7.3.3 相位滞后校正

串联滞后校正装置的作用有两个：一是提高系统低频响应的增益，减小系统的稳态误差，基本保持系统的暂态性能不变；二是滞后校正装置的低通滤波特性，将使系统高频响应的增益衰减，降低系统的剪切频率，提高系统的相位稳定裕度，以改善系统的稳定性和某些暂态性能。

用频率特性法设计无源滞后装置的步骤如下：

（1）根据对给定系统的稳态性能要求，确定原系统的开环增益。

（2）利用已确定的开环增益，画出原系统的频率特性伯德图，确定原系统的剪切频率 ω_c、相位裕度 γ 和幅值裕度 K_g(dB)。

（3）求出原系统频率特性伯德图上的相位裕度为 $\gamma_2 = \gamma_1 + \varepsilon$ 处的剪切频率 ω_c''，其中 γ_1 是要求的相位裕度，而 $\varepsilon = 10° \sim 15°$ 则是为补偿滞后校正装置在 ω_c'' 处的相位滞后，ω_c'' 即是校正后系统的剪切频率。

（4）令原系统频率特性伯德图在 ω_c'' 处的增益等于 $20\lg\beta$，由此确定滞后校正装置的参数 β 值。

（5）按下列关系式确定滞后校正装置的转折频率

$$\omega_2 = \frac{1}{T} = \frac{\omega_c''}{2} \sim \frac{\omega_c''}{10}$$

（6）画出已校正系统频率特性伯德图，校验其相位裕度。

（7）必要时检验其他性能指标，若不能满足要求，可重新选定 T 值。但 T 值不宜选取过大，只要满足要求即可，以免校正装置中电容太大，难以实现。

【例 7.4】 某一单位负反馈控制系统，其开环传递函数为

$$G_0(s) = \frac{K}{s(s+1)(0.5s+1)}$$

采用相位滞后校正装置实现以下给定的性能指标：单位斜坡输入时的稳态误差 $e_{ss} = 0.2$，相位裕度 $\gamma = 40°$，幅值裕度 $20\lg K_g \geqslant 10\,(dB)$。

解：（1）按给定的稳态误差确定开环增益 K，对于 I 型系统

$$K = \frac{1}{e_{ss}} = \frac{1}{0.2} = 5$$

（2）作原系统频率特性 $G_0(j\omega)$ 的伯德图，找出原系统的相位裕度和幅值裕度

在图 7.25 中虚线是开环频率特性 $G_0(j\omega)$ 的伯德图。根据图 7.25 中原系统的频率特性曲线可求得其剪切频率为 $\omega_c = 2.154\,\mathrm{rad/s}$，相位裕度为 $-20°$，幅值裕度 $20\lg K_g = -8\,\mathrm{dB}$，说明系统是不稳定的。

（3）在原系统频率特性 $G_0(j\omega)$ 伯德图上，找出相位裕度为 $\gamma_2 = \gamma_1 + \varepsilon = 40° + 10° = 50°$ 的频率点，并选该点作为校正系统的剪切频率。

由于

$$\gamma_2 = 180° - 90° - \arctan \omega_c'' - \arctan 0.5\omega_c'' = 50°$$

或

$$\arctan \omega_c'' + \arctan 0.5\omega_c'' = 40°$$

即

$$\arctan \frac{(1+0.5)\omega_c''}{1 - 0.5\omega_c''^2} = 40°$$

则可解得

$$\omega_c'' = 0.49\,\mathrm{rad/s}$$

（4）确定 β 值，当 $\omega_c'' = 0.49\,\mathrm{rad/s}$ 时，令原系统的开环增益为 $20\lg \beta$，从而求出串联滞后校正装置的系数 β。

将 $\omega_c'' = 0.49\,\mathrm{rad/s}$ 代入 $20\lg \beta = 20\lg \frac{5}{\omega_c''}$，即可得

$$\beta = 10$$

（5）确定相位滞后校正装置的转折频率 ω_2。

选定

$$\omega_2 = \frac{1}{T} = \frac{\omega_c''}{5} = 0.1\,\mathrm{rad/s}$$

则

$$\omega_1 = \frac{1}{\beta T} = \frac{1}{10 \times 10} = 0.01 \text{ rad/s}$$

于是，相位滞后校正装置的频率特性为

$$G_c(j\omega) = \frac{1 + jT\omega_c}{1 + j\beta T\omega_c} = \frac{1 + j10\omega}{1 + j100\omega}$$

故校正后系统的开环传递函数为

$$G(s) = G_c(s)G_0(s) = \frac{5(10s+1)}{s(0.5s+1)(s+1)(100s+1)}$$

校验校正系统的相位裕度

$$\gamma = 180° - 90° - \arctan 0.5 \times 0.49 - \arctan 0.49 - \arctan 100 \times 0.49 + \arctan 10 \times 0.49$$
$$= 40.63° > 40°$$

校正系统的相位裕度满足预设的系统性能。在图 7.25 中，滞后校正装置的频率特性 $G_c(j\omega)$ 以点画线表示，其中实线表示校正后系统的频率特性 $G(s)$，其相位裕度为 40°，幅值裕度为 $20\lg K_g \approx 11 \text{ dB}$，系统的性能指标得到满足。但由于校正后的剪切频率从 2.15 rad/s 下降到 0.5 rad/s，闭环系统的带宽也随之下降，所以这种校正会使系统的响应速度降低。

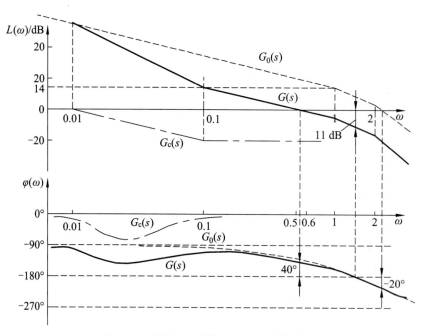

图 7.25　例题 7.4 系统校正前后的伯德图

【例 7.5】　设控制系统的开环传递函数为

$$G_0(s) = \frac{8}{s(0.5s+1)(0.25s+1)}$$

要求设计一个串联校正装置，使校正后系统的相位裕度不小于 40°，幅值裕度不低于 10 dB，剪切频率大于 1 rad/s。

解： 作原系统的频率特性，编程如下：

```
>>num = 8;
den = [0.125,0.75,1,0]
[gm,pm,wcg,wcp] = margin(num,den)
[gm,pm,wcg,wcp]
margin(num,den)
ans =
    0.7500    −7.5156    2.8284    3.2518
```

在 MATLAB 程序运行后得到图 7.26 所示的原系统的频率特性伯德图。由图 7.26 可知，原系统的相位裕度和幅值裕度均为负值，故系统不稳定。考虑到系统的剪切频率为 3.25 rad/s，大于系统性能指标所要求的剪切频率，故采用滞后校正装置对系统进行校正。

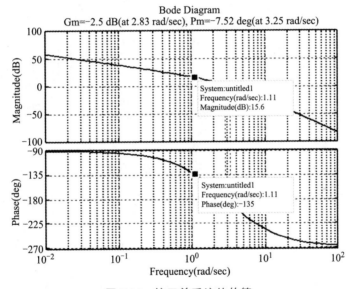

图 7.26　校正前系统的伯德

根据相位裕度 $\gamma \geqslant 40°$ 的要求和滞后装置对系统相位的影响，选择校正后系统的相位裕度为 $\gamma_2 = 45°$，即 $\varphi(\omega) = -135°$。在图 7.26 中，对应相角为 $-125°$ 时的频率为 $\omega_c'' = 1.11$ rad/s，幅值为 15.6 dB。

取 $20\lg\beta = 15.6$ dB，得 $\beta = 6.12$。取滞后校正装置的第二个转折频率为 $\omega_2 = \dfrac{1}{T} = \dfrac{\omega_c''}{10} = 0.111$ rad/s，则 $\beta T = 55.08$。初选校正装置的传递函数为

$$G_c(s) = \frac{1+9s}{1+55.08s}$$

作出校正后系统的频率特性伯德图如图 7.27 所示，由图可得校正后系统的相位裕度为

$\gamma = 40.8°$，幅值裕度为 12.6 dB，剪切频率为 $\omega_c = 1.11\,\text{rad/s}$，满足系统性能指标的要求，故初选的校正装置合适，校正后系统的开环传递函数为

$$G(s) = \frac{8(9s+1)}{s(0.5s+1)(0.25s+1)(55.08s+1)}$$

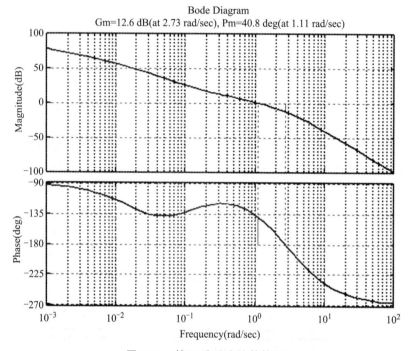

图 7.27　校正后系统的伯德图

比较串联滞后校正与串联超前校正，这两种方法在完成系统校正任务方面是相同的，但有以下不同之处：

（1）超前校正是利用超前装置的相位超前特性，而滞后校正是利用滞后装置的高频幅值衰减特性。

（2）为了满足严格的稳态性能要求，当采用无源校正装置时，超前校正要求有一定的附加增益，而滞后校正一般不需要附加增益。

（3）对于同一系统，采用超前校正的系统带宽大于采用滞后校正的系统带宽。从提高系统响应速度的观点来看，希望带宽越大越好。与此同时，带宽越大则系统越易受噪声干扰的影响，因此如果系统输入端噪声的电平较高，一般不宜选用超前校正。

7.3.4　相位滞后-超前校正

超前校正的效果是它使系统带宽增加，提高了时间响应的速率，但对稳态误差影响较小；滞后校正则可以提高稳态性能，但使系统带宽减小，时间响应减慢。

采用滞后-超前校正环节，则可以同时改善系统的瞬态响应和稳态精度。用频率特性法设计无源滞后-超前装置的步骤如下：

（1）根据稳态性能要求，确定开环增益 K。

（2）绘制原系统的伯德图，求出原系统的剪切频率 ω_c'、相位裕度 γ 和幅值裕度 K_g（dB）等参数。

（3）在原系统的对数幅频特性上，选择斜率从 -20 dB/dec 变为 -40 dB/dec 的转折频率处作为校正装置超前部分的转折频率 ω_b。ω_b 的这种选法可以降低校正后系统的阶次，而且可保证中频区斜率为 ω_b，并占据较宽的频带。

（4）根据对响应速度的要求，选择系统的剪切频率 ω_c'' 和校正装置的衰减因子 $1/\alpha$。要保证已校正系统剪切频率为所选的 ω_c''，应使下列等式成立：

$$-20\lg\alpha + L'(\omega_c'') + 20\lg T_2\omega_c'' = 0 \qquad (7.19)$$

式中，$T_2 = 1/\omega_b$，$-20\lg\alpha$ 为滞后-超前装置贡献的增益衰减的最大值，$L'(\omega_c'')$ 为原来未校正系统的幅值量，$20\lg T_2\omega_c''$ 为滞后-超前装置的超前部分在 ω_c'' 处的幅值。$L'(\omega_c'') + 20\lg T_2\omega_c''$ 可由原未校正系统对数幅频特性的 -20 dB/dec 的延长线在 ω_c'' 处的数值确定。因此可以求出 α 值。

（5）根据相位裕度要求，估算校正装置滞后部分的转折频率 ω_a。

（6）校验已校正系统开环传递函数的各项性能指标。

【例 7.6】 设原系统的开环传递函数为

$$G_0(s) = \frac{K_v}{s(0.167s+1)(0.5s+1)}$$

要求设计校正装置，使校正后的系统满足下列性能指标：在斜坡输入信号 $r(t)=180t$ 作用下，位置滞后误差不超过 1°，相位裕度为 $\gamma=45°\pm3°$，幅值裕度 $20\lg K_g \geq 10$ dB，动态过程调节时间 $t_s \leq 3$ s。

解：（1）首先确定开环增益 K_v，
对于 I 型系统

$$e_{ss} = \frac{v}{K}$$

由题意得

$$K = K_v = 180$$

则原系统的开环传递函数为

$$G_0(s) = \frac{180}{s(0.167s+1)(0.5s+1)}$$

（2）作原系统 $G_0(s)$ 的对数幅频渐近线 $L'(\omega)$，如图 7.28 中的虚线所示。在图 7.28 中，最低频段是斜率为 -20 dB/dec 的斜线，其延长线交 ω 轴于 180 rad/s，该值即为 K_v 的值。由图 7.28 可得原系统的剪切频率 $\omega_c'=12.6$ rad/s，求出原系统的相位裕度 $\gamma=-55.5°$，幅值裕度 $20\lg K_g = -30$ dB，这表明原来的系统不稳定。

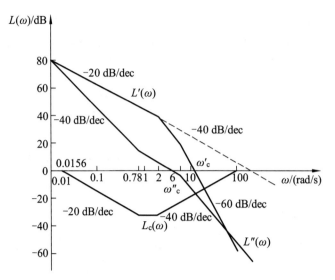

图 7.28 例 7.6 系统的伯德图

由于原系统在剪切频率处的相位滞后远小于 $-180°$，且响应速度有一定要求，故应优先考虑采用串联滞后-超前校正。

为了利用滞后-超前装置的超前部分微分段的特性，研究图 7.28 发现，可取 $\omega_\text{b} = 2 \text{ rad/s}$，于是原系统对数幅频特性在 $\omega \leqslant 6 \text{ rad/s}$ 区间，其斜率均为 -20 dB/dec。

根据 $t_\text{s} \leqslant 3s$ 和 $\gamma'' = 45°$ 的指标要求，不难算得 $\omega_\text{c}'' \geqslant 3.2 \text{ rad/s}$。考虑到要求中频区斜率为 -20 dB/dec，故 ω_c'' 应在 $3.2 \sim 6 \text{ rad/s}$ 选取。由于 -20 dB/dec 的中频区应占据一定宽度，故选 $\omega_\text{c}'' = 3.5 \text{ rad/s}$，相应的 $L'(\omega_\text{c}'') + 20 \lg T_2 \omega_\text{c}'' = 34 \text{ dB}$。由式（7.19）可算出 $1/\alpha = 0.02$，此时，滞后-超前校正装置的频率特性可写为

$$G_\text{c}(\text{j}\omega) = \frac{(1 + \text{j}\omega/\omega_\text{a})(1 + \text{j}\omega/\omega_\text{b})}{(1 + \text{j}\alpha\omega/\omega_\text{a})(1 + \text{j}\omega/\alpha\omega_\text{b})} = \frac{(1 + \text{j}\omega/\omega_\text{a})(1 + \text{j}\omega/2)}{(1 + \text{j}50\omega/\omega_\text{a})(1 + \text{j}\omega/100)}$$

相应的已校正系统的频率特性为

$$G_\text{c}(\text{j}\omega)G_0(\text{j}\omega) = \frac{180(1 + \text{j}\omega/\omega_\text{a})}{\text{j}\omega(1 + \text{j}0.167\omega)(1 + \text{j}50\omega/\omega_\text{a})(1 + \text{j}\omega/100)}$$

根据上式，利用对相位裕度指标的要求可以确定校正装置参数 ω_a。已校正系统的相位裕度

$$\gamma'' = 180° + \arctan\frac{\omega_\text{c}''}{\omega_\text{a}} - 90° - \arctan\frac{\omega_\text{c}''}{6} - \arctan\frac{50\omega_\text{c}''}{\omega_\text{a}} - \arctan\frac{\omega_\text{c}''}{100}$$

$$= 57.7° + \arctan\frac{\omega_\text{c}''}{3.5} - \arctan\frac{175}{\omega_\text{a}}$$

为考虑到 $\omega_\text{a} < \omega_\text{b} = 2 \text{ rad/s}$，故可取 $-\arctan(175/\omega_\text{a}) \approx -90°$。因为要求 $\gamma'' = 45°$，故上式可简化为

$$\arctan(3.5/\omega_\text{a}) = 77.3°$$

从而求得 $\omega_a = 0.78\,\text{rad/s}$。于是，校正装置和已校正系统的传递函数分别为

$$G_c(s) = \frac{(1+2.8s)(1+0.5s)}{(1+64s)(1+0.01s)}$$

$$G_c(s)G_0(s) = \frac{180(1+2.8s)}{s(1+0.167s)(1+64s)(1+0.01s)}$$

其对应的对数幅频特性已分别表示在图 7.28 之中。

最后，用计算方法验算已校正系统的相位裕度和幅值裕度指标，求得相位裕度为 $\gamma'' = 45.5°$，幅值裕度为 $20\lg K_g = 27\,\text{dB}$，完全满足性能指标要求。

7.4 PID 校正器的设计

前述的相位超前环节、相位滞后环节及相位滞后-超前环节都是由电阻和电容组成的网络，统称为无源校正环节。这类校正环节结构简单，但是本身没有放大作用，而且输入阻抗低，输出阻抗高。当系统要求较高时，常常采用有源校正环节。有源校正环节被广泛地应用于工程控制系统中，常常被称为调节器。其中，按偏差的比例、积分和微分进行控制的 PID 调节器（PID Controller）是应用最为广泛的一种调节器。比例控制对改变系统零、极点分布的作用是有限的，它不具有削弱甚至抵消系统原有部分中"不良"的零、极点的作用，也不具有向系统增加所需零、极点的作用。也就是说，仅依靠比例控制往往是不能使系统获得所需的性能。为了更大程度地改变描述系统运动过程的微分方程，以使系统具有所要求的暂态和稳态性能，一个线性连续系统的校正装置应该能够实现其输出是输入对时间的微分或积分，这就是微分控制（differential control）和积分控制（integration control）。比例（P）、微分（D）、积分（I）控制通常称为线性系统的基本控制规律，应用这些基本规律的组合构成校正装置，附加在系统中可以达到对被控对象实现有效的控制。

7.4.1 PID 控制规律

1. 比例（P）控制规律

具有比例控制规律的控制器称为比例控制器（或 P 控制器），如图 7.29 所示。

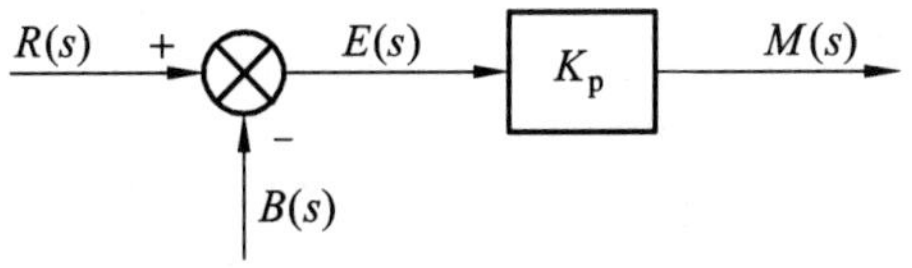

图 7.29 P 控制器

控制器的输出信号成比例地反映输入信号，其传递关系可表示为

$$m(t) = K_p e(t) \tag{7.20}$$

P 控制器是增益 K_p 可调的放大器，比例校正装置的输出能够无失真地、完全按比例地复

现输入，对输入信号的相位没有影响。在串联校正中，提高增益 K_p 可减小系统的稳态误差，提高系统的控制精度，但往往会影响系统的相对稳定性，甚至造成系统不稳定。因此，在实际应用中，很少单独使用 P 控制器，而是将它与其他形式的控制规律一起使用。

2. 比例-微分（PD）控制规律

由于微分控制作用只对动态过程起作用，对稳态过程没有影响，且微分作用对噪声非常敏感。因此，微分控制器很少单独使用，通常都是与其他控制规律结合起来，构成 PD 控制器和 PID 控制器，应用于系统。具有比例-微分控制规律的控制器称为比例-微分控制器（或 PD 控制器），如图 7.30 所示，其输入输出关系为

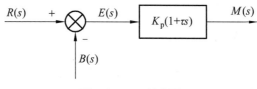

图 7.30　PD 控制器

$$m(t) = K_p e(t) + K_p \tau \frac{\mathrm{d}e(t)}{\mathrm{d}t} \tag{7.21}$$

式中，K_p 为比例系数，τ 为微分时间常数，K_p 和 τ 都是可调参数。PD 控制器的微分作用能反映输入信号的变化趋势，即可产生早期修正信号，以增加系统的阻尼程度，从而改善系统的稳定性。

3. 积分（I）控制规律

具有积分控制规律的控制器称为积分控制器（或 I 控制器），如图 7.31 所示，其输入-输出关系为

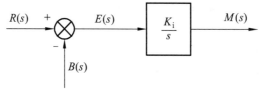

图 7.31　I 控制器

$$m(t) = K_i \int_0^t e(t)\mathrm{d}t \tag{7.22}$$

式中，K_i 为可调比例系数。在串联校正中，积分控制器可使原系统的型号提高（无差度 ν 增加），提高系统的稳态性能。但积分控制使系统增加了一个在原点的开环极点，使信号产生 90° 的相位滞后，对系统的稳定性不利。因此，I 控制器一般不宜单独使用。

4. 比例-积分（PI）控制规律

具有比例-积分控制规律的控制器称为比例-积分控制器（或 PI 控制器），如图 7.32 所示，其输入-输出关系为

$$m(t) = K_p e(t) + \frac{K_p}{T_i} \int_0^t e(t) \mathrm{d}t \qquad (7.23)$$

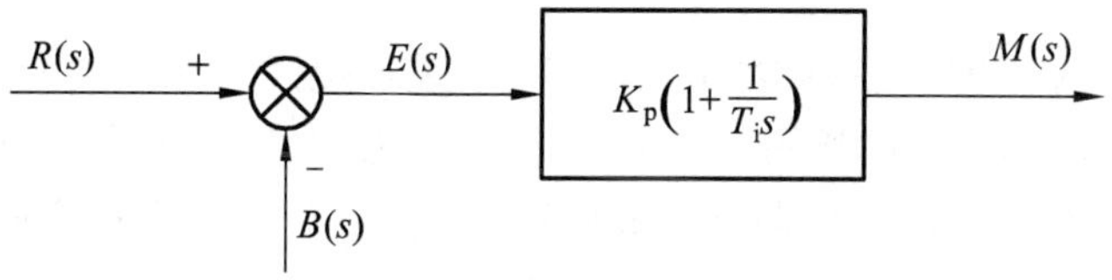

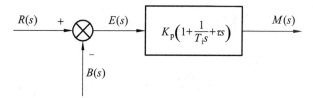

图 7.32 PI 控制器

在串联校正中，PI 控制器使系统增加了一个位于原点的开环极点，同时增加了一个位于 $[s]$ 平面左半平面的开环零点 $z = -\frac{1}{T_i}$。增加的极点可提高系统的无差度，减小或消除系统稳态误差，改善系统的稳态性能；增加的负实零点可增加系统的阻尼程度，克服 P 或 I 控制器对系统稳定性及动态过程产生的不利影响。所以，PI 控制器主要用来改善系统的稳态性能。

5. 比例-积分-微分（PID）控制规律

具有比例-积分-微分控制规律的控制器称为比例-积分-微分控制器（或 PID 控制器），如图 7.33 所示，这种组合具有三种基本控制规律的各自特点，其输入-输出关系为

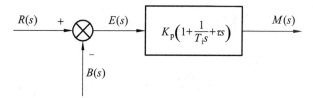

图 7.33 PID 控制器

$$m(t) = K_p e(t) + \frac{K_p}{T_i} \int_0^t e(t) \mathrm{d}t + K_p \tau \frac{\mathrm{d}e(t)}{\mathrm{d}t} \qquad (7.24)$$

相应的传递函数为

$$G(s) = K_p\left(1 + \frac{1}{T_i s} + \tau s\right) = \frac{K_p}{T_i} \times \frac{T_i \tau s^2 + T_i s + 1}{s} \qquad (7.25)$$

式（7.25）可写成

$$G(s) = \frac{K_p}{T_i} \times \frac{(\tau_1 s + 1)(\tau_2 s + 1)}{s} \qquad (7.26)$$

当 $\frac{4\tau}{T_i} < 1$ 时

$$\tau_1 = \frac{T_i}{2}\left(1 + \sqrt{1 - \frac{4\tau}{T_i}}\right)$$

$$\tau_2 = \frac{T_i}{2}\left(1 - \sqrt{1 - \sqrt{\frac{4\tau}{T_i}}}\right)$$

由上面的分析可知，PID 控制器除了使系统的无差度提高以外，还可使系统增加两个负实零点，所以改善系统动态性能的作用更加突出。PID 控制器广泛应用于工业过程控制系统中。其参数的选择，一般在系统的现场调试中最后确定。通常，参数选择应使积分作用发生在系统频率特性的低频段，用以改善系统的稳态性能；微分作用发生在系统频率特性的中频段，以改善系统的动态性能。

7.4.2 PID 调节器设计

如前所述，可用有源网络实现 PD、PI、PID 控制（见表 7.2），通行的方法是采用希望特性确定有源校正装置的参数，常用的希望特性分为：二阶系统最优模型和高阶系统最优模型。

1. 二阶系统最优模型

典型的二阶系统的伯德图，如图 7.34 所示，其单位反馈系统开环传递函数为

$$G(s) = \frac{K}{s(Ts+1)}$$

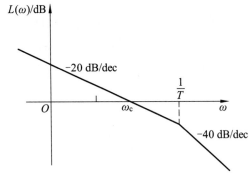

图 7.34 二阶系统最优模型伯德图

闭环传递函数为

$$\Phi(s) = \frac{K}{Ts^2 + s + K} = \frac{\omega_n^2}{s^2 + 2\xi\omega_n s + \omega_n^2}$$

式中，$\omega_n = \sqrt{\dfrac{K}{T}}$ 为无阻尼固有频率，$\xi = \dfrac{1}{2\sqrt{KT}}$ 为阻尼比。

当阻尼比 $\xi = 0.707$ 时，超调量 $M_p = 4.3\%$，调节时间 $t_s = 6T$，故 $\xi = 0.707$ 的阻尼比称为工程最佳阻尼系数。此时转折频率 $\dfrac{1}{T} = 2\omega_c$。要保证 $\xi = 0.707$ 并不容易，常取 $0.5 < \xi < 0.8$。

2. 高阶系统最优模型

图 7.35 所示为三阶系统最优模型的伯德图。由图可见，该模型既保证了中频段斜率为

－20 dB/dec，又使低频段有更大的斜率，提高了系统的稳态精度。显而易见，它的性能比二阶最优模型高，因此工程上也常常采用这种模型。

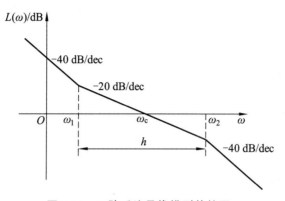

图 7.35　三阶系统最优模型伯德图

在初步设计时，可以取 $\omega_c = \dfrac{\omega_2}{2}$ ；中频段宽度 h 选为 ω_1 的 7 ~ 12 倍，如果希望进一步增大稳定裕度，可把 h 增大至 ω_1 的 15 ~ 18 倍。

【例 7.7】　某单位负反馈系统的开环传递函数为

$$G_0(s) = \frac{K}{s(0.15s+1)(0.877\times10^{-3}s+1)(5\times10^{-3}s+1)}$$

试设计有源串联校正装置，使系统的速度误差系数 $K_v \geqslant 40$，幅值穿越频率 $\omega_c \geqslant 50$ rad/s，相位裕度 $\gamma \geqslant 50°$ 。

解：因原系统为 I 型系统，故 $K = K_v$，按设计要求取 $K = K_v = 40$，作出原系统的伯德图，如图 7.36 所示，得 $\omega_c = 26$ rad/s， $\gamma = 17.25°$ 。

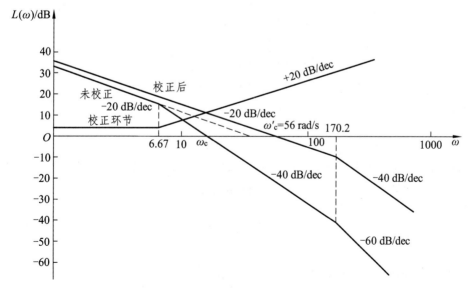

图 7.36　PD 校正伯德图

可见原系统的 ω_c 和 γ 均小于设计要求的值，为保证系统的稳态精度，提高系统的动态性能，选串联 PD 校正。其校正装置为图 7.37 所示的有源装置。选最优二阶模型为希望的频率特性，如图 7.34 所示。为使原系统结构简单，需对未校正部分的高频段小惯性环节做等效处理，即

$$\frac{1}{0.877 \times 10^{-3}s+1} \cdot \frac{1}{5 \times 10^{-3}s+1}$$

$$\approx \frac{1}{(0.877 \times 10^{-3}+5 \times 10^{-3})s+1}$$

$$= \frac{1}{5.887 \times 10^{-3}s+1}$$

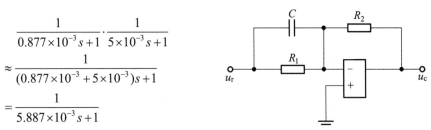

故原系统的开环传递函数为

图 7.37　PD 校正环节

$$G_0(s) = \frac{40}{s(0.15s+1)(5.877 \times 10^{-3}s+1)}$$

已知 PD 校正环节的传递函数为 $G_c(s) = K_p(T_d s + 1)$。为使校正后的开环伯德图为希望的二阶最优模型，可消去原系统的一个极点，故令 $T_d = 0.15s$，则

$$G_0(s)G_c(s) = \frac{40}{s(0.15s+1)(5.877 \times 10^{-3}s+1)} \cdot K_p(T_d s + 1)$$

$$= \frac{40K_p}{s(5.877 \times 10^{-3}s+1)}$$

由图 7.36 可知，校正后系统的开环放大系数 $40K_p = \omega_c'$，根据性能要求 $\omega_c' \geqslant 50\,\text{rad/s}$，故选 $K_p = 1.4$。则校正后的开环传递函数为

$$G_0(s)G_c(s) = \frac{40}{s(0.15s+1)(5.877 \times 10^{-3}s+1)} \cdot 1.4(0.15s+1)$$

$$= \frac{56}{s(5.877 \times 10^{-3}s+1)}$$

校正后开环对数幅频特性如图 7.36 所示。由图 7.36 可得校正后的幅值穿越频率 $\omega_c' = 56\,\text{rad/s}$。相位裕度：

$$\gamma = 180° - 90° - \arctan(5.877 \times 10^{-3}\omega_c') = 71.87°$$

校正后系统速度误差系数 $K_v = KK_p = 56 > 40$，故校正后系统的动态和稳态性能均满足要求。

【例 7.8】　设单位反馈控制系统的开环传递函数为

$$G_0(s) = \frac{35}{s(0.2s+1)(0.01s+1)(0.005s+1)}$$

PID 调节器的传递函数为 $G_c(s) = 3 + \dfrac{10}{s} + 0.2s$，试比较校正前、后系统的频率特性和单位阶跃响应。

解： 用下列命令绘制校正前系统的伯德图。

\>\>num1 = 35;

den1 = [0.00001,0.0031,0.215,1,0]

[mag1,phs1,w] = bode(num1,den1)

margin(mag1,phs1,w)

校正前系统的伯德图如图 7.38 所示。此时系统的相位裕度为 10.694°。

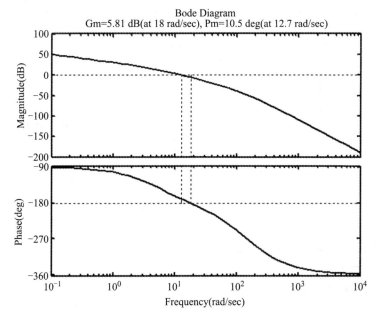

图 7.38　校正前系统的伯德图

PID 调节器的传递函数可写为

$$G_c(s) = \frac{0.2s^2 + 3s + 10}{s}$$

校正后系统的开环传递函数为

$$G_0(s)G_c(s) = \frac{7s^2 + 105s + 350}{0.000\,01s^5 + 0.003\,1s^4 + 0.215s^3 + s^2}$$

求系统校正后的伯德图如下：

\>\>num3 = [7,105,350];

den3 = [0.00001,0.0031,0.215,1,0,0];

[mag3,phase3,w] = bode(num3,den3);

margin(mag3,phase3,w)

命令将显示校正后系统的相位裕度为

$$\gamma = 44.768°(\omega_c = 34 \text{ rad/s})$$

校正后的伯德图如图 7.39 所示。

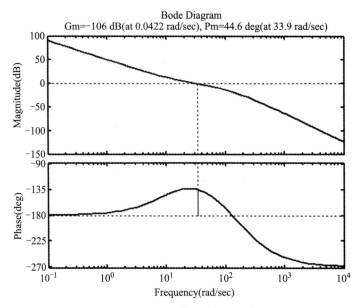

图 7.39　校正后系统的伯德图

求校正前、后系统的单位阶跃响应可执行以下命令

t = [0:0.02:5];

[numc1,denc1] = cloop(num1,den1);

y1 = step(numc1,denc1,t);

[numc3,denc3] = cloop(num3,den3);

y3 = step(numc3,denc3,t)

plot(t,[y1 y3]),grid

所绘制的单位阶跃响应曲线如图 7.40 所示。

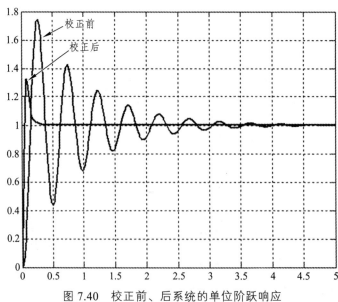

图 7.40　校正前、后系统的单位阶跃响应

在掌握了 MATLAB 控制系统工具箱的使用方法后，读者可根据具体问题的需要列写命令行，完成规定的线性控制系统的分析、校正工作。

练 习 题

1. 在系统校正中，常用的性能指标有哪些？

2. 试分别求出图 7.41 中超前网络和滞后网络的传递函数并绘制伯德图。

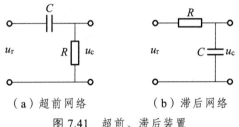

（a）超前网络　　　　（b）滞后网络

图 7.41　超前、滞后装置

3. 某单位反馈控制系统的开环传递函数为

$$G(s) = \frac{6}{s(s^2 + 4s + 6)}$$

（1）计算校正前系统的剪切频率和相位裕度。

（2）串联传递函数为 $G_c(s) = \dfrac{s+1}{0.2s+1}$ 的超前校正装置，求校正后系统的剪切频率和相位裕度。

（3）串联传递函数为 $G_c(s) = \dfrac{10s+1}{100s+1}$ 的滞后校正装置，求校正后系统的剪切频率和相位裕度。

（4）讨论说明串联超前、串联滞后校正各有的不同作用。

4. 如图 7.42 所示，最小相位系统的开环对数幅频渐近特性为 $L'(\omega)$，串联校正装置的对数幅频渐近特性为 $L_c(\omega)$。

（1）求未校正系统的开环传递函数 $G_0(s)$ 及串联校正装置 $G_c(s)$。

（2）在图中画出校正后系统的开环对数幅频渐近特性 $L(\omega)$，并求校正后系统的相位裕度 γ。

（3）简要说明这种校正装置的特点。

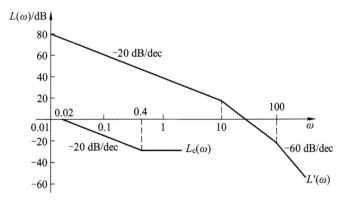

图 7.42

5. 某单位反馈系统开环传递函数为

$$G_0(s) = \frac{500K}{s(s+5)}$$

采用超前校正装置进行校正，使校正后系统的速度误差系数 $K_v = 100\,(1/s)$，相位裕度 $\gamma \geqslant 45°$。

6. 某单位负反馈的最小相位系统，其开环相频特性表达式为

$$\varphi(\omega) = -90° - \arctan\frac{\omega}{2} - \arctan\omega$$

（1）求相位裕度为 30° 时系统的开环传递函数。

（2）在不改变截止频率 ω_c 的前提下，试选取参数 K_c 与 T，使系统在加入串联校正环节

$$G_c(s) = \frac{K_c(Ts+1)}{s+1}$$

后，系统的相位裕度提高到 60°。

第8章
离散控制系统

前面几章主要研究系统所处理的信号在时间上都是连续变化的，称为连续时间系统，简称连续系统（continuous system）。而脉冲技术与数字信号技术的发展，在现代自动控制系统中出现了离散控制器。离散控制器是利用采样技术将连续信号变成时间上离散的信号来处理，这种具有离散控制器的系统称为离散控制系统，简称离散系统（discrete system）。目前，离散控制技术已广泛地应用于航天、航空、机械、电子和交通等各领域的信号检测与过程控制中。

8.1 线性离散系统简介

8.1.1 离散系统的基本结构

随着脉冲技术、数字元件技术，特别是数字计算机技术迅速发展，离散系统的应用日益广泛。与连续系统相比，在离散系统中至少有一处的信号不是连续的模拟信号，而在时间上是离散的脉冲序列或代码，称为离散信号（discrete signal）。在工程上离散信号是按照一定的时间间隔对连续的模拟信号进行采样（取值）而得到的，故又称采样信号（sampling signal）。

图 8.1 所示的典型离散控制系统，描述了计算机控制系统的控制过程。其控制原理：给定值在采样时刻被送入计算机，并与输出值经过检测及 A/D 变换后的反馈值进行比较，根据一定的控制算法产生数值控制信号，再经 D/A 转换后变成模拟信号，通过执行机构送入被控对象，使被控输出量的变化满足控制系统的要求。

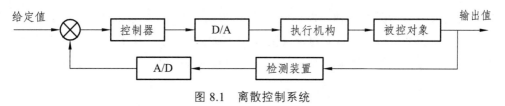

图 8.1 离散控制系统

显然，在计算机控制系统中，计算机处理的都是采样信号。由于这些信号只在某些离散的时刻取值，故它们属于离散时间信号。通常我们按离散时间系统的理论来分析和综合采样系统，这与前面所处理的连续时间系统有着本质的区别。本章主要讨论采样控制系统的基本理论、数学工具以及简单采样控制系统的分析与综合方法。在学习过程中应注意这些方法与连续系统的区别和联系。

8.1.2 信号的采样

实现采样控制，首要问题是如何将连续信号转换成离散信号。按照一定的时间间隔将连续（即模拟）信号转换为在时间上离散（数字）的脉冲序列的过程称为采样过程（sampling process）。在采样过程中，若采样系统各处的采样周期 T 均相同，就称为周期采样（period sampling）。若系统在各处以两种以上的采样周期采样，就称为多频采样。本章中只讨论最简单的周期采样。采样过程是由采样开关实现的，采样开关每隔一定时间 T 闭合一次，假设闭合时间为 τ，于是，将连续时间信号 $f(t)$ 变成了离散的采样信号 $f_p^*(t)$，如图 8.2 所示，为采样过程示意图。

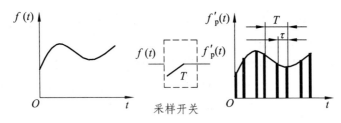

图 8.2 采样过程示意

通常采样持续时间 τ 与采样周期 T 相比很短，在理想采样开关情况下有 $\tau \to 0$。这时可以将采样信号 $f^*(t)$ 看成是有一定强度、无宽度的脉冲序列，即

$$\delta_T(t) = \sum_{k=-\infty}^{\infty} \delta(t-kT) \qquad (8.1)$$

通过对 $f(t)$ 调幅后的结果为

$$
\begin{aligned}
f^*(t) &= f(t)\delta_T(t) \\
&= f(t)\sum_{k=-\infty}^{+\infty} \delta(t-kT) \\
&= f(0)\delta(t) + f(T)\delta(t-T) + f(2T)\delta(t-2T) + L \\
&= \sum_{k=0}^{+\infty} f(kT)\delta(t-kT)
\end{aligned}
\qquad (8.2)
$$

从物理意义上看，采样过程可以理解为脉冲调制过程。其中采样开关起到脉冲发生器的作用，产生高频脉冲信号，通过它将连续信号 $f(t)$ 调制成脉冲序列 $f^*(t)$。图 8.3 所示是对采样过程的图解示意。其中，图 8.3（a）与图 8.3（b）相乘得到图 8.3（c）。

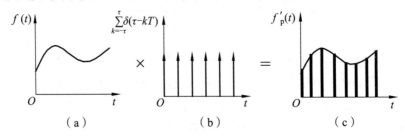

（a） （b） （c）

图 8.3 采样过程图解

8.1.3　采样定理

理想的单位脉冲序列是一个以 T 为周期的周期函数，可以展开为傅里叶级数，其复数形式为

$$\delta_{\mathrm{T}}(t) = \sum_{k=-\infty}^{\infty} C_{\mathrm{k}} \mathrm{e}^{jk\omega_s t} \tag{8.3}$$

式中，$\omega_s = \dfrac{2\pi}{T}$ 称为角频率，C_k 是傅氏级数的系数。

$$C_{\mathrm{k}} = \frac{1}{T} \int_{-\frac{T}{2}}^{\frac{T}{2}} \delta_{\mathrm{T}}(t) \mathrm{e}^{-jk\omega_s t} \mathrm{d}t = \frac{1}{T} \tag{8.4}$$

从而有

$$\delta_{\mathrm{T}}(t) = \frac{1}{T} \sum_{k=-\infty}^{\infty} \mathrm{e}^{jk\omega_s t} \tag{8.5}$$

由（8.5）式，可以得到 $f^*(t)$ 的另一表达式为

$$f^*(t) = f(t)\delta_{\mathrm{T}}(t) = \frac{1}{T} \sum_{k=-\infty}^{\infty} f(t) \mathrm{e}^{jk\omega_s t} \tag{8.6}$$

对（8.6）式进行拉氏变换，注意到拉氏变换的位移性质有：

$$\begin{aligned} F^*(s) = L[f^*(t)] &= L\left[\frac{1}{T} \sum_{k=-\infty}^{+\infty} f(t)\mathrm{e}^{jk\omega_s t} \right] \\ &= \frac{1}{T} \sum_{k=-\infty}^{+\infty} F[s + jk\omega_s] \end{aligned} \tag{8.7}$$

式中，$F(s)$ 为 $f(t)$ 的拉氏变换，由式（8.7）可知，$F^*(s)$ 是一个周期为 $j\omega_s$ 的周期函数，即 $F^*(s) = F^*(s + jm\omega_s)$，$m$ 为整数。将 $s = j\omega$ 代入式（8.7），即得 $f^*(t)$ 的傅里叶变换为

$$F^*(j\omega) = \frac{1}{T} \sum_{k=-\infty}^{+\infty} F(j\omega + jk\omega_s) \tag{8.8}$$

式中，$F(j\omega)$ 为 $f(t)$ 的傅里叶变换。

设 $F(j\omega)$ 的频谱如图 8.4（a）所示，则 $F^*(j\omega)$ 的频谱如图 8.4（b）所示。分析如下：

由图 8.4 可见，连续信号 $f(t)$ 经过采样后，其频谱将沿频率轴以采样频率 ω_s 为周期而无限重复。如果 $f(t)$ 的频谱宽度是有限的，频谱最大宽度为 ω_c 且满足 $\dfrac{\omega_s}{2} \geqslant \omega_c$，则两相邻频谱不互相重叠。在这种情况下，若在 $f^*(t)$ 后面加上一频谱为如图 8.4（b）虚线所示的理想滤波器，则经过滤波后即可得到 $f(t)$ 的频谱。换句话说，我们可以无失真地由 $f^*(t)$ 恢复 $f(t)$。反之，若 $\dfrac{\omega_s}{2} \leqslant \omega_c$，则 $f^*(t)$ 的两相邻频谱相互重叠，产生了失真，连续时间信号 $f(t)$ 不可能无失真地恢复。这就是著名的香农采样定理。

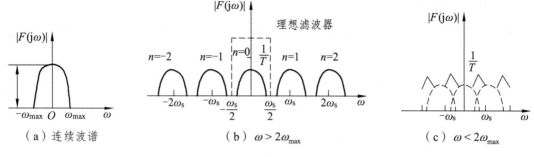

图 8.4   采样前后频谱的变化

香农采样定理：如果对信号 $f(t)$ 的采样频率 $\omega_s = \dfrac{2\pi}{T}$ 大于或等于 $2\omega_c$，即满足

$$\omega_s \geqslant 2\omega_c \tag{8.9}$$

式中，ω_c 为 $f(t)$ 的有限带宽，则可由 $f(t)$ 的采样信号 $f^*(t)$ 不失真地恢复 $f(t)$。

在实际应用中，香农采样定理只是给出了选择采样频率（或采样周期）的一个指导原则，即采样频率必须充分高的一个最基本原则。实际上，具体选择采样频率时还必须综合其他方面的因素。

8.2   离散控制系统的数学模型

8.2.1   z 变换

线性连续系统的数学模型是线性微分方程。为了对线性连续系统进行定量的分析和研究，采用了拉普拉斯变换；而对于线性离散系统，可用差分方程（difference equation）来描述。同样，为了对这类系统进行定量的分析和研究，采用 z 变换（z transform）。因此，在线性离散系统中 z 变换是线性变换，具有与拉普拉斯变换同等重要的作用，它是研究线性离散系统的重要数学基础。

1. z 变换的定义

设 $f^*(t)$ 是 $f(t)$ 的采样函数，根据上节的分析结果可得如下关系式：

$$f^*(t) = \sum_{k=0}^{\infty} f(kT)\delta(t-kT) \tag{8.10}$$

对上式进行拉普拉斯变换，得

$$F^*(s) = Z[f^*(t)] = \sum_{k=0}^{\infty} f(kT)\mathrm{e}^{-kTs} \tag{8.11}$$

令

$$z = \mathrm{e}^{Ts} \tag{8.12}$$

显然，z 是一个复变量，也可称为 z 变换算子，将其代入（8.11）式后，可得

$$F^*(s)\big|_{z=e^{Ts}} = \sum_{k=0}^{\infty} f(kT)z^{-k} \qquad (8.13)$$

式（8.13）已变成了以 z 为自变量的函数，我们称它为 $f^*(t)$ 的 z 变换，记为 $F(z)$，即

$$F(z) = Z[f^*(t)] = F^*(s)\big|_{z=e^{Ts}} = \sum_{k=0}^{\infty} f(kT)z^{-k} \qquad (8.14)$$

需要注意几点：

（1）z 变换是对采样信号 $f^*(t)$ 或时间序列 $f(kT)$ 定义的，只有采样信号 $f^*(t)$ 或时间序列 $f(kT)$ 才有 z 变换。

当我们习惯用 $Z[f(t)]$ 和 $Z[F(s)]$ 来表示 z 变换时，实际上都是指对 $f(t)$ 的采样信号 $f^*(t)$ 进行 z 变换。这样就要记住，以后就将 $Z[f(t)]$ 和 $Z[F(s)]$ 视为与 $Z[f^*(t)]$ 和 $Z[F^*(s)]$ 等价，即

$$Z[f(t)] = Z[F(s)] = Z[F^*(s)] = Z[f^*(t)]$$
$$= Z[f(kT)] = F(z) = \sum_{k=0}^{\infty} f(kT)z^{-k} \qquad (8.15)$$

（2）z 变换只与 $f^*(t)$ 或 $f(kT)$ 有一一对应的关系。即 $f^*(t)$ 或 $f(kT)$ 通过 z 变换可以得到唯一与之对应的 $F[z]$，并且由 $F[z]$ 通过 z 的反变换也可以得到唯一与之对应的 $f^*(t)$ 或 $f(kT)$。

但是，$F[z]$ 与连续信号 $f(t)$ 之间不存在唯一的对应关系，即对两个不同的连续信号 $f_1(t) \neq f_2(t)$，只要它们在同一采样周期的所有采样值相等，它们的 z 变换就是相同的，即 $Z[f_1(t)] = Z[f_2(t)]$，如图 8.4 所示。

（3）在 z 变换定义的一般项 $f(kT)z^{-k}$ 中，$f(kT)$ 为序列或采样信号在第 k 个采样时刻的幅值，z^{-k} 表示第 k 个采样时刻。可见 z 变换和离散序列有着非常明确的"幅值"和"定时"对应关系。

2. z 变换法

由 z 变换推导出的过程可以看到，z 变换实质上是拉普拉斯变换的一种推广，所以它也称为采样拉普拉斯变换或离散拉普拉斯变换。求一个函数的 z 变换，常用的方法是级数求和法、部分分式法和留数法。

1）级数求和法

级数求和法是根据 z 变换的定义式求函数 $f(t)$ 的 z 变换。严格地说，时间函数或级数可以是任何函数，但是只有当 $F[z]$ 表达式的无穷级数收敛时，它才可表示为封闭形式。

下面通过举例来加以说明。

【例 8.1】 求 $f(t) = u(t)$ 的 z 变换，其中 $u(t)$ 为单位阶跃函数。

解：因为 $u(t)$ 为单位阶跃函数，所以 $f(kT) = 1$，$k = 0,1,2,\cdots$。由 z 变换的定义有

$$F(z) = Z[f(t)] = \sum_{k=0}^{\infty} z^{-k}$$

$$= 1 + z^{-1} + z^{-2} + \cdots + z^{-k} + \cdots = \frac{1}{1 - z^{-1}}$$

【例 8.2】 求 $f(t) = \mathrm{e}^{at}$ 的 z 变换。

解：因为 $f(kt) = \mathrm{e}^{akT}$，所以

$$F(z) = Z[f(t)] = \sum_{k=0}^{\infty} \mathrm{e}^{akT} z^{-k} = 1 + \mathrm{e}^{aT} z^{-1} + \mathrm{e}^{2aT} z^{-2} + \cdots + \mathrm{e}^{akT} z^{-k} + \cdots$$

$$= \frac{1}{1 - \mathrm{e}^{aT} z^{-1}}$$

2）部分分式法

设连续函数 $f(t)$ 的拉氏变换 $F(s)$ 为 s 的有理函数，将 $F(s)$ 展开成部分分式形式

$$F(s) = \sum_{i=1}^{n} \frac{A_i}{s + s_i} \tag{8.16}$$

式中，s_i 为 $F(s)$ 的非重极点，A_i 为常系数。

由拉普拉斯反变换（即复数域位移定理）可知，与复数域函数 $\dfrac{A_i}{s + s_i}$ 相对应的时间函数为 $A_i \mathrm{e}^{-s_i t}$，而衰减指数函数的 z 变换为

$$Z[A_i \mathrm{e}^{-s_i t}] = \frac{A_i}{1 - \mathrm{e}^{-s_i T} z^{-1}} \tag{8.17}$$

因此，$f(t)$ 的 z 变换可以由 $F(s)$ 求得，即

$$F(z) = Z[f(t)] = Z[F(s)] = \sum_{i=1}^{n} \frac{A_i}{1 - \mathrm{e}^{-s_i t} z^{-1}} \tag{8.18}$$

【例 8.3】 求 $F(s) = \dfrac{1}{s(s+1)}$ 的 z 变换。

解：解法分析，本题可以有两种解法。

首先由 $F(s)$ 求得原函数 $f(t)$，然后再作 z 变换。

解法一：由

$$F(s) = \frac{1}{s(s+1)} = \frac{1}{s} - \frac{1}{s+1}$$

得到

$$f(t) = 1(t) - \mathrm{e}^{-t}$$

所以

$$F(z) = Z[1(t)] - Z[\mathrm{e}^{-t}] = \frac{z}{z-1} - \frac{z}{z - \mathrm{e}^{-T}} = \frac{z(1 - \mathrm{e}^{-T})}{(z-1)(z - \mathrm{e}^{-T})}$$

解法二：

由

$$F(s) = \frac{1}{s(s+1)} = \frac{1}{s} - \frac{1}{s+1}$$

直接利用 z 变换公式（8.18），极点 $s_1 = 0$，$s_2 = 1$ 可得

$$F(z) = Z[F(s)] = \frac{1}{1-z^{-1}} - \frac{1}{1-\mathrm{e}^{-T}z^{-1}} = \frac{z}{z-1} - \frac{z}{z-\mathrm{e}^{-T}}$$

3）留数计算法

若已知连续函数 $f(t)$ 的拉普拉斯变换 $F(s)$ 及其全部极点 $p_i(i=1,2,\cdots,n)$，则 $f(t)$ 的 z 变换还可以通过下列留数计算求得，即

$$\begin{aligned}
F(z) &= \sum_{i=1}^{n} \mathrm{Re}s\left[F(p_i)\frac{z_i}{z-\mathrm{e}^{p_i T}} \right] \\
&= \sum_{i=1}^{n} \left\{ \frac{1}{(r_i-1)!} \frac{\mathrm{d}^{r_i-1}}{\mathrm{d}s^{r_i-1}} \left[(s-p_i)r_i F(s) \frac{z}{z-\mathrm{e}^{sT}} \right] \right\} \Bigg|_{s=p_i}
\end{aligned} \tag{8.19}$$

式中，n 为全部极点数，r_i 为极点 $s=p_i$ 的重根数，T 为采样周期。

因此，在已知连续函数 $f(t)$ 的拉普拉斯变换 $F(s)$ 及其全部极点 p_i 的条件下，可采用式（8.19）来求 $f(t)$ 的 z 变换。

3. z 变换的基本定理

与线性连续系统的拉普拉斯变换一样，z 变换也有一些重要定理。

1）线性定理

对于任何常数 a_1 和 a_2，若 $Z[f_1(kT)] = F_1(z)$，$Z[f_2(kT)] = F_2(z)$，则

$$Z[a_1 f_1(kT) + a_2 f_2(kT)] = a_1 F_1(z) + a_2 F_2(z) \tag{8.20}$$

该定理说明，z 变换是一种线性变换。

2）滞后定理

若 $Z[f(kT)] = F(z)$，则

$$Z[f(kT-nT)] = z^{-n}F(z) \tag{8.21}$$

式中，z^{-n} 代表滞后环节，表示把信号滞后（延迟）n 个采样周期。

3）超前定理

若 $Z[f(kT)] = F(z)$，则

$$Z[f(kT+nT)] = z^n F(z) - \sum_{j=0}^{n-j} z^{n-j} f(jT) \tag{8.22}$$

式中，z^n 代表超前环节，表示输出信号超前输入信号 n 个采样周期。这种超前环节实际上是不存在的。当 $n=1$ 时有

$$Z[f(kT+T)]=zF(z)-f(0) \tag{8.23}$$

由上式可以进一步明确算子 z 的物理意义：在满足初始条件为零的前提下，z^1 代表超前一个采样周期。

4）位移定理

若 $Z[f(kT)]=F(z)$ ，则

$$Z[\mathrm{e}^{\pm at}f(kT)]=F(\mathrm{e}^{\mp aT}z) \tag{8.24}$$

式中，a 为常数。利用复位移定理，可以求出一些复杂函数的 z 变换。

5）微分定理

若 $Z[f(kT)]=F(z)$ ，则

$$Z[kTf(kT)]=-Tz\frac{\mathrm{d}}{\mathrm{d}z}F(z) \tag{8.25}$$

也就是说，在时域中乘以 kT，意味着在离散频域中对 z 的一次微分。

6）初值定理

若 $Z[f(kT)]=F(z)$ ，且当 z 趋于无穷大时，$F(z)$ 的极限存在，则

$$f(0)=\lim_{k\to 0}(kT)=\lim_{z\to\infty}F(z) \tag{8.26}$$

利用初值定理很容易根据一个函数的 z 变换，直接求得其离散序列的初值。

7）终值定理

若 $Z[f(kT)]=F(z)$ ，则

$$f(\infty)=\lim_{k\to\infty}f(kT)=\lim_{z\to 1}(z-1)F(z) \tag{8.27}$$

终值定理也可以表示成

$$f(\infty)=\lim_{k\to\infty}f(kT)=\lim_{z\to 1}(1-z^{-1})F(z) \tag{8.28}$$

终值定理是研究离散系统稳态误差的重要数学工具。使用终值定理的条件为：除了 $z=1$，$F(z)$ 的所有极点必须在单位圆内。应用终值定理时，要特别注意其使用条件，否则会得出错误结论。

8.2.2　z 反变换

由 $f(t)$ 的 z 变换 $F(z)$ 求其对应的脉冲序列 $f^*(t)$ 或数值序列 $f(kT)$ ，称为 z 反变换，表示为

$$Z^{-1}[F(z)] = f(kT)，（需要数值序列时）\qquad（8.29）$$

$$Z^{-1}[F(z)] = f^*(t)，（需要脉冲序列时）\qquad（8.30）$$

求 z 反变换常用的方法：长除法、部分分式法和留数计算法。

1. 长除法

已知 $F(z)$ 为有理分式

$$F(z) = \frac{b_0 z^m + b_1 z^{m-1} + \cdots + b_m}{z^n + a_1 z^{n-1} + \cdots + a_n}\ (n \geqslant m)\qquad（8.31）$$

通过对上式直接做除法，即用分母除分子，并将商按 z^{-1} 升幂排列，得

$$F(z) = f_0 + f_1 z^{-1} + f_2 z^{-2} + \cdots\qquad（8.32）$$

则与 $Z^{-1}[F(z)]$ 相应的离散序列为

$$f(k) = \left\{ f_0, f_1, f_2 \cdots \right\}\qquad（8.33）$$

这种方法很容易在计算机上实现。

【例 8.4】　已知 $F(z) = \dfrac{0.5z}{(z-1)(z-0.5)}$，求 $f(k)$。

解： 将 $F(z)$ 写成

$$F(z) = \frac{0.5z}{z^2 - 1.5z + 0.5}$$

用长除法得

$$
\begin{array}{r}
0.5z^{-1} + 0.75z^{-2} + 0.875z^{-3} \\[2pt]
\hline
z^2 - 1.5z + 0.5\,)\,0.5z \qquad\qquad\qquad\qquad\quad \\[2pt]
0.5z - 0.75 + 0.25z^{-1} + 0.975z^{-2} + \cdots \\[2pt]
\overline{0000 + 0.75 - 0.25z^{-1}\qquad\qquad\qquad} \\[2pt]
0000 + 0.75 - 1.125z^{-1} + 0.375z^{-2} \\[2pt]
\overline{0000 + 00 + 0.875z^{-1} - 0.375z^{-2}}
\end{array}
$$

即

$$F(z) = 0.5z^{-1} + 0.75z^{-2} + 0.875z^{-3} + \cdots$$

得

$$f(k) = \{0.5, 0.75, 0.875, \cdots\}$$

2. 部分分式展开法

该方法具体步骤是：将 $\dfrac{F(z)}{z}$ 展开成部分分式，然后逐项查 z 变换表，就可以得到变换式。

之所以将 $\dfrac{F(z)}{z}$ 作为部分分式展开，而不是直接将 $F(s)$ 展开，是因为在 z 变换表上，基本变换式中普遍含有因子 z，因此，若展开 $\dfrac{F(z)}{z}$，就可把 $F(z)$ 中的因子 z 提出来，从而保证分解后的各个分式中都含有 z 因子。

【例 8.5】　已知 $F(z) = \dfrac{0.5z}{(z-1)(z-0.5)}$，用部分分式法求 $f(k)$。

解： 假设

$$\frac{F(z)}{z} = \frac{0.5}{(z-1)(z-0.5)} = \frac{a}{z-1} + \frac{b}{z-0.5}$$

式中

$$a = \frac{0.5}{z-0.5}\bigg|_{z=1} = 1 \ , \quad b = \frac{0.5}{z-1}\bigg|_{z=0.5} = -1$$

所以

$$F(z) = \frac{z}{z-1} - \frac{z}{z-0.5}$$

从而

$$f(k) = 1 - 0.5^k \ (k = 0,1,2,3,\cdots)$$

将该结果与例 8.4 的相比可知，用部分分式展开法求 z 反变换，可以得到时间序列或数值序列的数学解析式。

3. 留数计算法

留数计算法也是求 z 反变换的公式法。由复变函数理论可知

$$f(kT) = Z^{-1}[F(z)] = \frac{1}{2\pi}\oint_\Gamma F(z)z^{k-1}\mathrm{d}z \tag{8.34}$$

式中，曲线 Γ 为包围原点及被积式全部极点的封闭积分曲线。根据留数定理，可用下式表示

$$f(kT) = \sum_{i=1}^{n} \mathrm{Re}\,s[F(z)z^{k-1}]\Big|_{z \to p_i} \tag{8.35}$$

式中，Re s 表示留数，n 表示极点数，p_i 表示第 i 个极点。由于

$$\mathrm{Re}\,s[F(z)z^{k-1}]\Big|_{z \to p_i} = \lim_{z \to p_i}(z - p_i)F(z)z^{k-1} \tag{8.36}$$

则

$$f(kT) = \sum_{i=1}^{n} \lim_{z \to p_i}[(z - p_i)F(z)z^{k-1}] \tag{8.37}$$

（1）若 $F(z)z^{k-1}$ 在 $z=p_j$ 有 m 阶重极点，则留数为

$$\mathrm{Re}\,s[Fp(z)z^{k-1}]=\frac{1}{(m-1)!}\lim_{z\to p_i}\left\{\frac{\mathrm{d}^{m-1}}{\mathrm{d}z^{m-1}}[(z-p_i)^m F(z)z^{k-1}]\right\} \tag{8.38}$$

（2）若 $F(z)z^{k-1}$ 具有重极点 p_j，其重极点数为 m，n 为总的极点数，$(n-m)$ 为单极点数，p_i 表示第 i 个单极点，则

$$\begin{aligned}f(kT)=&\sum_{i=1}^{n-m}\lim_{z\to p_i}[(z-p_i)F(z)z^{k-1}]+\\&\frac{1}{(m-1)!}\lim_{z\to p_j}\left\{\frac{\mathrm{d}^{m-1}}{\mathrm{d}z^{m-1}}[(z-p_j)^m F(z)z^{k-1}]\right\}\end{aligned} \tag{8.39}$$

【例 8.6】 已知 $F(z)=\dfrac{0.5z}{(z-1)(z-0.5)}$，用留数计算法求 $f(k)$。

解： 采用留数法

$$F(z)z^{k-1}=\frac{0.5z}{(z-1)(z-0.5)}\cdot z^{k-1}$$

根据（8.35）式

$$\begin{aligned}f(k)&=\sum\mathrm{Re}\,s\left[\frac{0.5z^k}{(z-1)(z-0.5)}\right]\\&=\left[\frac{0.5z^k}{(z-1)(z-0.5)}(z-1)\right]_{z=1}+\left[\frac{0.5z^k}{(z-1)(z-0.5)}(z-0.5)\right]_{z=0.5}\\&=1-0.5^k\ (k=0,1,2,\cdots)\end{aligned}$$

8.2.3 差分方程及其求解方法

1. 差分方程的定义

在线性连续系统中，其输入和输出之间用线性常微分方程描述，即

$$\begin{aligned}&a_0\frac{\mathrm{d}^n c(t)}{\mathrm{d}t^n}+a_1\frac{\mathrm{d}^{n-1}c(t)}{\mathrm{d}t^{n-1}}+\cdots+a_{n-1}\frac{\mathrm{d}c(t)}{\mathrm{d}t}+a_n c(t)\\&=b_0\frac{\mathrm{d}^m r(t)}{\mathrm{d}t^m}+b_1\frac{\mathrm{d}^{m-1}r(t)}{\mathrm{d}t^{m-1}}+\cdots+b_{m-1}\frac{\mathrm{d}r(t)}{\mathrm{d}t}+b_m r(t)\end{aligned} \tag{8.40}$$

在离散系统中，所遇到的是以序列形式表示的离散信号，与线性连续系统类似，线性离散系统的输入和输出之间用线性常系数差分方程描述，即

$$\begin{aligned}&c(kT)+a_1 c(kT-T)+a_2 c(kT-2T)+\cdots+a_n c(kT-nT)\\&=b_0 r(kT)+b_1 r(kT-T)+b_2 r(kT-2T)+\cdots+b_m r(kT-mT)\end{aligned} \tag{8.41}$$

它在数学上代表一个离散系统，反映了离散系统的动态特性。

线性连续系统与线性离散系统可分别用图 8.5（a）和 8.5（b）表示。

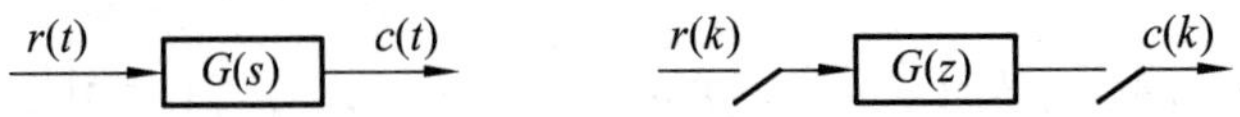

（a）线性连续系统　　　　　（b）线性离散系统

图 8.5　线性连续系统和线性离散系统

与连续系统类似，离散系统也分为时变系统和时不变系统。本节主要讨论线性时不变系统，即系统的输入与输出之间的关系是不随时间变化的。

2. 用 z 变换解差分方程

与拉氏变换在解线性常系数微分方程中的作用一样，利用 z 变换可以将线性常系数差分方程变换成关于以 z 为变量的代数方程来解，从而简化了离散系统的分析与综合。用 z 变换求解差分方程主要用到 z 变换的超前定理。

【例 8.7】　用 z 变换解差分方程

$$y(k+2) - 5y(k+1) + 6y(k) = u(k)$$

式中　$u(k) = \begin{cases} 0, k < 0 \\ 1, k \geqslant 0 \end{cases}$（单位阶跃序列），初始条件 $y(0) = y(1) = 1$。

解：对输入 $u(k)$ 做 z 变换，得

$$U(z) = \frac{z}{z-1}$$

对已知差分方程做 z 变换，得

$$z^2 Y(z) - z^2 y(0) - zy(1) - 5[zY(z) - zy(0)] + 6Y(z) = U(z)$$

代入 $U(z) = \frac{z}{z-1}$ 和 $y(0) = y(1) = 1$，得

$$z^2 Y(z) - z^2 - z - 5[zY(z) - z] + 6Y(z) = \frac{z}{z-1}$$

整理得

$$Y(z) = \frac{z}{(z-1)(z^2 - 5z + 6)} + \frac{z^2 - 4z}{z^2 - 5z + 6}$$

$$= \frac{z(z^2 - 5z + 5)}{(z-1)(z-2)(z-3)}$$

即

$$\frac{Y(z)}{z} = \frac{z^2 - 5z + 5}{(z-1)(z-2)(z-3)} = \frac{1}{2}\left(\frac{1}{z-1}\right) + \frac{1}{z-2} - \frac{1}{2}\left(\frac{1}{z-3}\right)$$

由此可得

$$Y(z) = \frac{1}{2}\left(\frac{z}{z-1}\right) + \frac{z}{z-2} - \frac{1}{2}\left(\frac{z}{z-3}\right)$$

查表得

$$y(k) = \frac{1}{2} + 2^k - \frac{1}{2} \times 3^k \ (k = 0,1,2,\cdots)$$

8.3　脉冲传递函数

8.3.1　脉冲传递函数的定义

类似于线性连续系统的分析，在线性定常的离散时间系统中引入 z 变换，便可引入离散系统传递函数的概念，它与连续系统的传递函数具有类似的性质。

如图 8.6 所示，设系统输入信号 $u(t)$ 的采样信号 $u^*(t)$ 的 z 变换函数为 $U(z)$，系统连续部分的输出为 $y(t)$，采样输出为 $y^*(t)$。为得到采样信号 $y^*(t)$ 与 $u^*(t)$ 之间的关系，在输出端虚设一个理想采样开关，它与输入采样开关同步工作，并有同样采样周期 T。若 T 足够小，则可用 $y^*(t)$ 来描述 $y(t)$。设 $y^*(t)$ 的 z 变换为 $Y(z)$，并设初始条件为零，则脉冲传递函数（impulse transfer function）的定义为

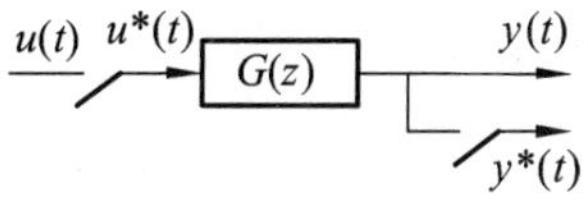

图 8.6　采样系统

$$G(z) = \frac{Y(z)}{U(z)} \tag{8.42}$$

即脉冲传递函数 $G(z)$ 的定义：在零初始条件下，输出采样信号的 z 变换与输入采样信号的 z 变换之比。类似于连续系统的传递函数，$G(z)$ 通常是一个关于 z 的有理函数，其分母多项式也称为特征多项式，特征多项式的根为离散系统的极点。分子多项式的根，则称为系统的零点。

8.3.2　串联环节的脉冲传递函数

图 8.7 所示分别为两个对象的脉冲传递函数。对于图 8.7（a）所示对象，两个环节中有一个同步采样开关。因为两个串联环节的输入信号都是离散的脉冲序列，显然有

$$C_1(z) = G_1(z)R(z) \tag{8.43}$$

$$C(z) = G_2(z)C_1(z) \tag{8.44}$$

将（8.43）式的 $C_1(z)$ 代入（8.44）式，即得

$$C(z) = G_2(z)G_1(z)R(z) = G(z)R(z) \tag{8.45}$$

式中

$$G(z) = \frac{C(z)}{R(z)} = G_1(z)G_2(z) \tag{8.46}$$

式（8.46）表明，若两个串联环节之间存在同步采样器，则总的脉冲传递函数等于这两个串联环节脉冲传递函数的乘积。

推广到 n 个串联环节，若各串联环节之间有同步采样器，则总的脉冲传递函数等于各个串联环节脉冲传递函数之积，即

$$G(z) = G_1(z)G_2(z)\cdots G_n(z) \tag{8.47}$$

对于图 8.7（b）所示对象，若两个串联环节之间不存在同步采样器，这时必须把它们看成一个整体，其传递函数为

$$G(s) = G_1(s)G_2(s) \tag{8.48}$$

相应的脉冲传递函数为

$$G(z) = Z[G(s)] = Z[G_1(s)G_2(s)] \tag{8.49}$$

一般来说，注意：

$$Z[G_1(s)]Z[G_2(s)] \neq Z[G_1(s)G_2(s)]$$

若串联环节之间没有采样器，必须将这些串联环节看成一个整体，先求出其总的传递函数 $G(s)$

$$G(s) = G_1(s)G_2(s)\cdots G_n(s)$$

然后，再由总传递函数 $G(s)$ 求得脉冲传递函数 $G(z)$。可表示为

$$G(z) \stackrel{\text{def}}{=\!=} G_1G_2\cdots G_n(z) = Z[G_1(s)G_2(s)\cdots G_n(s)] \tag{8.50}$$

一般来说，有

$$G_1(z)G_2(z)\cdots G_n(z) \neq G_1G_2\cdots G_n(z) \tag{8.51}$$

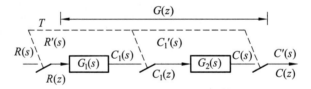

（a）中间有理想采样器的串联环节

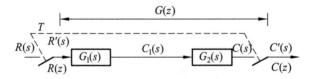

（b）中间无理想采样器的串联环节

图 8.7　串联环节脉冲传递函数

8.3.3　闭环系统的脉冲传递函数

在求离散系统的闭环脉冲传递函数时，首先，要根据系统的结构列出系统各个变量之间的关系；然后，消除中间变量，即可得到闭环传递函数。在整个过程中应注意区别采样信号与连续时间信号。

【例8.8】 图8.8所示为典型的计算机控制系统，其中$D(s)$为数字控制器脉冲传递函数，$G_p(s)$为连续时间的被控对象，$G_h(s) = \dfrac{1 - e^{-Ts}}{s}$为零阶保持器的传递函数。求其脉冲传递函数。

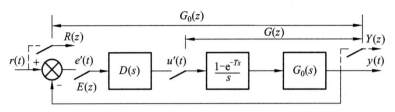

图 8.8 典型计算机控制系统

解： 因为输入输出信号都是连续信号，故不能直接做 z 变换，所以在图中用虚线画出虚拟的采样开关。为获得采样信号 $r^*(t)$ 和 $y^*(t)$，整个系统中各采样开关均同步，采样周期都是 T。

由系统结构可得

$$U(z) = D(z)E(z)$$

$$Y(z) = G(z)U(z)$$

式中，$G(z) = Z[G_h(s)G_p(s)]$。

因为

$$e(t) = r(t) - y(t)$$

所以

$$e^*(t) = r^*(t) - y^*(t)$$

即

$$E(z) = R(z) - Y(z)$$

消去中间变量 $E(z)$ 可得闭环传递函数

$$G_B(z) = \frac{Y(z)}{R(z)} = \frac{D(z)G(z)}{1 + D(z)G(z)}$$

【例8.9】 求图8.9所示闭环系统的脉冲传递函数。

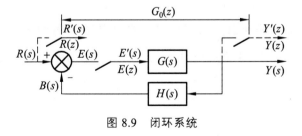

图 8.9 闭环系统

解： 由图可知

$$e(t) = r(t) - b(t) , \quad B(s) = G(s)H(s)E^*(s)$$

则有

$$E(z) = R(z) - B(z)$$

$$Y(z) = G(z)E(z)$$

$$B(z) = HG(z)E(z)$$

类似于（8.50）式，可定义

$$HG(z) \stackrel{\text{def}}{=\!=} Z[H(s)G(s)]$$

消去中间变量 $B(z)$，得

$$E(z) = R(z) - HG(z)E(z)$$

即

$$E(z) = \frac{R(z)}{1 + HG(z)}$$

于是

$$Y(z) = E(z)G(z) = \frac{R(z)}{1 + HG(z)}G(z)$$

故闭环传递函数为

$$G_{\mathrm{B}}(z) = \frac{Y(z)}{R(z)} = \frac{G(z)}{1 + HG(z)}$$

8.4   离散系统的性能分析

8.4.1   离散控制系统的稳定性分析

采样系统通常用脉冲传递函数表示，相应的特征多项式为 z 的代数多项式，与连续系统闭环传递函数和稳定性的关系类似，离散系统的稳定性与闭环特征多项式的根在 $[z]$ 平面上的分布存在着某种关系。

1. $[s]$ 平面与 $[z]$ 平面的映射关系（线性离散系统稳定性分析）

由 z 变换的定义可知，$[s]$ 平面与 $[z]$ 平面的映射是由下列关系式确定的

$$z = \mathrm{e}^{sT} \tag{8.52}$$

式中，T 为采样周期。

分析：$[s]$ 平面上的虚轴，即 $s = \mathrm{j}\omega$ 在 $[z]$ 平面上的映射为 $z = \mathrm{e}^{\mathrm{j}\omega T}$。因为 $\left|\mathrm{e}^{\mathrm{j}\omega T}\right| = 1$，且 $\arg z = \omega T$，当 ω 从 $-\infty$ 变到 $+\infty$ 时，$z = \mathrm{e}^{\mathrm{j}\omega T}$ 的轨迹是 $[z]$ 平面上以原点为圆心，以单位长度为半径的单位圆。

在 $[s]$ 域中的任意点 $s = \sigma + j\omega$ 映射到 $[z]$ 域中为 $z^{(\sigma+j\omega)T} = e^{\sigma T} \cdot e^{j\omega T}$，即 $|z| = e^{\sigma T}$，$\arg z = \omega T$，对于 $[s]$ 平面的左半平面上任意点有 $\sigma < 0$，即 $|z| = e^{\sigma T} < 1$，故在 $[s]$ 平面的左半平面的点映射到 $[z]$ 平面的单位圆内部；对于 $[s]$ 平面的右半平面有 $\sigma > 0$，即 $|z| = e^{\sigma T} > 1$，故在 $[s]$ 平面的右半平面的点映射到 $[z]$ 平面的单位圆的外部。

若保持 s 的实部 σ 不变，将其虚部 ω 从 $-\dfrac{\pi}{T}$ 变到 $\dfrac{\pi}{T}$，则 z 的模不变，而它的角度从 $-\pi$ 逆时针变到 π 时，描出一个圆圈。当 ω 从 $\dfrac{\pi}{T}$ 变到 $\dfrac{2\pi}{T}$，则 z 的角度就从 π 逆时针方向旋转一周，重复一遍上述圆周。这样，当在 $[s]$ 平面上 ω 从 $-\infty$ 到 $+\infty$ 变换时，$[z]$ 平面上的轨迹沿这一圆周重复多遍。换句话说，$[s]$ 平面上的左半平面每一条宽度为 $\dfrac{2\pi}{T}$，且与实轴平行的带状区域都映射为 $[z]$ 平面上的单位圆。如图 8.10 所示。

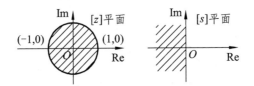

图 8.10　$[s]$ 平面与 $[z]$ 平面的对应关系

我们称 $[s]$ 平面的左半平面上，$-\dfrac{\pi}{T} \leqslant \omega \leqslant \dfrac{\pi}{T}$ 的带状区域为主频区，其他的带状区域为辅频区。在满足香农定理的前提下，分析和设计系统时通常只要考虑主频区就可以了。

根据 $[s]$ 平面和 $[z]$ 平面之间的上述映射关系及 $[s]$ 平面上的稳定区域是左半平面这一事实，我们得到以下结论：线性定常离散系统稳定的充要条件是，系统特征方程的所有根都分布在 $[z]$ 平面上的单位圆内，或者说，所有特征根的模都小于 1。

2. $[\omega]$ 平面的劳斯判据

采样系统的稳定性依赖于它的特征根在 $[z]$ 平面上的位置。为了能像连续系统中那样，应用劳斯判据来判定特征方程的根在复平面上的位置，从而得出系统稳定性的结论，这里引入以下双线性变换，或称为 ω 变换（ω transform）。
即

$$z = \frac{\omega + 1}{\omega - 1} \qquad\qquad (8.53)$$

或

$$\omega = \frac{z + 1}{z - 1} \qquad\qquad (8.54)$$

式中，z 和 ω 均为复变量。式（8.54）意味着将 $[z]$ 平面映射到 $[\omega]$ 平面。

$[\omega]$ 平面与 $[z]$ 平面之间的关系推导如下：

令 $z = x + jy$，代入式（8.54），得

$$\omega = \frac{(x^2 + y^2 - 1)}{(x-1)^2 + y^2} + \mathrm{j} \frac{-2y}{(x-1)^2 + y^2} \qquad (8.55)$$

当 $|z|^2 = x^2 + y^2 > 1$ 时，ω 的实部大于零，即 $\mathrm{Re}\,\omega > 0$，也就是 ω 变换将 $[z]$ 平面上单位圆的外部映射到 $[\omega]$ 平面上的右半平面。类似情况，$[z]$ 平面上的单位圆内的部分被映射到 $[\omega]$ 平面上的左半平面，$[z]$ 平面上的单位圆被映射为 $[\omega]$ 平面上的虚轴。

若将 $z = \dfrac{\omega+1}{\omega-1}$ 代入采样系统特征方程 $A(z) = 0$ 中，即可得到以 ω 为变量的方程 $\tilde{D}(\omega) = 0$，它是 ω 的代数方程。若方程 $A(z) = 0$ 的根都在 $[z]$ 平面上的单位圆内，系统稳定，也就是方程 $\tilde{D}(\omega) = 0$ 的根都在 $[\omega]$ 的左半平面内，由此可以间地接判定 $A(z)$ 的所有根是否都在单位圆内。

【例 8.10】 已知采样系统的特征方程为

$$z^3 - 1.5z^2 - 0.25z + 0.4 = 0$$

试判断该采样系统的稳定性。

解：应用双线性变换，令 $z = \dfrac{\omega+1}{\omega-1}$，可得

$$\left(\frac{\omega+1}{\omega-1}\right)^3 - 1.5\left(\frac{\omega+1}{\omega-1}\right)^2 - 0.25\left(\frac{\omega+1}{\omega-1}\right) + 0.4 = 0$$

给上式两边同乘以 $(\omega-1)^3$，并简化得

$$0.35\omega^3 - 0.55\omega^2 - 5.95\omega - 1.85 = 0$$

因为上述特征方程各项系数的符号不完全相同，故在 $[\omega]$ 平面上有位于右半平面上的根。故对应的采样系统不稳定。该不稳定系统在单位圆外特征根的个数，可通过劳斯阵列第一列元素符号的变换次数来确定，在 $[\omega]$ 平面上的劳斯表为

$$
\begin{array}{lrr}
\omega^3 & 0.35 & -5.95 \\
\omega^2 & -0.55 & -1.85 \\
\omega & -7.13 & 0 \\
1 & -1.85 & 0
\end{array}
$$

因为此劳斯表中第 1 列元素符号变换次数为 1，故采样系统有一个特征根在单位圆外。

【例 8.11】 已知采样系统的结构图如图 8.11 所示，试求系统稳定的临界放大系数 K_c。

解：采样周期 $T = 0.1$，所以采样系统开环传递函数为

$$G(z) = Z\left[\frac{K}{s(0.1s+1)}\right] = \frac{Kz(1 - \mathrm{e}^{-10T})}{(z-1)(z - \mathrm{e}^{-10T})}$$

$$= \frac{Kz(1 - \mathrm{e}^{-1})}{(z-1)(z - \mathrm{e}^{-1})}$$

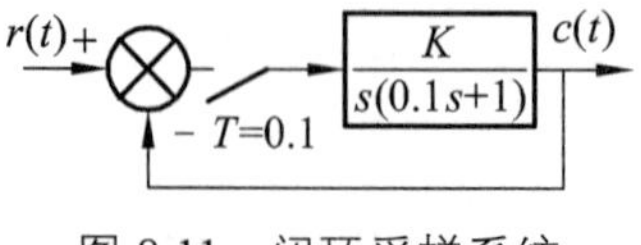

图 8.11 闭环采样系统

采样系统的闭环传递函数为

$$G_\mathrm{B}(z) = \frac{G(z)}{1 + HG(z)} = \frac{Kz(1 - \mathrm{e}^{-1})}{(z-1)(z - \mathrm{e}^{-1}) + Kz(1 - \mathrm{e}^{-1})}$$

则其闭环特征方程为

$$D(z) = (z-1)(z-e^{-1}) + Kz(1-e^{-1}) = z^2 + (0.632K - 1.368)z + 0.368 = 0$$

采用 $[\omega]$ 域劳斯判据求解，令 $z = \dfrac{\omega+1}{\omega-1}$，代入方程并化简后得

$$0.632K\omega^2 + 1.264\omega + (2.736 - 0.632K) = 0$$

列出劳斯表如下：

$$
\begin{array}{lll}
\omega^2 & 0.632K & 2.736 - 0.632K \\
\omega^1 & 1.264 & 0 \\
\omega^0 & 2.736 - 0.632K &
\end{array}
$$

根据劳斯判据，劳斯表第 1 列的符号应为正，则得到系统稳定的条件为

$$
\begin{cases}
0.632K > 0 \\
2.736 - 0.632K > 0
\end{cases}
$$

解得

$$0 < K < 4.329$$

即临界放大系数为

$$K_c = 4.329$$

利用 MATLAB 进行验证：取 $K = 4.329$，则系统单位阶跃响应为如图 8.12 所示，表明系统处于临界稳定状态。

在 MATLAB 命令窗口输入以下命令：

```
T = 0.1; t = 0:0.1:1;
sys = tf([4.329*(1-exp(-1)),0],[1,0.632*4.328-1.368,0.368],T);
step(sys,t); grid
```

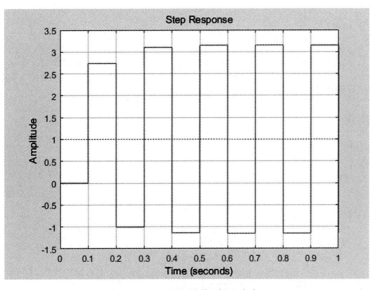

图 8.12 系统单位阶跃响应

8.4.2 离散系统的稳态误差

采样控制系统的静态误差概念与连续时间控制系统非常相似。本节讨论在典型输入信号情况下，单位反馈系统在采样时刻的稳态误差，如图 8.13 所示。

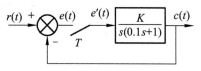

图 8.13 单位反馈系统

前面讲到，在连续时间系统中，可以根据开环传递函数中含有积分环节的个数把系统分为 0 型、Ⅰ 型、Ⅱ 型等。相应地，在采样系统中也可根据开环脉冲传递函数中含有的极点个数，把系统分成 0 型、Ⅰ 型、Ⅱ 型等。

根据图 8.13 可得

$$E(z) = \frac{R(z)}{1 + G(z)} \qquad (8.56)$$

由 z 变换的终值定理

$$e(\infty) = \lim_{t \to \infty} e(t) = \lim_{z \to 1}(z-1)\frac{R(z)}{1+G(z)} \qquad (8.57)$$

1. 单位阶跃输入

$r(t) = u(t)$ 的 z 变换为

$$R(z) = \frac{z}{z-1} \qquad (8.58)$$

则有

$$e(\infty) = \lim_{x \to \infty}\left[(z-1)\frac{1}{1+G(z)} \cdot \frac{z}{z-1}\right] = \frac{1}{1+G(1)} \qquad (8.59)$$

定义 $K_p = 1 + G(1)$ 为位置误差系数，对于 0 型系统，$G(z)$ 没有 $z=1$ 的极点，K_p 为有限值。

$$e(\infty) = \frac{1}{K_p} \qquad (8.60)$$

对于 Ⅰ 型或高于 Ⅰ 型的系统，$G(z)$ 有一个或一个以上的 $z=1$ 的极点，$K_p = \infty$。

$$e(\infty) = 0 \qquad (8.61)$$

2. 单位斜波输入

单位斜波输入的 z 变换为

$$R(z) = \frac{Tz}{(z-1)^2} \qquad (8.62)$$

则

$$e(\infty) = \lim_{z \to 1}\left[(z-1)\frac{1}{1+G(z)}R(z)\right]$$
$$= \lim_{z \to 1}\left\{\frac{Tz}{[1+G(z)](z-1)}\right\} = \lim_{z \to 1}\frac{T}{(z-1)G(z)} \qquad (8.63)$$

定义 $K_v = \dfrac{1}{T}\lim\limits_{z\to 1}[(z-1)G(z)]$ 为速度误差系数。

对于 0 型系统

$$K_v = 0 , \quad e(\infty) = \infty \qquad\qquad (8.64)$$

对于 I 型系统

$$K_v = \frac{1}{T}G_1(1) , \quad e(\infty) = \frac{1}{K_v} \qquad\qquad (8.65)$$

式中，$G_1(1) = [(z-1)G(z)]_{z=1}$。

对于 II 型及 II 型以上的系统

$$K_v = \infty , \quad e(\infty) = 0 \qquad\qquad (8.66)$$

3. 单位加速度输入

单位加速度输入的 z 变换为

$$R(z) = \frac{T^2 z(z+1)}{2(z-1)^3} \qquad\qquad (8.67)$$

$$e(\infty) = \lim_{z\to 1}\frac{T^2(z+1)}{2(z-1)^2[1+G(z)]} = \lim_{z\to 1}\frac{T^2}{(z-1)^2 G(z)} \qquad\qquad (8.68)$$

定义 $K_a = \dfrac{1}{T^2}\lim\limits_{z\to 1}[(z-1)^2 G(z)]$ 为系统加速度误差系数。

对于 0 型与 I 型系统

$$K_a = 0 , \quad e(\infty) = \infty \qquad\qquad (8.69)$$

对于 II 型系统

$$K_a = \frac{1}{T^2}G_2(1) , \quad e(\infty) = \frac{1}{G_2(1)} \qquad\qquad (8.70)$$

式中，$G_2(1) = (z-1)^2 G(z)\big|_{z=1}$。

对于 III 型或 III 型以上的系统

$$K_a = \infty , \quad e(\infty) = 0 \qquad\qquad (8.71)$$

综上所述，采样系统的稳态误差与输入信号有关，也与开环传递函数 $G(z)$ 中含有 $z = 1$ 的极点个数有关。在非阶跃输入信号时还与采样周期 T 有关，提高采样频率会降低稳态误差。必须指出，这里所说的稳态误差是指采样时刻的稳态误差。

练 习 题

1. 求下列函数的 z 变换

（1）$x(t) = t$

（2）$x(t) = \sin(10t)u(t)$

（3）$x(t) = a^n$

（4）$F(s) = \dfrac{1}{s^2(s+a)}$

（5）$x(t) = t\cos\omega t$

（6）$x(t) = (4 + e^{-3t})u(t)$

2. 求下列函数的初值和终值

（1）$X(z) = \dfrac{z^2}{(z-0.8)(z-0.1)}$

（2）$X(z) = \dfrac{2}{1 - z^{-1}}$

（3）$X(z) = \dfrac{10z^{-1}}{(1 - z^{-1})^2}$

（4）$X(z) = \dfrac{4z^2}{(z-1)(z-2)}$

3. 求下列函数的 z 反变换

（1）$X(z) = \dfrac{z}{(z-1)(5z-3)}$

（2）$X(z) = \dfrac{2z^2}{(z+1)^2(z+2)}$

（3）$X(z) = \dfrac{z}{z-0.2}$

（4）$X(z) = \dfrac{z}{(z - e^{-T})(z - e^{-3T})}$

4. 证明下列关系式成立

（1）$Z[a^n x(t)] = X\left[\dfrac{z}{a}\right]$

（2）$Z[tx(f)] = -Tz\dfrac{\mathrm{d}}{\mathrm{d}z}F(z)$

5. 已知连续函数 $x(t)$ 的拉氏变换为 $\dfrac{5}{s(s+5)}$，求其 z 变换。

6. 求题图 8.14 所示系统的闭环传递函数，并判断系统的稳定性。

图 8.14

7. 判断下列系统的稳定性

（1）已知闭环系统的特征方程

$$z^2 + 3z + 2 = 0$$

（2）已知系统的特征方程

$$z^2 - 0.632z + 0.368 = 0$$

8. 求图 8.15 所示典型计算机控制系统的闭环脉冲传递函数。图中 $D(z)$ 和 $G(z)$ 分别表示控制器和系统连续部分的脉冲传递函数。

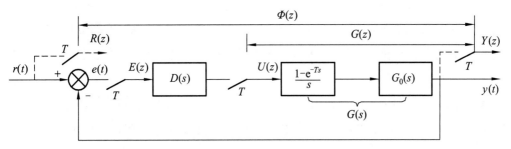

图 8.15 典型计算机控制系统

9. 具有零阶保持器的线性离散系统如图 8.16 所示，采样周期 $T = 0.1$ s，$a = 1$，试判断系统稳定的 K 值范围。

10. 在图 8.16 中，若 $a = 1$，$K = 1$，$T = 1$ s，试求系统在单位阶跃、单位速度和单位加速度输入时的稳态误差。

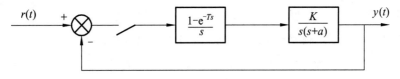

图 8.16 系统框图

参考文献

[1] 彭珍瑞，董海棠. 控制工程基础[M]. 北京：高等教育出版社，2014.

[2] 杨淑子，杨克冲，等. 机械工程控制基础[M]. 5 版. 武汉：华中科技大学出版社，2005.

[3] 陈玉宏，胡学敏. 自动控制原理[M]. 重庆：重庆大学出版社，1997.

[4] 陈康宁. 机械工程控制基础[M]. 西安：西安交通大学出版社，1999.

[5] 张志勇等. 精通 MATLAB 6.5 版[M]. 北京：北京航空航天大学出版社，2003.

[6] 颜文俊，陈素琴，林峰. 控制理论 CAI 教程[M]. 北京：科学出版社，2003.

[7] 李国勇，谢克明. 控制系统数学仿真与 CAD[M]. 北京：电子工业出版社，2003.

[8] 薛定宇. 控制系统计算机辅助设计：MATLAB 语言及应用[M]. 北京：清华大学出版社，1996.

[9] 王划一. 自动控制原理[M]. 北京：国防工业出版社，2001.

[10] 张尚才. 控制工程基础[M]. 杭州：浙江大学出版社，2001.

[11] 楼顺天. 基于 MATLAB 的系统分析与设计：控制系统[M]. 西安：西安电子科技大学出版社，1998.

[12] 姚伯威，孙悦. 控制工程基础[M]. 北京：国防工业出版社，2004.

[13] 胡寿松. 自动控制原理简明教程[M]. 2 版. 北京：科学出版社，2008.

[14] 沈艳，孙锐. 控制工程基础[M]. 北京：清华大学出版社，2009.